大數據與AI的決策革命

決策的演化——從卜筮到大數據，預測與決策的智慧

朱書堂 著

古人用占卜來看吉凶禍福、現代人則依靠大數據來決定下一步？
決策智慧的演進，從古代神祕的卜筮術到現代的大數據技術，
將這兩種看似截然不同的決策方式完美結合！

一本書提出對於
如何提高決策效率與品質的所有實用方法，
解析了大數據在決策中如何應用、如何影響你我的生活！

目錄

自序

決策與我們的生活和工作息息相關。改變人們命運的並不只是努力，比努力更重要的是決策。正是過去的一系列決策，決定了我們的現狀；目前正在做和即將做的決策，注定將影響我們的未來。

決策的基礎是資訊。有些資訊來自於已經存在的事實，還有一些資訊涉及未來的發展情境或可能的結果，需要進行預測和估計。

人類的決策行為源遠流長。根據資訊可用狀況大致可以分為三個階段：資訊匱乏階段，資訊適度階段，資訊冗餘階段。當然，所謂的「匱乏」、「適度」和「冗餘」都是相對的，每個階段也沒有明確的劃分標準。不同階段的人們，基於現實技術條件，發展出適用的預測方法，為決策提供支撐。

上古時代，先民們對天體運行規律和自然現象知之甚少，對人類自身也了解不多，處於資訊匱乏階段。人們對大自然的巨大作用無能為力，於是懷著敬畏的心態將趨利避害的願望寄託於上天和神靈，借助於卜筮、占星及其他原始崇拜活動，按照上天和神靈的意旨預測未來，幫助決策。

華夏先哲們從上古神靈崇拜開始，就一直在探索預測和決策的奧祕，逐步形成了獨特的決策思維、決策模式和決策理論。卜筮在上古決策中起著重要作用。大多數卜筮活動都是對未來情境進行預測，為決策提供依據。殷商人總結出一整套龜甲占卜的預測規律，王室大小事務幾乎都要透過占卜做出決策。部分卜辭透過殷墟的甲骨文流傳至今。周族人推演出了近乎完備的占筮預測體系《周易》，幫助人們在決策過程中「決疑」。《周易》的思辨哲理和決策智慧成為中國傳統文化不可或缺的內容。

在綿延五千多年的中華文明史上，先哲們創造了博大精深的文化，積累了從遠古時代沉澱下來並得以凝鍊的智慧，包括預測和決策智慧。這些智慧，穿越數千年時空，至今仍然閃耀著燦爛光芒！以此為基礎形成的文化典籍，是我們取之不盡、用之不竭的寶藏。中國傳統文化特別強調優秀決策的重要性。春秋戰國五百年諸侯爭霸、列國逞強的時代，明智的諸侯們都很重視優秀決策的作用，推崇「廟勝而後動眾，計定而後行師」。知識和智慧成為華夏大地最受各諸侯國歡迎的「熱銷資源」，以至於策士們「所在國重，所去國輕」。西漢劉向將戰國謀士們出謀劃策的史料整理彙編為《戰國策》[1]，成為世界上最早的「決策案例集」。

現代西方學者在總結工業革命以來管理決策實踐的基礎上，探索了工業社會的決策規律，提出了一系列決策理論，明確了決策的基本過程、決策依據和影響因素，逐步形成了決策管理學科。這些決策理論，在一定時期、特定領域內，對現代社會決策管理實踐發揮了很好的指導作用。決策已經成為人們日常生活和管理工作必不可少的活動，維持著社會正常運行，決定著當前行動和未來方向。

決策總是面向未來的，而未來充滿了不確定性。不確定性給決策帶來風險。關鍵事務決策錯誤足以造成重大損失，所謂「一著不慎，滿盤皆輸」。古今中外無數事例表明：一些組織特別善於做出優秀決策，把事業推向高峰；而另一些組織則深受不良決策之苦，好像有一股無形的力量將其推向泥沼！高品質的決策，不能僅靠運氣和資源，更多地依賴決策智慧和規範管理。

人類社會已經進入「大數據」時代。這個時代的顯著特徵之一就是資訊爆炸。資訊量正在以幾何級數成長：《紐約時報》每週資訊量比生活在工業革命前的人一生獲得的資訊還要多；社會資訊總量二〇〇七年已達到三千億 GB（一部數位電影大約 1GB），並以大約每兩年翻一番的速度繼續膨脹。大數據時代的另外一個顯著特徵是變革。大數據技術前所未有地拓展了人類的能力，再次開啟了時代轉型，將給人類社會帶來全方位變革，包括思維變革、商業變革和管理變革[2]。大數據正在改變我們的社會形態、生活方式、工作模式和思維習慣。

我們生活在這個時代，既享受著大數據帶來的便利，又深受大數據造成的困擾。只要你登錄過 Facebook、LinkedIn 等網站，上傳過照片、履歷、通訊方式等資料，你的資料就會被永遠記憶！只要你使用過 Google 的搜索功能，它就會記住你所有的搜索資訊和時間，並深度「挖掘」出你的需求，有些甚至是你自己都沒有察覺到的潛意識需求！網路記住了我們的所有資訊，包括那些我們希望最好能被遺忘的資訊——魯迅先生所謂「皮袍下面藏著的小」。某些機構在你毫不知情時監視並預測你的行為。在大數據王國裡，每個人幾乎不再有任何隱私！

大數據時代的上述特徵，正在深刻地影響著人類社會的各個領域，包括預測和決策——決策依據、決策思維及決策模式。決策已經進入「資訊冗餘」階段。工業化時代總結的決策理論，在大數據時代也面臨著創新發展的需要。這就注定了決策不再僅僅是管理學科，而將成為管理藝術，更需要決策者的智慧！

每一位管理者都不得不認真思考：在資訊快速膨脹的大數據時代如何做好決策？怎樣才能做出優秀決策？什麼原因導致錯誤決策？如何提高組織的決策品質與效率？如何利用大數據技術在時間和資源有限的情況下高效決策？如何透過優秀決策推進組織的創新發展？

本書圍繞上述問題，介紹現實生活與決策的關係、決策的歷史淵源、傳統文化中的決策智慧、現代決策理論與基本過程，探索如何提高決策的品質和效率及大數據時代的預測和決策。結合古今中外精彩案例，分析和探討有關決策的一系列事項。本書並不試圖為管理者提供「決策操作手冊」，而是為決策者提供可資汲取的營養、可供借鑑的智慧。

本書包括以下內容。

引言「大數據時代的決策與生活」：以日常生活和工作中的常見決策為導引，闡述為什麼需要學會做決策並應努力做出高品質的決策。

第一部分「古代決策實踐與智慧」：介紹人類社會決策產生和發展的過程，中國古代決策模式及決策程序，在實踐中探索形成的決策理論、決策文化與決策智慧。這部分包括：第一章〈原始神靈崇拜，探索決策奧祕〉；第二章〈上古卜筮預測，形成決策體系〉；第三章〈凝鍊決策智慧，融入傳統文化〉。

第二部分「管理者如何做決策」：介紹現代決策理論及其發展歷程，決策基本過程，決策屬性與關鍵要素，決策依據與基本原則，常用技術方法及應用，分析影響決策的因素，探討決策管理可能存在的問題，闡述如何提高決策品質與效率。其包括：第四章〈現代決策的理論基礎〉；第五章〈提高決策品質和效率〉；第六章〈決策影響因素分析〉；第七章〈決策常見問題探析〉。

第三部分「大數據時代預測和決策」：分析大數據時代的特徵及影響，介紹大數據在經濟社會各領域的應用，闡述人類預測未來的智慧，探索大數據時代的決策智慧。其包括：第八章〈大數據特徵及其影響〉；第九章〈大數據具體應用領域〉；第十章〈人類預測未來的智慧〉；第十一章〈大數據時代決策智慧〉。

本書所引諸多案例，部分使用真實名稱，其他皆為抽象概括，讀者切莫對號入座。

本書所引資料已盡可能地註明出處。鑑於客觀原因，如有個別資料引用時沒有找到出處，首先向被引用者表達誠摯的歉意，我們承諾在重印時補充註釋。

朱書堂

引言　大數據時代的決策與生活

決策成為具有明確意義的專有管理概念，始於第二次世界大戰之後。

決策就是決定採取某種行動，以改變當事者面臨的狀態，使其符合預期。決策是人們為了達到某一目標而謀劃行動方案並做出選擇的過程。

美國管理學家切斯特・巴納德（Chester Barnard）在其經典著作《經理人員的職能》[3]一書中，從個人行為角度闡述了決策概念：

> 個人的行為從原則上可以分為兩種：有意識的、經過計算和思考的行為；無意識的、自動反應式的、由現在或過去的內外情況產生的行為。一般來講，前面一類行為的先導過程可以歸結為決策，無論是什麼過程。

美國管理學大師彼得・杜拉克（Peter Drucker）在其管理學經典著作《彼得・杜拉克的管理聖經》[4]一書中，從決策的過程特徵闡述了決策行為的實質：

> 決策就是權衡。任何旨在解決問題的辦法，都需要權衡。

美國決策管理大師、一九七八年諾貝爾經濟學獎獲得者、卡內基・梅隆大學教授赫伯特·賽門（Herbert Simon，漢名司馬賀）在《管理行為：組織中決策過程研究》[5]一書中認為，管理活動的計劃、組織、領導和控制都包含大量的決策活動。賽門對決策的描述側重於組織決策的過程：

> 在任何時候都存在大量可能的備選行動方案。透過某種行動過程，這些行動方案被縮減為實際採用的一個方案了。

綜合上述觀點，可以將決策的本質概括為：

> 決策主體針對待解決之問題或待達成之目標，在充分掌握和分析資訊的基礎上，依據事先確定的準則和程序，採取一系列行動並最終做出決定的過程。

決策之目的是從備選方案中選擇能夠解決所面臨問題的方案；決策之後果是採取某種行動以改變環境狀況，使其達到令人滿意的狀態。

很多人可能會想當然地認為:決策是國家領導人、政府官員、軍隊將領、企業高管等組織機構中管理者的事情，與我何干？

這真是嚴重的認知偏差！ 現代社會中，每個人都扮演著多重角色：既是消費者，又是服務提供者；既是父母的兒女，又是兒女的父母；既是社會公民，又隸屬於某個組織機構。不同角色有不同事務需要決策。

現代社會，生活充盈決策

決策與生活息息相關，影響著個人與家庭身體健康、財富消長和生活品質。生活涉及一系列大大小小、各種各樣的決策。幾乎每件事都需要決策，如職業規劃、子女教育、診病就醫、投資理財等，都需要對不同方案進行比較，並做出選擇。

充盈決策故事的現代生活

為了直觀感受決策與生活的關係，我們作為旁觀者，審視某位任職於大型組織機構的「A 先生」忙碌的一天裡發生的決策故事。

早上六點半，「A 先生」從美夢中醒來。窗外，風輕雲淡，陽光明媚，春意盎然。又是一個令人愉悅的好天氣。新的一天就此開始。

■ 第一個決策——早餐吃什麼

「A 先生」的早餐通常有五種選擇方案。

方案一：麵包加牛奶。優點，快捷；缺點，冷食傷胃。

方案二：烤奶油麵包加熱牛奶。優點，熱食養胃；缺點，熱量過多。

方案三：煎雞蛋加開水沖麥片。優點，健康營養；缺點，耗時過多。

方案四：路邊攤用早餐。優點，新鮮美味；缺點，衛生無法保證。

方案五：自己在家用早餐。優點，品種豐富；缺點，如遇塞車可能遲到。

「A 先生」想起前一段互聯網大數據對早餐行業深度「挖掘」結果：在最受歡迎的早餐排行裡，包子被 14.16％的大眾青睞，「豆漿＋包子」組合仍然是上班族最喜愛的早餐搭配，「豆漿＋油條」傳統組合緊隨其後。

「那又如何？」「A 先生」在自嘲中選擇早餐方案一。因為，公司的工作安排，上午要見預約客戶，需要提前準備，只能快速吃完早餐。

■ 第二個決策——上班穿什麼

「A 先生」所在公司對著裝有如下要求。

西服正裝：會見外賓，接待客戶，公司重要活動。

商務休閒裝：公司一般會議，部門會議。

明確禁止服裝之外的便服：普通工作日。

基於上午要接待客戶，「A 先生」選擇西服正裝。

■ 第三個決策——乘坐什麼交通工具

「A 先生」上班的交通工具通常有四種選擇方案。

方案一：自駕車。優點，自由；缺點，路況難以預測，不能把握時間。

方案二：地面公共交通。優點，選擇多，時間基本能夠保證；缺點，擁擠，有一定遭竊風險。

方案三：捷運。優點，準時；缺點，更擁擠，有一定遭竊風險。

方案四：計程車。優點，安心；缺點，路況難以預測，不能把握時間。

今日天氣晴好，最宜乘坐地面交通工具；即便遇到塞車，也可欣賞沿街景色。但為了確保按時到達公司，「A 先生」選擇乘坐捷運。

■ 第四個決策——選擇合作夥伴

「A 先生」今日接待幾家潛在合作夥伴。根據溝通情況，結合之前對幾家公司的調查了解，從中挑選一家，作為某專案的合作夥伴。

鑑於涉及公司商業祕密，在此不公開相關資料和選擇結果。

■　第五個決策——部門招聘選擇

部門一位老同事將於三個月後退休，需要招募接任者。已經報請人力資源部門發布招募員工啟事。人力資源部門從應聘者中初步篩選出五人，進行了全面考察分析。現在給出三人優選名單，需要部門討論確定優先候選人。

鑑於涉及公司和應聘者隱私，在此不公開相關資料和最終人選。

……

■　第N個決策——如何進行投資理財

午時三刻，「A先生」正在小憩。理財顧問來電：近期股市觸底反彈，正是投資良機。是否追加投資？理財顧問根據「A先生」目前的財務狀況，提出以下幾種建議，傾向於推薦方案三並給出了相應標的。

方案一：投資股票。優點，操作靈活，潛在收益高；缺點，需要耗時研究，面臨較大風險。

方案二：投資指數型基金。優點，安心；缺點，有一定風險。

方案三：投資理財產品。優點，穩健；缺點，潛在收益偏低。

鑑於近來工作繁忙，沒有時間用於個股選擇，只能放棄方案一；方案三潛在收益偏低，為什麼理財顧問還要推薦？是因為該產品比較穩妥？還是只關心佣金？是否從客戶利益角度提出建議？必須睜大眼睛，獨立思考。

經過比較和權衡，「A先生」最終選擇投資指數基金。

■　第N＋1個決策——為孩子選擇學校

酉時三刻，「A先生」高負荷的工作終於結束了。然而，決策故事還在繼續！「A先生」拖著疲憊的身體回到家裡，又將面臨生活中幾項事情需要考慮。

幼稚園大班的兒子，秋季就要升小學了。選擇哪個學校？為此，「A先生」已經與妻子和孩子商量、討論、比較過多次。有以下方案可供選擇。

方案一：接受教育系統根據「學區」規則指定的學校。優點，安心，離家近；缺點，該區域沒有好小學，可能影響孩子的前途。

方案二：鑑於孩子在音樂和數學方面展現的天賦，找某知名特色小學「活動活動」，爭取進入該小學。優點，教學品質高；缺點，離家較遠，還要花費一定的「補習費」。是否能成功，存在不確定性。

方案三：選擇私立小學。優點，教育品質高，週一至週五住校，家長安心；缺點，學費高昂，孩子住校，影響親子感情。

每個家庭，都要面臨這樣的決策。這讓很多家長焦慮、無奈、徬徨，簡直傷透了腦筋！

■ 第N＋2個決策——為親屬提出治療方案建議

「A先生」有位上了年紀的親屬，患有嚴重的脊椎病，深受疼痛折磨。醫院做了全面檢查，醫生給出了幾種治療方案建議。

方案一：手術。優點，見效快，治療澈底；缺點，風險高，一旦失敗，很可能面臨下肢癱瘓。

方案二：中醫保守治療。優點，穩妥，幾乎無副作用；缺點，見效慢，仍然需要忍受一段時間的病痛，耗費時間較多。

方案三：用止痛藥抑制疼痛。優點，見效快，風險小；缺點，治標不治本，長期服用止痛藥，會損傷神經，有一定癱瘓風險。

這位親屬年事已高，根據網路大數據資訊，脊椎手術對七十歲以上的老人成功機率只有五成左右，而用止痛藥抑制疼痛完全是一種消極方法！「A先生」建議採取中醫保守治療。最終決策還要其本人來做。

糟糕的決策降低生活品質

凡趣舍之患，在於見可欲而不慮其敗，見可利而不慮其害，故動近於危辱。

——（三國魏）杜恕《體論》

生活中需要決策的事情大多數無關宏旨，持續影響時間也不長。但每個人都會遇到一些較大事項，需要慎重決策。

很多人習慣於任性的糊里糊塗過日子。不去思考：遇到問題如何處理？

如何決策？以往的決策是否達到了預期目的？更很少問過自己：人生目標到底是什麼？為了實現自己的目標，需要做哪些決策以改變現狀？

如果沒有決策意識，對需要決策的事情漫不經心、草率處置，要麼不做任何決策，要麼不為決策做準備而臨時亂決定，就會經常做出糟糕的決策。當遇到需要慎重決策的重大事項時，也不可能做出高品質決策。

做飯放錯了調味料不會產生嚴重後果，只不過味道不合口味而已；如果不願意將就，大不了重做一次。但是，如果關於財富、健康、職業做出錯誤的決策，就可能導致嚴重後果：家庭財務入不敷出，身體健康嚴重受損，錯失好的發展機會！命運將不會給你安排「重做」的機會。

■ 思維沒有層次，不分輕重緩急

有些人思維混亂，分不清事情的主次，更不辨輕重緩急，而是「眉毛鬍子一把抓」。這種錯誤並不是只有普通人才會犯，擁有高學歷、高知識、高智商的人同樣會做出類似糟糕的決策。

某著名大學一位頗有名氣的教授，為了評選中研院院士，數年來步步為營，努力培養人脈，以聯絡感情為目的舉辦學術交流會，為院士遴選過程中的「投票」做鋪陳工作。然而，某次餐會上，受邀的一位專家未徵求其意見加點了一瓶紅酒，惹得這位教授甚是不悅，並形之於色。餐會不歡而散。為了一瓶價值數千元的紅酒，不僅把前期努力全部歸零，還留下了負面影響。該教授當年志在必得的院士，又延後了一屆。

院士夢推遲兩年，還不是該教授糟糕決策導致的最壞結果，過去輕率決策導致的更嚴重的結果還在前面等著他！他的一位學生C君年輕聰明，乖巧伶俐，甚得導師歡心。大學畢業後僅用了三年時間就拿到了博士學位，在其導師一番「運作」後，直接留校被聘為講師。這明顯不符合學校相關程序！在院內一次午餐茶會上，W博士對此提出異議。該教授對W博士大發雷霆，劈頭蓋臉訓斥了一頓。W博士當眾受辱，一口飯沒吃就離開了。兩人從此結下了「梁子」！後來，W博士舉報：C君博士論文涉嫌抄襲，幾篇重要學術文章涉嫌剽竊。C君因此被學校褫奪博士學位，並開除教職。而那位教授作為導師而疏於審核把關，聲譽嚴重受損！

看似滑稽的決策反映了人類認知的大問題！

《呂氏春秋》[6]〈有始覽 ・ 去尤〉篇對這種現象進行了精闢論述：

> 世之聽者多有所尤，多有所尤則聽必悖矣。所以尤者多故，其要必因人所喜與因人所惡。東面望者不見西牆，南向視者不睹北方，意有所在也。……魯有惡者，其父出而見商咄，反而告其鄰曰：「商咄不若吾子矣。」且其子至惡也，商咄至美也。彼以至美不如至惡，尤乎愛也。

世上的人接收資訊大多有所拘蔽，對資訊的理解就會失真。所受拘蔽的原因，主要是人的好惡傾向。面向東方就見不到西牆，向南方看就看不見北方，是因為他的主觀意願已經有傾向了。並舉例說明：魯國有個醜孩子，其父認為自己的小孩是最漂亮的。可見，這位父親受愛子之情所拘束，就失去了分辨美醜的能力。

檢視我們自己的日常決策，是否也會發現類似的情況？

決策品質對生活和工作影響如此巨大，以至於很多人在經受慘痛教訓之後，才痛定思痛！即便是具有一定決策意識者，也很少考慮決策品質，更遑論經常反思如何提高決策品質。還有些人，甚至一生中都不知道什麼是好決策，如何提高決策品質！他們只能任由運氣來擺布自己的命運。

我們生活在資訊氾濫的大數據時代。資訊量以幾何級數成長，各種資訊透過不同媒介洶湧而來，我們被淹沒在資訊海洋裡。這些資訊，疲勞著我們的眼球，衝擊著我們的大腦，顛覆著我們的認知！資訊氾濫正在把我們帶入不確定性的世界裡，加大了我們做出糟糕決策的機率。

■ 不會「雜於厲害」，無視潛在風險

還有些人對決策影響因素考慮片面，只注意有利因素，無視風險因素。

華夏先哲們早在兩千五百年前就提出了決策的基本要求給我們。《孫子兵法》[7]〈九變〉篇提出決策要「雜於利害」：

是故智者之慮，必雜於利害，雜於利而務可信也，雜於害而患可解也。

遺憾的是，現代社會大多數人決策時仍然沒有學會「雜於利害」的思維方法，只關注有利因素，而無視潛在風險。前述「A 先生」那位患有脊椎病的親屬，無視失敗機率五成以上的巨大風險，不聽家人勸告，懷著僥倖心理決定做手術。事態發展正如莫非定律（Murphy's theorem）所述：事情如果有變壞的可能，不管這種可能性有多小，它最終總會發生。手術以失敗而告終！儘管統計機率是五成，但發生在個人身上卻是百分百的後果！糟糕決策導致其下肢癱瘓，從此失去行動自由，還帶來一系列副作用，導致生活品質嚴重下降！

在資本市場動盪中，很多投資者盲目決策。面對屢創新高的股市，無視槓桿率已經到了危險的程度，不斷加大融資比例；在股市斷崖式下跌中，財富最終灰飛煙滅，有些人甚至到了傾家蕩產的地步。

經常性地做出糟糕的決策，會影響人的心態。投資股票，一賣就漲，一買就跌，久而久之，將會產生畏懼心理。醫生經常誤診，會因此影響正常診斷能力的發揮。管理者經常性的決策失誤，會導致瞻前顧後、畏首畏尾，在事關組織發展的關鍵事項上失去決斷力。

正確決策，生活品質保障

改變命運的並不只是努力，比努力更重要的是決策。生活中很多問題需要權衡並做出決定。正確決策確保做「對的事情」，而努力程度影響速度。決策能力和水準直接影響到生活品質。正是過去的一系列決策，決定了我們的現狀；目前正在做和即將做的決策，將影響我們的未來。

每個人都應該努力成為自主思考者和明智決策者，學會如何做決策，培養良好的決策習慣，善於做出高品質的決策。透過一系列決策，改變自己，改變生活，掌握自己的命運。

積極思考，主動決策

養成主動決策習慣在人的生活中將發揮重要作用。

與其衝動草率而為，或者渾渾噩噩無所作為，等事情過去了才想起來吃「後悔藥」，不如積極思考每一件需要決策的事情，提前做好調查和準備，審時度勢，主動決策，在實踐中不斷提高決策品質。

如果希望掌握自己的命運，而非完全聽憑運氣的安排，就必須培養積極思考、主動決策的習慣。經常審視、質疑自己並從中學習：決策中存在什麼問題？如何才能提高決策品質？努力踐行「吾日三省吾身」。

決策能力與洞察力、判斷力和執行力一起，構成個人成功的關鍵要素。積極思考、主動決策，把握時機、見機而作，高瞻遠矚、正確決策，身體力行、勇往直前，將會鑄就你輝煌的人生！

前述的「A 先生」，目前面臨職業生涯的階段性轉折，必須做出決策！獵頭公司前幾日致電「A 先生」：鑑於其職業成就和行業影響力，幾家機構看上了他，包括一家上市企業集團。透過獵頭公司詢問，是否有意加盟？如果「A 先生」願意，將為其提供更好的事業平台。

「A 先生」在目前的職位上，工作得心應手，人脈關係順暢，待遇還算不錯。遺憾的是，短期內沒有更好的發展平台！另外那家企業集團將提供的事業平台正處於起步階段，但發展前景廣闊，自己的才能將得到更好發揮。然而，去新的組織，一切從頭開始，需要重建人脈，工作挑戰性強。

有些人轉換工作公司，找到了更適合的事業平台，人生發展更加順暢；也有些人雖然換了公司，但事業發展並不如預期。那些堅持在原公司努力奮鬥的人，有些獲得了輝煌成就；也有些人雖然很努力，但機遇總是不肯光顧。世事無常，誰又能肯定未來會怎樣？古人云：「盡人事而聽天命。」

走？還是留？這是一個問題！「A 先生」為此事已經糾結了好幾天。

世事不可能一帆風順，在任何地方都可能遇到不順心的事情。要決策「留」還是「走」，總得有一定的準則。不能只因為一兩件事情的不合意就離開，必須找到能夠說服自己的理由！

「A 先生」記起某小說中主角的話：人生最後悔的事，莫過於沒有放手一搏！眼前又浮現出兩千六百多年前發生在華夏大地上的那一幕動人的勵志故事：一位新婚美少婦勸諫其夫君離開安樂窩出去闖蕩天下，送別時諄諄叮囑：「懷與安，實敗名。」「A 先生」暗中質問自己，為什麼要安於現狀，而不是放手去拚搏？家族優秀的遺傳基因、多年來的努力，難道就這樣甘於平淡下去嗎？難道要像唐代詩人李商隱那樣「虛負凌雲萬丈才，一生襟抱未曾開」？

很多時候，人們缺乏的不是能力，而是放手一搏的勇氣！

認真準備，謹慎決策

為了正確選擇決策方案，需要仔細辨明應該決策的問題，認清問題的複雜程度，避免偏見。為此，我們需要更好地蒐集資料並對其進行處理，使之成為決策環節中需要的資訊；明智地選擇諮詢對象，以更開放的態度聽取他人的意見和建議；客觀地、實事求是地分析評估不同意見。

從決策的角度看，事務不外乎兩類：一類需要事先進行認真分析，然後做出決策並採取行動；另一類不需要進行決策分析，直接採取行動即可。什麼事務必須進行認真分析並做出決策？什麼事務不需要進行決策分析？為了能夠進行正確選擇，我們必須學會識別應該決策的問題。

生活豐富多彩，有些需要你理性判斷，有些只需要你感性地去體會。有些事情的決策最好先進行認真準備和詳細分析，然後再做決策，其品質會顯著提高。擁有一套滿意的住房是大多數家庭夢寐以求的小康生活目標。為了實現這一目標，就必須充分調查、認真準備，然後再做決策。

還有一些事情，生活中隨時都會遇到，不可能事先準備，只好隨遇而安。比如：交什麼樣的朋友？如何與同事們相處？你無從進行理性分析。

我們不應試圖追求「周全」決策，而應在決策速度和決策品質之間尋求平衡，並根據不同的情境而有所側重。

通權達變，明智決策

為了擁有美好的未來預期，我們必須有勇氣和毅力改變自己，學會拓展自己的思維視窗，以更開闊的視野和敏銳的大腦，做出高品質的決策。

世界上多數事物往往不能以「對與錯」、「黑與白」來區分，而是帶有一定的模糊性，處於「對與錯」、「黑與白」之間的模糊區域。

技術發展導致社會結構複雜化，人們的認知因果鏈過長、資訊量過大，事實不清、溝通不暢、價值觀不一致。這一切共同導致模糊性成為常態。如何處理模糊性問題？有學者提出「灰色理論」，但還遠未達到可以實用的程度。到目前為止，仍然只能靠個人的適應能力來判斷和權衡。

鑑於大數據時代外部環境的複雜性，我們不可能擁有做決策需要的所有資訊。即便我們做好了充分準備，盡可能擁有了應該擁有的資訊，也未必能夠做出正確決策。很多事情因時而異、因勢而異、因人而異。明智決策除了必要的資訊，還取決於我們對情境的認知和理解，取決於自己對「勢」及其發展變化的判斷與把握，有時候未免帶有一定的運氣成分。

無論多麼優秀、運氣多麼好的人，一生中都難免遇到這樣那樣的挫折。勇敢而明智的人，絕不會被挫折擊倒，而是汲取教訓，在挫折中奮起。

傳統文化要求人們具有「處經守常，通權達變」的能力。《韓詩外傳》[8]引用孟子的話：「夫道二：常之謂經，變之謂權。懷其常道而挾其變權，乃得為賢。」要求人們不僅要堅持原則，還要通權達變，才能成為有作為的賢人。

通權達變可以保護自己。《莊子》[9]〈秋水〉篇提出：「知道者必達於理，達於理者必明於權，明於權者不以物害己。」

通權達變的能力是優秀決策者必不可少的素質。決策者不僅要堅持原則，還要根據實際情況靈活變通。我們熟悉和慣用的方法不可能放之四海而皆準，要不斷學習，使自己能夠在不同情境中恰當地調整行為。

什麼時候應該堅持原則？什麼時候可以靈活變通？關鍵要把握好度。

明朝開國功臣、民間傳為神奇人物的劉基（劉伯溫）著有一部寓言故事集《郁離子》[10]，其〈捕鼠〉篇就闡述了通權達變的智慧：

趙人患鼠，乞貓於中山，中山人予之。貓善捕鼠及雞，月餘，鼠盡，而其雞亦盡。其子患之，告其父曰：「盍去諸？」其父曰：「是非若所知也。吾之患在鼠，不在乎無雞。夫有鼠，則竊吾食，毀吾衣，穿吾垣墉，壞傷吾器用，吾將飢寒焉，不病於無雞乎？無雞者，弗食雞則已耳，去飢寒猶遠，若之何而去夫貓也！」

趙國有戶人家，為了去鼠而求助於貓，而貓順便也吃了他們家的雞。家中的兒子建議把既善於捕鼠又兼吃雞的貓趕走。趙國睿智的老人權衡了「無鼠」和「無雞」之利害後，還是選擇留下了貓。

劉伯溫的寓言故事對今天的社會現狀真是莫大的諷刺！我們的「貓論」，是否認真權衡過今日之貓是以「捕鼠」為業？還是專門「吃雞」？

具有通權達變思維的人，善於獲得意外的成功。所謂「機遇只光顧有準備的人」。《莊子》〈逍遙遊〉篇「不龜手之藥」故事就是很好的例子。

宋人有善為不龜手之藥者，世世以洴澼絖為事。客聞之，請買其方百金。聚族而謀曰：「我世世為洴澼絖，不過數金。今一朝而鬻技百金，請與之。」客得之，以說吳王。越有難，吳王使之將。冬，與越人水戰，大敗越人，裂地而封之。能不龜手一也，或以封，或不免於洴澼絖，則所用之異也。

途經宋國的客人，偶然發現了「不龜手之藥」的神奇功效，頭腦中立刻將這種功效與吳越戰場的水戰聯繫起來。於是，其抓住機遇，用重金購得其祕方，借助於「不龜手之藥」，獲得了「裂地而封」的巨大收益！

高效決策，成功管理基礎

決策是管理工作的基礎與核心。組織的核心能力之一就是決策能力。

幾乎每一位管理者，無論是政府官員、事業公司領導還是企業管理人員，都會有因做出「英明」決策而感到自豪的愉快經歷：正是這些優秀決策助推他們事業成功，成就了他們人生的輝煌！也有人會為自己曾經做出的糟糕決策而懊悔，那些決策導致組織蒙受損失、個人事業受挫。

決策是管理工作的核心

管理者的職責是：透過組織、協調和監督他人的的活動，有效率和有效果的完成組織賦予的工作任務。管理者履行職責的主要方式就是做決策。

管理工作的核心是決策。管理者朝九晚五的職業生涯中，多數時間是在做決策或為決策做準備。杜拉克認為：「管理就是決策的過程。管理者無論做什麼，都需要透過決策來完成。」[4] 賽門提出：「決策關係到組織的生存與發展，決策貫穿於管理過程的始終，決策能力決定管理者水準的高低。」[5] 加拿大管理學家亨利 ・ 明茲伯格（Henry Mintzberg）提出：「決策角色與人際角色、資訊角色一起，構成管理者應扮演的三大類角色。」[11]

組織的發展取決於決策的品質和效率。管理者如何才能做出高水準的決策？首先，必須具備決策理論基礎；其次，掌握科學的決策過程和方法；最後，還應熟諳決策藝術，在實踐中不斷提高決策能力和水準。

決策影響國家的前途命運

一九六〇年代初，中美洲發生了兩件大事，幾乎將世界拖入萬劫不復的核戰爭深淵：「豬羅灣事件」和「古巴飛彈危機」。對於當事國美國來說，同樣一個決策團隊，在兩次事件中的決策表現卻完全不同[12]。

■ 關於「豬玀灣事件」決策

斐代爾 ・ 卡斯楚領導的古巴獨立革命於一九五九年一月取得勝利，在拉丁美洲建立了第一個社會主義國家。美國政府試圖顛覆新生的古巴政權，由美國中央情報局策劃流亡古巴人於一九六一年四月十七日實施「豬玀灣事件」（Bay of Pigs Invasion）。事實證明，「豬玀灣事件」是一次嚴重的決策失誤！過程充滿了一連串錯誤資訊、錯誤計算、錯誤溝通及錯誤判斷。

美國中央情報局制定的方案是，將一支由古巴流亡分子組成的小團隊運送至豬玀灣登陸。約翰 ・ 甘迺迪（John Kennedy）總統要求對該方案進行全面評估。參謀長聯席會議的結論是：該方案「有一定機會」獲得成功。據撰寫評估報告的人事後確認，「一定機會」意味著成功機率約為 25%。但是，

這樣重要的資訊卻未告知決策者——甘迺迪總統[12]！

像這樣「以小博大」的入侵，其成敗相當程度上取決於行動的突然性。然而，保密工作卻漏洞百出。一九六一年一月十日，《紐約時報》頭版頭條刊出：「美國在瓜地馬拉祕密空軍基地幫助訓練反卡斯楚的武裝力量」。基地由美國公司修建，停放著美國飛機，教官來自美國。該報導使行動的祕密性完全喪失，但入侵行動並沒有終止。決策方案制定者固執地認為：只要美國士兵不參與，空中支援的轟炸機不帶美國標誌，就沒有人知道是美國人策劃了這次行動。

「豬玀灣事件」行動失敗，對美國來說僅僅是一次軍事上的小挫折，但卻是政治上的大失誤。剛剛成立的甘迺迪政府信譽掃地：在國內遭到強烈批評，在國際上受到強烈譴責。新生的古巴政權反而得到鞏固。

■ 關於「古巴飛彈危機」的決策

由於擔心美國再次入侵，古巴開始與蘇聯靠近。蘇聯派兵進駐古巴，並修建可以摧毀美國大部分地區的中程核飛彈基地，最終釀成飛彈危機。

「豬玀灣事件」失敗後，甘迺迪下令全面調查失敗原因。調查報告認為：決策過程中的一致性是關鍵問題，建議改變決策過程。所謂一致性，就是美國心理學家歐文 · 詹尼斯提出的「團隊思維」（Groupthink）：有凝聚力的團隊，會無意識地產生若干共有的觀念，遏制批判性思維，以此保持所謂的「團隊精神」。過於團結的團隊，不會質疑集體假設，也不願面對令人不安的事實。團隊可以發揮其睿智，也可能表現為瘋狂。或者既睿智又瘋狂，有時候睿智，有時候瘋狂。

根據調查報告，甘迺迪總統下定決心改變其決策團隊的文化，要求其成員秉持懷疑精神，不僅要發表專業意見，還要提供多面向的意見，提出質疑。團隊中任命「理智的監督員」，記錄所有觀點，防止對問題的分析過於膚淺而造成錯誤。甘迺迪本人有時離開現場，以便下屬開誠布公地討論。這些措施最終提高了決策品質。

在美國甘迺迪政府和蘇聯赫魯雪夫政府的共同努力下，「古巴飛彈危機」

最後和平解決。人類避免了一次毀滅性災難。

美國總統甘迺迪的決策團隊，雖然在「豬玀灣事件」事件中表現糟糕，但經過反思和改進，卻在「古巴飛彈危機」事件處理中表現出色。

■ 關於伊拉克戰爭的決策

基於情報部門預測「伊拉克擁有大規模殺傷性武器」，美國布希政府決策入侵伊拉克。以英美軍隊為主的聯合部隊繞開聯合國安理會，於二〇〇三年三月二十日入侵伊拉克。截至二〇一一年十二月十八日美軍全部撤出，戰爭導致美軍近萬人陣亡，數萬人傷殘，消耗上萬億美元。而伊拉克約有十萬軍人、數十萬平民死亡。戰爭引起的混亂導致平均每月七百到八百名伊拉克平民拋屍街頭。事實證明，支持美國政府做出決策的美國情報部門的預測，要麼是荒謬的錯誤，要不就是澈底的謊言。

美軍占領伊拉克後，美國政府組織了一個特別調查小組，進入伊拉克尋找所謂的大規模殺傷性武器，領隊者是前聯合國核武器調查官員戴維 ・ 凱。該小組使用高科技儀器對伊拉克進行地毯式搜索，歷時近四個月也沒有找到所謂的大規模殺傷性武器。戴維 ・ 凱為美國政府的錯誤決策尋找代罪羔羊，把罪責推給美國情報部門，指責其提供的資訊有問題。美國武器核查專家查爾斯 ・ 迪爾費爾繼續帶領人把伊拉克翻了個底朝天，最終提交的報告結論很明確：伊拉克在聯合國監督下銷毀生化武器後，再未涉足大規模殺傷性武器。美國情報機構因胡亂猜測再次受到指責。

然而，罪責應該由美國情報機構獨自背負嗎？由於「九一一」事件摧垮了美國人固有的安全心理防線，整個社會的理智被瘋狂壓制。正是那位迪爾費爾，在伊拉克戰爭前夕曾宣稱：「海珊肯定在發展大規模殺傷性武器。」主流媒體也在推波助瀾，《紐約時報》戰前宣稱「已經在伊拉克找到了大規模殺傷性武器」。直至二〇〇四年五月三十日，《紐約時報》才為其造謠道歉，承認「有關伊拉克罪證的報導存在重大失誤」，不應淪為「狡猾政治目的」之工具。

決策影響組織的生存發展

組織的生存發展不僅僅取決於決策者的能力和努力程度，更取決於組織的決策管理水準。大數據時代，決策已經不能僅限於管理者的具體決策行為。決策是一個綜合過程，包括資訊的收集和分析、對未來趨勢的預測、備選方案的制定及其可能效果的綜合判斷、決策方案的選擇與實施過程的追蹤與動態調整。為了從海量資訊中識別出有用的資訊以幫助做出高品質決策，我們需要更高的決策智慧，更好地駕馭大數據時代的社會變革。

組織必須對決策進行適當管理，以提高決策的科學性、可行性和有效性，避免盲目決策帶來損失。決策管理就是要為組織制定決策規程，合理規定決策職責，指導決策者採用適當的決策模式，以達到績效目標。

關鍵事務決策錯誤，足以帶來重大損失甚至澈底失敗，諺語所謂「一著不慎，滿盤皆輸」。這方面，國際上與中國有很多教訓案例：國際電腦巨擘惠普公司（Hewlett-Packard）二〇〇二年做出與康柏公司（Compaq）合併的決策，使得股東們承受了七成的資產損失，總額達到兩百四十億美元。負主要決策責任的總裁卡莉 · 菲奧莉娜（Carly Fiorina）二〇〇六年被迫辭職。

中國二〇〇七年成立的凡客誠品，經歷了幾年高速成長，二〇一〇年營業額突破二十億元人民幣，成長三倍，公司估值超過三十億美元。決策層被成功沖昏了頭腦，做出二〇一一年目標營業額六十億元的決策。三個月後，在沒有可靠依據的情況下，又將目標營業額調增到一百億元！然而，二〇一一年僅完成三十多億元銷售額，庫存達到 14.45 億元，總虧損近六億元。

通訊巨擘 Motorola 二十一世紀初的興衰史，對於管理者來說更是一堂生動的決策管理課[13]。總部設在美國伊利諾伊州芝加哥市郊的 Motorola 公司，曾經是全球晶片製造、電子通訊的領導者。成立八十多年來，擁有眾多發明專利，開創了汽車電子、彩色映像管、集群通訊、半導體、行動通訊、手機等多個產業，並以「六標準差」品質管理體系成為企業管理的樣板。Motorola 在通訊領域一直是引領尖端技術和追求卓越績效的典範。一九九五年在全世界的市場占有率超過六成。直至二〇〇三年，Motorola 手機品牌的競爭力仍然排在世界第一位。

自二〇〇三至二〇〇八年，Motorola 在行動通訊領域的市場占有率直線下滑：從全球第一，滑落到可有可無、陷入巨額虧損的境地。

二〇一一年一月四日，Motorola 正式拆分為專注於政府與企業業務的「Motorola 系統公司」和專注於行動裝置及家庭業務的「Motorola 行動公司」。同年八月十五日，Google 以一百二十五億美元的價格收購了 Motorola 行動。

二〇一四年十月三十日，聯想集團宣布從 Google 公司收購 Motorola 行動。

為什麼會出現這種現象？ 主要原因就是 Motorola 對其發展戰略和風險管控的決策出現失誤。其主要體現在以下幾個方面。

■ 技術決策失誤

Motorola 戰略風險始於「銥星計畫」重大技術決策失誤。

以 Motorola 為首的一些美國公司，為了控制世界行動通訊市場的主導權，在美國政府的幫助下，於一九八七年提出新一代衛星行動通訊系統——銥星系統。即使以現在的技術水準衡量，其技術先進性依然處於領先地位：由六十六顆衛星編織起一個高技術通訊系統，衛星之間可直接傳遞資訊，使用者可以不依賴地面站而直接通訊。但正是由於過度追求技術先進性，銥星系統的構建和維護成本過高，每部手機三千美元，將絕大多數使用者排除在外！ 開業前半年，全球只發展了一萬使用者。

卓越的技術先進性恰恰成了 Motorola 的戰略風險。

■ 行銷決策失誤

Motorola 迷戀已有成功。過於相信技術優勢，過度依賴成功型號，迷失了產品開發方向。三年時間僅依賴 V3 一個機型，沒有考慮細分市場。

新產品跟不上市場需求，舊型號不得不依靠降價維持銷量。短期大幅降價讓不少高級使用者無法接受，對 Motorola 品牌失去信任。

新產品市場定位不準確。隨著技術升級的步伐加快，消費者對手機的要求已經不僅僅局限在外觀，更多地開始關注配置、功能特色等內在技術因素。以技術見長的Motorola卻在技術方面讓消費者失望。自從推出V3之後，Motorola 發布的新品手機，找不出新鮮的賣點。

■ 未能決策調整組織結構

Motorola 雖然重視產品規劃，但更是一個技術主導型公司。濃厚的工程師文化，以自我為中心，唯「技術論」，消費者的需求很難被研發部門真正傾聽，導致研發與市場需求脫節。

內部產品規劃戰略不統一，平台之間通用性差，增加了生產、採購難度，使得上游零件採購成本居高不下。其資深副總裁吉爾莫曾評價說：「Motorola 內部有一種極需改變的『孤島傳統』，外界環境變化如此迅捷，使用者的需求越來越苛刻，現在需要成為整個系統的一個環節。」

今日之決策，未來之方向

決策總是面向未來的。而未來充滿了不確定性，正如未來學家約翰 · 奈斯比（John Naisbitt）在《世界大趨勢》[14]一書中所說：

> 未來就是一系列的可能、趨勢、事件、迂迴曲折、進步和驚奇。隨著時間流逝，所有事物都會各就各位，形成一幅關於世界的新畫面。

這個「新畫面」是什麼樣子？ 我們現在無從知曉！ 我們的想像和描述，很可能與實際情況大相逕庭！ 正是未來的不確定性，帶給決策風險。

■ 墨守成規，失去機遇

有些組織安於現狀，不思進取，墨守成規；面臨風險，反應遲鈍；失去機遇，慘遭淘汰。一九九〇年代，柯達公司是所有攝影愛好者繞不過去的一座大山。在底片時代，柯達不僅代表一個產業、一種生產方式，更是一種生活方式、一種藝術創作模式。二十一世紀初柯達市值曾經高達三百億美元，十年後卻走向了求助於美國破產法保護程序的窮途末路。

有些人想當然爾將柯達公司沒落歸因為缺乏技術創新能力。然而，事實與此截然相反！柯達之沒落，不在於缺乏創新能力，而在於決策！柯達公司從來都不缺少創新技術儲備，一直站在世界照相技術的巔峰。柯達公司最早擁有數位相機技術專利，是世界上第一台數位相機的開發者。

柯達公司的沒落起因於戰略決策失誤：為了確保傳統感光底片的地位，人為地擱置了數位照相專利技術，給了競爭對手後來居上的機會。柯達公司醒悟過來準備轉型的時候，面對底片領域龐大的技術投入和割捨不掉的銷售市場，未能果斷決策，在猶豫中再次失去迎頭趕上的機會。

正是關鍵時候的決策注定了柯達的命運！

■ 銳意創新，創造未來

也有一些組織以其睿智的洞察力和創新活力，做出明智決策，抓住發展機會，合理管控風險，前途一片光明。美國強鹿公司就是一個成功案例。

強鹿是美國一家農用機械生產商。二十一世紀初，在經濟全球化浪潮中，受到新興工業國家廉價商品的衝擊。管理者們拋開傳統思維，跳過農業機械本身，把問題指向了農場主購買農業機械追求的真正價值[15]。傳統的思維是：農場主需要價廉物美的農業機械，應對措施就應該是：提高品質，降低價格。這是新興工業國家農機製造商正在採取的競爭措施。

強鹿公司對農場主的真正需求進行了深入分析。他們發現：實際上農業機械只不過是工具而已，農場主使用農業機械，追求的是更多的收穫。農業機械只是實現收穫的手段之一，還需要對土壤品質和農作物生長情況進行適當管理。透過上述分析，強鹿公司做出轉型發展的重大決策：轉變思維，從賣給農場主農業機械轉向為農場主提供服務。當新興工業國家的農機生產商依然在靠價格進行拚殺時，強鹿公司已經在賺取提供服務的錢了。

這種創新智慧，並非美國人專有。前面引述的《莊子》〈逍遙遊〉篇之「不龜手之藥」故事，早在兩千三百年前就提出了拓寬視野、跨界創新的智慧。

幾十年來，中華民族在追趕世界先進水準中，不斷學習、抄襲和模仿。有些人在「洋奴哲學」指導下，幾乎不會獨立思考，更遑論創新！管理領域更是如此，對洋理論「生吞活剝」，對傳統管理智慧缺乏研究應用，近乎「數典忘祖」！

在經濟社會轉型升級與大數據交會的變革時代，我們面臨更大的不確定性。決策者應該抓住機遇，果斷決策，適當管控風險，開創美好未來！

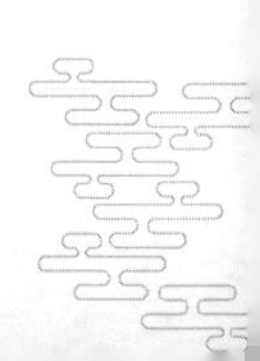

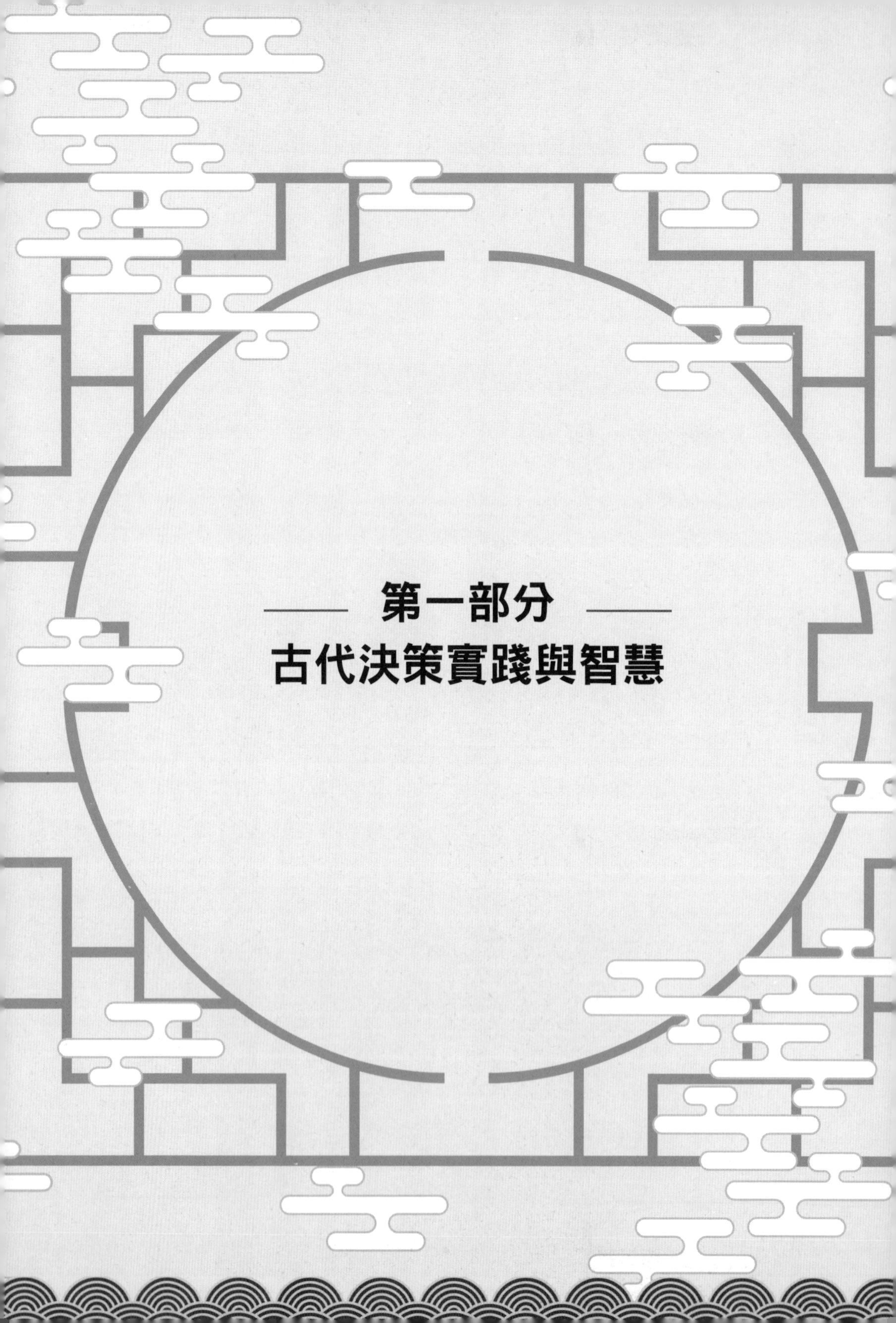

第一部分
古代決策實踐與智慧

人類的決策行為源遠流長。上古時代人們開展一系列活動之前，所進行的相關思維及行為，實際上就是原始決策。

在綿延五千多年的中華文明史上，先哲們創造了博大精深的文化，積累了從遠古時代沉澱下來並得以凝鍊的智慧，包括預測和決策智慧。這些智慧，穿越數千年時空，至今仍然閃耀著燦爛的光芒！先哲們從上古神靈崇拜開始，就一直在探索預測和決策的奧祕。卜筮在上古預測和決策中起著重要作用。殷商人總結出一整套龜甲占卜的預測規律，王室事務都要透過占卜才能決策。周族人推演出完備的占筮預測體系《周易》，幫助人們在決策過程中「決疑」。《周易》的思辨哲理和決策智慧成為中國傳統文化不可或缺的內容。這些預測和決策智慧，數千年來已經融入文明血脈，烙在民族基因中，成為民族性格的一部分，深深地影響著我們的思維和行為。

本部分重點介紹中國古代預測和決策的歷史淵源、決策思維、決策模式和決策智慧，以及決策思維對傳統文化的影響。其包括以下內容：

第一章〈原始神靈崇拜，探索決策奧祕〉；

第二章〈上古卜筮預測，形成決策體系〉；

第三章〈凝鍊決策智慧，融入傳統文化〉。

第一章
原始神靈崇拜，探索決策奧祕

帝曰：「禹！官占惟先蔽志，昆命於元龜。朕志先定，詢謀僉同，鬼神其依，龜筮協從，卜不習吉。」

——《尚書》〈虞書·大禹謨〉

上古時代，先民們對宇宙自然運行規律和人類自身知之甚少，看到的是：天地風雨雷電變幻莫測，人類生老病死命運無常；對自然力的巨大作用和個人命運無能為力。於是，他們懷著敬畏的心態將趨利避害的願望寄託於上天和神靈，祈求神靈賜予意旨，幫助做出決策。

中國上古時期「卜筮」活動，瑪雅人「占星」活動，其他民族對山川、河流、靈石等崇拜的原始宗教活動，實際上都反映了人們對「上天」和「鬼神」的敬畏。其借助於「卜筮」、「占星」對未來進行預測，按照天和鬼神的意旨做出決策。這種習俗在中國一些少數民族中傳承較久。唐代詩人王維在〈祠漁山神女歌 · 迎神〉[16]詩中記錄了漁山女巫迎神的場景：

坎坎擊鼓，漁山之下。吹洞簫，望極浦。女巫進，紛屢舞。陳瑤席，湛清酤。風淒淒，又夜雨。不知神之來兮不來，使我心兮苦復苦。

南美洲印第安人至今還傳承著印加祖先用巫術預測未來的傳統。

祈求神靈，巫覡壟斷決策

旱既大甚，黽勉畏去。胡寧瘨我以旱？憯不知其故。祈年孔夙，方社不莫。昊天上帝，則不我虞。敬恭明神，宜無悔怒。

——《詩經》〈大雅 · 雲漢〉

上古先民們認為天地萬物皆有神靈，神靈擁有超越人類的無限能力。可以透過特殊人物「巫」招請神靈降臨，賜福於人類。

巫覡家族，掌握溝通天地的密碼

經歷過地震的人都知道，某些動物面臨巨大自然災害有提前感應的能力。甚至低級動物螞蟻，在暴雨來臨之前也會有反常行為。動物依靠本能預知未來，並做出反應趨利避害。

作為這個星球「萬物之靈」的人類，最早也和其他動物一樣具有預知未來的本能。上古時代的巫覡就屬於這類人。人類歷史上很早就出現了「巫」，掌握法術，負責「天界」和「人間」溝通：向上傳遞人類的祈求，向下傳達神靈的旨意。他（她）們能夠預知未來，幫助人們做決策。

大約在七萬年前，人類經歷了「認知革命」（Cognitive Revolution）[17]，原始人從動物中脫穎而出，成為主宰這個星球的「萬物之靈」。某次偶然的基因突變，改變了原始人大腦的內部連接模式，使他們以前所未有的方式進行思維，想像一些根本不存在的虛擬故事並講述和傳承。

某些聰明的原始人編造關於神靈的恐怖或者動人故事，反覆講給其他原始人，影響其認知和信念。這些人就是最早的巫。他們正是從編故事開始，實現了控制其他人靈魂之目的，成為最早掌握知識的一批人。

世界上是否存在神靈，不同文化有不同認知。對神靈的敬畏，幫助人類社會建立起了統治秩序。法國哲學家伏爾泰曾經說過：「世界上本來就沒有神，但可別告訴我的僕人，免得他半夜偷偷把我宰了！」

在母系氏族社會，巫之職業通常由知識淵博、智慧超常的女性擔任。隨著人類社會由母系氏族向父系氏族過渡，這一神聖職業也逐漸由男性擔任。

《國語》[18]〈楚語下〉記載了兩千五百年前楚國哲人觀射父的相關論述：

古者民神不雜。民之精爽不攜貳者，而又能齊肅衷正，其智慧上下比義，其聖能光遠宣朗，其明能光照之，其聰能聽徹之，如是則明神降之，在男曰覡，在女曰巫。

古時候民和神不混雜。百姓中精神專注不二而且又能恭敬中正的人，他們的才智慧使天地上下各得其宜，聖明能光芒遠射，目光能洞察一切，聽覺靈敏能通達四方，這樣神明就降臨到他那裡，男的稱覡，女的稱巫。

東漢許慎所著《說文解字》[19]沿用了《國語》的解釋：「覡，能齋肅事神明也。在男曰覡，在女曰巫。」

魯迅在《漢文學史綱要》[20]中提出：

復有巫覡，職在通神，盛為歌舞，以祈靈貺，而讚頌之在人群，其用乃愈益廣大。試察今之蠻民，雖狀極狉獉，未有衣服宮室文字，而頌神抒情之什，降靈召鬼之人，大抵有焉。

這種半人半神的特殊地位，使巫覡成為最早的文化創造者和決策方案制定者，並以家族世襲的形式在漫長歷史歲月中代代相傳。後世之人不再區分巫覡，均以「巫」稱之。唐代大文豪韓愈在〈殘形操〉詩中寫到：

有獸維狸兮我夢得之，其身孔明兮而頭不知。吉凶何為兮覺坐而思，巫咸上天兮識者其誰。

上古時代，巫「神通」廣大，不僅擁有負責溝通人神的能力，還是知識和智慧的化身。他們擁有占星、曆法與醫術知識。隨著社會的發展，人們賦予巫師們的職能越來越多，遠遠超出了個人的知識和能力，於是萬能通神的巫師也開始專業化分工：一部分兼職記錄歷史，一部分兼職祭祀禮儀，一部分專注於天文曆法，一部分則兼具治病救人。

醫源於巫，這已經是定論。最初的醫具有「巫」和「醫」雙重身份，既能溝通鬼神，又兼及醫藥。據《姓氏考略》記載：「黃帝時巫彭作醫，為巫氏之始。」上古巫醫治病之形式更近於巫術，名醫都兼有巫的部分神通：目光明亮能洞察一切，聽覺靈敏能通達四方。戰國時期名醫扁鵲就具有這種透視功能。周人文化以人為本，巫術逐漸沒落，醫術開始獨立發展。據《周禮》[21]記載，當時朝廷在大史之下設「掌醫之政令」，代表著巫、醫開始分家。醫學理論也逐步發展，出現了金、木、水、火、土五行學說和陰陽對立統一的辯證思維，《黃帝內經》[22]應運而生。但古代醫學還專門有一個「祝由科」，保留了部分巫術。

巫不僅是醫藥之源頭，幾乎是上古所有知識之淵藪。

巫師與鬼神溝通的特殊手段之一就是占卜。占卜在上古預測和決策中發揮著非常重要的作用。關於占卜，將在下一章詳述。

巫師們將長期觀察、占卜總結得出的自然規律和人生經驗系統化，逐步形成了完整的占卜預測理論，出現了早期樸素的決策思想。巫師家族代代相傳的占卜理論和經驗，就是那個時代的「大數據」。這些「大數據」，不僅是巫師家族地位的依憑，更是整個部落知識和智慧的積累。對於鴻蒙初開的先民來說，掌握「大數據」的巫師家族籠罩在神祕光環中，被普通人仰望和敬畏。巫師們借助於鬼神的旨意，左右著部落或邦國的決策。

結繩刻木，幫助記憶占卜大數據

在文字發明之前，巫師家族掌握的知識、決策智慧和經驗案例「大數據」，透過「話語」代代口耳相傳。但話語說出即逝，不能留存，只能靠人類大腦有限的記憶來傳承。隨著人類社會的發展，積累的知識和占卜的經驗案例越來越多，需要記憶的資料越來越大。人類的大腦已經難以勝任。

人類的大腦是不太可靠的儲存裝置，主要表現在以下方面。

第一，大腦負荷容量有限。即便是記憶天才，也無法超越這種限制，更何況世上並沒有那麼多天才，大多數巫師的大腦結構也和普通人差不多。

第二，人的記憶延續時間有限，話語傳承就難免會有遺忘。如果遇上智商不高的傳承者，代表部落智慧的「大數據」將會遺失更多。

第三，個體難免一死，巫師也不例外。隨著軀體死亡，儲存在大腦中的所有資訊一併湮滅。如果這些資訊沒有來得及傳承，就會徹底消失。

掌握代表部落智慧的占卜「大數據」並不是件輕鬆愉快的差事，要有恆心和毅力。所以，孔子感嘆：「南人有言曰：『人而無恆，不可以作巫醫。』」[23]

為了克服話語傳承和大腦記事之不足，人們自然想到借用外部標誌幫助記憶，結繩記事就是這種標誌。上古華夏、古埃及、古波斯以及祕魯印第安人分別發明了結繩記事方法。中國古代文獻最早提到結繩記事的是《周易》[24]〈繫辭下傳〉寫到：「上古結繩而治，後世聖人易之以書契。」

《莊子》〈胠篋〉篇提到上古十二個帝王用結繩記事的方法治理部落：

> 昔者容成氏、大庭氏、伯皇氏、中央氏、栗陸氏、驪畜氏、軒轅氏、赫胥氏、尊盧氏、祝融氏、伏羲氏、神農氏，當是時也，民結繩而用之。

東漢許慎在《說文解字》中也提到：「神農氏結繩為治，而統其事。」

華夏上古社會很長時期都在使用結繩方法記事，一直持續到神農氏（炎帝）、軒轅氏（黃帝）時代。中國其他民族使用結繩記事的歷史持續時間更長。《北史》[25]〈魏本紀一〉記述：

> 魏之先出自黃帝軒轅氏，黃帝子曰昌意，昌意之少子受封北國，有大鮮卑山，因以為號。其後世為君長，統幽都之北，廣漠之野，畜牧遷徙，射獵為業，淳樸為俗，簡易為化，不為文字，刻木結繩而已。時事遠近，人相傳授，如史官之紀錄焉。

北魏皇族拓跋氏的祖先出自黃帝的兒子昌意。昌意的小兒子受封地在大鮮卑山，就以鮮卑為族名。鮮卑人過著畜牧、射獵的遷徙生活，沒有文字，依靠結繩和刻木記事。這種狀況一直持續到漢末晉初。中原戰亂期間，鮮卑人大規模南遷，與中原先進文化交會融合，才掌握了文字。

橫跨南美洲安地斯山脈的印加帝國使用結繩語。為了記載一個完整的事件，可能需要數百條繩子，要打上成千上萬個結。這種結繩語一直應用到西班牙殖民者入侵，被侵略者帶來的拉丁語和數字澈底破壞。

直至近現代，沒有文字的民族仍在使用結繩記事。中國哈尼族、瑤族、獨龍族、高山族等少數民族，一九五〇年代還在使用結繩記事[26]。

華夏先民們結繩記事的具體方法，目前的文獻已無從考證。《虞鄭九家易》（已失傳）記述了東漢鄭玄對結繩記事的推測：

> 古者無文字，其有約誓之事，事大大結其繩，事小小結其繩，結之多少，隨物眾寡，各執以相考，亦足以相治也。

近現代仍然在使用的結繩記事方法可資參考。祕魯土著印第安人用數條不同顏色的繩，平列地繫在一條主繩上，根據所打結或環在哪條繩上、什麼位置，以及結或環的數目，來記載不同性別，不同年齡的人口數，如圖 1.1 所示。

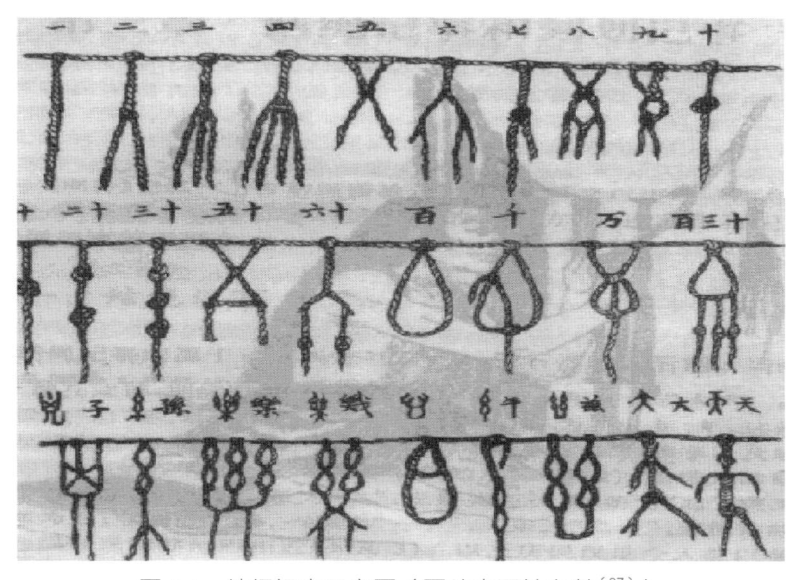

圖 1.1　結繩記事示意圖（圖片來源於文獻[27]）

結繩的方法使語言能夠跨越時間和空間，得以保存和流傳。但結繩記事只能幫助記錄簡單的數字和簡單的事情，對複雜的事物則無能為力。

於是，上古先哲們又發明了刻木記事的方法。刻木記事能夠記錄更複雜的資訊，並且容易固定。記事符號大都是象形圖案，如圖 1.2 所示。

圖 1.2　刻木記事——納西族的東巴象形文字

為了補充象形符號無法表達的資訊，上古人們又發明了抽象符號。這些符號經過精煉，逐步達成共識，固定下來。固定的刻木記事符號，向原始文字邁出了一大步，見圖 1.3 所示。

有學者將圖中記事符號解讀為：三人月圓會面和三包禮品[28]。

圖 1.3　刻木記事——抽象符號

華夏文明中，最悠久、最成熟的契刻符號是由人文始祖伏羲氏創造的八卦，分別代表八種不同的自然現象，距今已有約八千年歷史。

☰（乾）象徵天，☷（坤）象徵地；

☳（震）象徵雷，☴（巽）象徵風；

☵（坎）象徵水，☲（離）象徵火；

☶（艮）象徵山，☱（兌）象徵澤。

八卦作為契刻符號的「活化石」，至今影響著整個東亞儒家文化圈。

發明文字，傳承決策智慧

> 聲不能傳於異地，留於異時，於是乎書之為文字。文字者，所以為意與聲之跡也。
>
> ——清人陳澧《東塾讀書記》

為了克服「話語」、結繩記事和刻木記事在空間、時間和容量方面的限制，人類又發明了文字。學者推測，多數文明的文字是由巫師發明的。

文字是記錄語言的書寫符號系統，是人類文明史上最偉大的發明！文字的出現使人類克服了話語的時空局限。文字記錄作為書面化的語言，能夠在人腦之外儲存資訊，使前人的智慧、經驗和教訓更方便地在更大範圍內傳承，加快了文明成果的積累和發展速度。文字反過來又改變了人類的思維和看待世界的方式。文字的出現極大地促進了人類的抽象思維能力，這些抽象符號能夠和具體事物聯繫起來，甚至還能夠產生世上不存在的虛擬想像。

到目前為止，考古發掘的最早文字是西元前三〇〇〇年前美索不達米亞平原上蘇美人發明的「楔形文字」。這些文字刻印在泥板上，如圖 1.4 所示。最初用於記錄帳目及人們向巫師和廟宇捐獻的財物。

圖 1.4　古代蘇美人用於記帳的楔形文字

古埃及早期文字有很多關於巫師的記載，很多法老王兼具巫師身份。

目前得到學術界公認的最早漢字，是殷商時期刻在龜甲和獸骨上的甲骨文和鑄造在青銅器上的銘文——金文，距今約三千五百年。甲骨文和金文已是相當成熟、近乎完備的文字體系。迄今發現的甲骨文字近五千個，其中已被識讀約兩千個。如此成熟的文字，不可能突然出現，應該有一個產生、發展和傳播的過程。據《尚書》[29]〈周書 · 多士〉記載：「惟殷先人有冊有典，殷革夏命。」殷商的先公先王們就已經有了「典」和「冊」，用於記載包括「殷革夏命」在內的歷史事件。甲骨文就有「冊」字。根據文字本身形成和發展

規律，參考《尚書》記載，可以推測漢字的出現要遠早於殷商時期。

相傳，漢字是黃帝時期的史官倉頡創造的。倉頡從地上鳥獸足跡和天上日月星辰中得到啟示，創造了原始象形文字。由於漢字洩露了「天機」，將使人類的智慧飛躍到與神靈匹敵的程度，震驚了上天和鬼神。據《淮南子》[30]〈本經訓〉記載：「昔者，倉頡作書，而天雨粟，鬼夜哭。」（見圖 1.5）

圖 1.5　倉頡造字漢磚拓片

這只不過是一個誇張的傳說。真正的文字大概出現在黃帝時代，卻也有其史料和考古依據。前面引述的《北史》〈魏本紀一〉可以作為旁證：黃帝時代，昌意的小兒子受封到大鮮卑山時，文字剛剛發明，還沒有大範圍傳播，所以鮮卑人沒有掌握文字，仍然依靠結繩記事。

魯迅在《漢文學史綱要》中對漢字產生過程推測如下：

> 然而言者，猶風波也，激盪既已，余蹤杳然，獨恃口耳之傳，殊不足以行遠或垂後。詩人感物，發為歌吟，吟已感漓，其事隨訖。倘將記言行，存事功，則專憑言語，大懼遺忘，故古者嘗結繩而治，而後之聖人易之以書契。結繩之法，今不能知；書契者，相傳「古者庖犧氏之王天下也，仰則觀象於天，俯則觀法於地，觀鳥獸之文與地之宜，近取諸身，遠取諸物，於是始作八卦。」「神農氏復重之為六十四爻。」頗似為文字所由始。其文今具存於《易》，積畫成象，短長錯綜，變易有窮，與後之文字不相系屬。故許慎復以為

「黃帝之史倉頡，見鳥獸蹄迒之跡，知分理之可相別異也，初造書契。」要之文字成就，所當綿歷歲時，且由眾手，全群共喻，乃得流行，誰為作者，殊難確指，歸功一聖，亦憑臆之說也。

考古發現的象形字符可以上溯到距今七千年前。中國最早的契刻字符發現於河南省舞陽賈湖遺址二、三期文化層中的甲骨上，距今八千六百至七千八百年，被譽為世界上最早的文字起源。陝西省西安半坡遺址出土的距今六千多年的陶器和陶片上刻劃的文字符號，部分學者認為是漢字的起源。

安徽省蚌埠雙墩遺址發現六百零七個刻劃符號，距今七千至六千年；許多符號與甲骨文、金文相似或者完全相同，如圖 1.6 所示。

一九八〇江蘇省吳縣澄湖遺址出土的黑陶魚簍腹部有四個並列刻符（見圖 1.7 所示），距今四千多年。

陳文敏在《漢字起源與原理》[31] 中將上述四個陶文解讀為「上五戈日」。這是考古發現最早的成句古漢字，類似於《詩經》的四言韻語。

圖 1.6　安徽雙墩遺址刻劃符號

圖 1.7　澄湖遺址黑陶魚簍四字成句刻符

華夏先哲們給我們留下了世界上最佳美、最完備的文字系統，從雙墩遺址的刻劃符號，到澄湖遺址的陶文，再到殷墟的甲骨文、商周青銅器銘文、春秋石鼓文、秦小篆，漢以後的隸、楷、行、草……數千多年來一脈相承。受過文字教育的人們，稍加訓練，就能夠不太困難地識別出那些刻在甲骨上、銘在青銅器上、雕在石鼓上的數千年前人們的思維、語言與活動記錄。

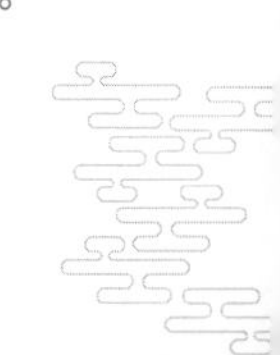

這在世界上眾多的文字系統中是唯一的。

每一個漢字都有其來源和意蘊。以「巫」字為例，上面一橫代表天，下面一橫代表地，中間一豎直通天地，兩邊有人俯伏，表明巫之非凡神通和智慧[32]。

文字的產生，使得巫師家族世代口耳相傳的知識和經驗積累得以更好地保存，並有利於廣為傳播。人類掌握的知識「大數據」可以不再受個人條件限制而無限地擴大，加快了文明發展的步伐，促進了決策活動的發展，提升了人類的預測和決策智慧。巫師們從以往經驗中抽象出預測規則並記錄下來，用於指導以後類似的預測。占卜術的操作開始規範化，「徵兆」解釋也逐步條例化，這使得預測活動避免了操作的盲目性。

絕地天通，人神決策之爭

文字的發明在促進文明進步和提高決策水準的同時，也削弱了巫師們自身的地位。當部落或邦國的政治領袖們也能閱讀人類積累的知識並掌握占卜「大數據」時，他們就認為自己也能解讀「天意」，而不願再受巫師的制約；巫師們再也無法壟斷「天意」的解釋權。

顓頊絕地天通，壟斷天意解釋權

據《尚書》〈呂刑〉記載，黃帝的孫子顓頊當政時，任命南正重主天以會神、火正黎主地以會民：「乃命重、黎絕地天通，罔有降格。」其反映的史實可能是：在此之前的某段時間，華夏大地上很多人像巫覡一樣，具備與神溝通的能力。在上古神話傳說時代，宇宙是盤古開闢的，人類是天神女媧創造的，后稷從天上帶回五穀種子教會人們發展農業，夏啟將天上仙樂「九歌」傳到了人間，嫦娥可以飛昇到月亮中去……

學者何新基於這些美妙的神話傳說，提出如下觀點[33]：

> 華夏民族的先史時代是極其燦爛而浪漫的。但是，宋明以後文明臻於成熟，成熟則呈老暮，老暮則失去浪漫的華彩。因之，這個民族在清代的語言考據和二十世紀初的新考據學（古史辨學派）中，

竟迷失了民族文化的自我，數典乃至忘祖，竟迷失了民族文化的本源。殊不知，華夏民族本是來自天上的民族。

臣民們可以隨意與「天」溝通，作為世俗帝王的顓頊，如何能夠容忍！於是，顓頊透過行政命令，剝奪了臣民和巫師們溝通人神的權力。命令南正重和火正黎分別主持上天的「神務」與世俗的「民務」，都向顓頊帝匯報工作，由顓頊帝本人親自解釋天界與人間的溝通（見圖 1.8）。對於資訊極度匱乏的上古蒙昧時代，壟斷了天意解釋權，實際上就是壟斷了決策權。

《國語》〈楚語下〉記載了楚昭王向觀射父請教「絕地天通」之事：

昭王問於觀射父曰：「《周書》所謂重、黎實使天地不通者，何也？若無然，民將能登天乎？」

圖 1.8　顓頊命重、黎絕地天通

楚昭王以為，如果不是重和黎毀了「天梯」，人也許還能「登天」。

觀射父認為不能這樣理解「絕地天通」，並給出近乎合理的解釋：古代民和神不互相溝通，要靠巫師溝通。天地神民類物之官，各司其序，不相混亂；民神異業，敬而不瀆。少皞氏統治時期，社會混亂，民神混雜，不辨名實。人人舉行祭祀，家族自為巫史。祭祀沒有法度，民神地位同等。百姓輕慢盟誓，沒有敬畏之心……顓頊帝繼位後，就命令南正重主天以會神，命令火正

黎主地以會民，恢復了上古原來的秩序，神和民不再互相侵瀆褻慢。這就是所說的「絕地天通」。

華夏帝王們，早在四千多年前就透過「絕地天通」壟斷了天意解釋權；他們自命為「天子」，只有他們才是上天的代表，才能溝通人間與天界。

其他文明的早期階段，同樣存在世間統治者壟斷天意，借助於神靈統治臣民的情況。西元前十八世紀美索不達米亞平原的統治者漢摩拉比制定了一部法典，後世稱為《漢摩拉比法典》。「法典」開宗明義：大神安努、恩利爾和馬爾杜克任命漢摩拉比伸張正義、驅除罪惡，制止恃強凌弱。

武乙笞神射天，進一步打擊神權

顓頊之後一千多年，又出了一位對神權不滿的帝王——商朝第二十八任君主武乙。商代社會神權回潮，鬼神觀念盛行，認為人間的一切都是上帝創造和統治的。大小事務都要占卜，請上帝賜予指示。上帝的權威至高無上，不容褻瀆。從甲骨卜辭中可以看出，上帝是管理自然與人間的主宰。所謂的上帝主宰，實際上就是巫師主宰。武乙厭倦了巫師們藉口神權而干涉他的王權，便想方設法，以極端的行為打擊神權（巫權），促使神權政治向王權政治轉變。武乙本人卻為此付出了死於非命的代價。

據《史記》[34]〈殷本紀〉記載：

> 帝武乙無道，為偶人，謂之天神。與之博，令人為行。天神不勝，乃僇辱之。為革囊，盛血，卬而射之，命曰「射天」。武乙獵於河渭之間，暴雷，武乙震死。

武乙用實際行動藐視上帝，與上帝一較高下並戮辱之，被視為「無道」之君。《史記》所述武乙「無道」行為很特別：一次，武乙命工匠雕了一個木偶「天神」，狀貌威嚴，冠服齊整。他約天神對賭，命令臣子代替木偶天神；臣子以大輸告終，武乙就命令痛打木偶天神。還有一次，武乙命人製作皮囊，盛滿獸血，掛在樹上，他親自挽弓仰射，稱為「射天」。

武乙打擊神權的行為觸動了特權階層的利益。於是，他本人莫名其妙地死於「雷擊」！到底是死於雷擊？還是死於謀殺？今天已無從知曉！

西門豹投巫，以彼之道還施彼身

武乙之後又過了八百多年，戰國初期魏國的西門豹再一次對神權進行打擊。這次打擊已經不再僅限於精神層面，而是直接從肉體上消滅。

據《史記》〈滑稽列傳〉記載：魏文侯任命西門豹做鄴令。西門豹到任後，見當地人煙稀少、滿目荒涼。走訪調查了解到當地官紳和巫婆串通，以給河伯娶親的名義，搜刮錢財，危害百姓。

> 魏文侯時，西門豹為鄴令。豹往到鄴，會長老，問之民所疾苦。長老曰：「苦為河伯娶婦，以故貧。」豹問其故，對曰：「鄴三老、廷掾常歲賦斂百姓，收取其錢得數百萬，用其二三十萬為河伯娶婦，與祝巫共分其餘錢持歸。當其時，巫行視小家女好者，云『是當為河伯婦』。即娉取。洗沐之……浮之河中。始浮，行數十里乃沒。其人家有好女者，恐大巫祝為河伯娶之，以故多持女遠逃亡。以故城中益空無人，又困貧，所從來久遠矣。民人俗語曰：『即不為河伯娶婦，水來漂沒，溺其人民』云。」

於是，西門豹聲稱要與河伯商量，將劣紳和巫婆投入河中。揭穿謊言，為民除害。然後大力興修水利，使鄴地繁榮起來。

> 西門豹曰：「至為河伯娶婦時，願三老、巫祝、父老送女河上，幸來告語之，吾亦往送女。」皆曰：「諾。」至其時，西門豹往會之河上。三老、官屬、豪長者、裡父老皆會，以人民往觀之者三二千人……西門豹曰：「呼河伯婦來，視其好醜。」即將女出帷中，來至前。豹視之，顧謂三老、巫祝、父老曰：「是女子不好，煩大巫嫗為入報河伯，得更求好女，後日送之。」即使吏卒共抱大巫嫗投之河中。有頃，曰：「巫嫗何久也？弟子趣之？」復以弟子一人投河中。有頃，曰：「弟子何久也？復使一人趣之！」復投一弟子河中。凡投三弟子。西門豹曰：「巫嫗、弟子，是女子也，不能白事。煩三老為入白之。」復投三老河中……欲復使廷掾與豪長者一人入趣之。皆叩頭，叩頭且破，額血流地，色如死灰……鄴吏民大驚恐，從是以後，不敢復言為河伯娶婦。

西門豹採取的策略比商王武乙更高明。假借神的名義，打擊操弄神權的人，讓民眾親眼看到並自己判斷河神是否存在。

經過帝顓頊、帝武乙和西門豹相隔兩千多年對神權的連續打擊，在華夏文明中，發端於原始神靈崇拜的宗教勢力再也沒有占據過統治地位。而西方社會中世紀以前的統治者們，在與宗教勢力的較量中一直處於弱勢，教皇能夠左右國家政局乃至國王的繼承權。

長生不老，千古神仙迷夢

> 藐姑射之山，有神人居焉。肌膚若冰雪，淖約若處子；不食五穀，吸風飲露；乘雲氣，御飛龍，而游乎四海之外；其神凝，使物不疵癘而年谷熟。
>
> ——《莊子》〈逍遙遊〉

追求長生不老，是人類發自靈魂深處亙古不變的誘惑！無論是帝王還是平民，也不論是鴻蒙初開的上古還是科技高度發達的今天。

古時帝王成仙夢

帝王們不願意臣民與天和神靈溝通，而他們中很多人卻總想著長生不老，成為神仙。越是能力強、本領大的帝王，這種願望越是強烈。

據《史記》〈封禪書〉記載，齊人公孫卿告訴欲成仙的漢武帝，中華民族的人文初祖黃帝就在一個叫做「鼎湖」的地方乘龍飛昇，成了神仙。

> 黃帝采首山銅，鑄鼎於荊山下。鼎既成，有龍垂胡珣下迎黃帝。黃帝上騎，群臣後宮從上者七十餘人，龍乃上去。

周王朝第五代天子周穆王姬滿，是一位有能力且興趣廣泛的統治者，留下了很多傳說故事，後世稱其為「穆天子」。據《穆天子傳》[35]所述，周穆王任用擅長造車和養馬的造父，駕著諸侯進獻的八駿神馬（赤驥、盜驪、白義、逾輪、山子、渠黃、驊騮、綠耳）拉的「豪華旅遊專列」周遊天下。穆天子西行抵達崑崙之丘與天界神仙西王母相會，西王母請其觀賞黃帝之宮，迎其上瑤池，設宴款待，詩歌相和。

周穆王雖然陶醉於神仙生活，但更迷戀人間帝王至高無上的權力。在與西王母相會期間，淮河流域東夷族的徐國稱王作亂，穆王只好終止其與西王母在天界的那段旖旎風流故事，回中原平定叛亂。

唐朝詩人李商隱寫了一首〈瑤池〉詩描述這一傳說：

> 瑤池阿母綺窗開，黃竹歌聲動地哀；八駿日行三萬里，穆王何事不重來。

自周穆王以降，近海諸侯國君則把追求神仙夢的機會轉向了臨近的海上。傳說海中有蓬萊、方丈、瀛洲等三神山，去人不遠；也聽說曾經有人到過，看到了諸仙人及不死之藥。齊威王、齊宣王、燕昭王都曾派人入海尋找，卻沒有一個如願以償！ 雖然如此，後來的帝王們仍然不死心。

秦始皇殲滅群雄一統天下後，覺得人間的事都做完了，便開始執著地尋覓成仙之道。據《史記》〈秦始皇本紀〉記載：

> 齊人徐市等上書，言海中有三神山，名曰蓬萊、方丈、瀛洲，仙人居之。請得齋戒，與童男女求之。於是遣徐市發童男女數千人，入海求仙人……
>
> 三十二年，始皇之碣石，使燕人盧生求羨門、高誓。因使韓終、侯公、石生求仙人不死之藥。

秦始皇不僅未能成仙，死後短短三年時間，自商鞅變法以來秦國七代國君歷經一百四十餘年奮鬥建立的郡縣制大一統帝國也灰飛煙滅。

唐代詩人顧況在〈行路難〉詩中對此進行諷刺：

> 行路難，行路難，生死皆由天。秦皇漢武遭下脫，汝獨何人學神仙。

中國歷史上賢明帝王漢文帝劉恆，勤儉節約、勵精圖治，開創了中國第一個盛世「文景之治」。就是這樣一位帝王也對神仙之事頗感興趣，在未央宮召見學識淵博的賈誼時，不問如何治理好國家以造福天下蒼生，卻先問起鬼神之事，以至於李商隱專門寫了一首〈賈生〉詩諷刺這件事：

宣室求賢訪逐臣，賈生才調更無倫；可憐夜半虛前席，不問蒼生問鬼神。

千載之後夢長生

古代人設想實現「長生不老」的途徑是「修道煉丹」，修成不死之身，煉得不死仙藥，就能夠成為神仙。中國神話傳說中的嫦娥奔月，就是因吃了王母娘娘賜予其丈夫后羿的不死仙藥，飛昇到月亮中成仙，在廣寒宮裡品味著孤獨寂寞的滋味。李商隱題〈嫦娥〉詩諷詠：

雲母屏風燭影深，長河漸落曉星沉；嫦娥應悔偷靈藥，碧海青天夜夜心。

目前所知人類最早的史詩《吉爾伽美什》創作於三千五百年前美索不達米亞平原蘇美時期，講述了烏魯克統治者吉爾伽美什為了復活好友的生命，與獅子、公牛和各種怪獸搏鬥，展開追尋永生的旅程。

「長生不老」不僅是古代人夢寐以求的終極目標，生活在現代社會的人們同樣無法拒絕這種誘惑。今天，掌握科技知識的人們，不也想透過科技手段延長人的壽命，以實現「長生不老」嗎？

第二章
上古卜筮預測，形成決策體系

卜筮偕止，會言近止，征夫邇止！

——《詩經》〈小雅 · 杕杜〉

卜筮預測在中國上古決策中發揮著不可替代的作用。實際上，所有卜筮活動都是為某種決策提供預測結果。正如《史記》〈龜策列傳〉所述：

自古聖王將建國受命，興動事業，何嘗不寶卜筮以助善！唐虞以上，不可記已。自三代之興，各據禎祥。涂山之兆從而夏啟世，飛燕之卜順故殷興，百穀之筮吉故周王。王者決定諸疑，參以卜筮，斷以蓍龜，不易之道也。蠻夷氐羌雖無君臣之序，亦有決疑之卜。或以金石，或以草木，國不同俗。然皆可以戰伐攻擊，推兵求勝，各信其神，以知來事。

古代帝王承受天命建立國家、創立事業時，都重視借助於卜筮。堯舜之前的歷史沒有留下文字記錄。堯舜之後，夏商周三代的興起，各自都有卜筮禎祥的依據……帝王在決定各種疑難問題時，都會用卜筮來檢驗，用蓍草、龜甲進行推斷，這是古代通行的方法。蠻夷氐羌雖然沒有君臣秩序，也有利用占卜決定疑難問題的習慣。或以金石，或以草木，不同部落有不同的習俗，都可以作為戰伐攻擊、推兵求勝的決策依據。

商人占卜，龜甲兆紋預測

工祝致告：「徂賚孝孫。苾芬孝祀，神嗜飲食。卜爾百福，如幾如式。既齊既稷，既匡既敕。永錫爾極，時萬時億！」

——《詩經》〈小雅・楚茲〉

中國上古統治者雖然用「絕地天通」的辦法從巫師手中奪取了「天意」解釋權，但他們對於天意還是深信不疑的，尤其是商朝人（盤庚遷都後又稱殷），統治者事無鉅細都要透過占卜詢問鬼神，根據神靈啟示決定是否採取行動。據《禮記》[37]〈表記〉記述：

殷人尊神，率民而事神，先鬼而後禮，先罰而後賞，尊而不親。

殷墟甲骨，國家決策檔案

殷人認為龜甲和牛骨能夠通靈，就把這兩種材料作為占卜的專用材料，偶爾也會使用羊、豬、鹿等其他動物的骨頭。巫師們通常用火燒灼甲骨，視其裂紋而定吉凶。占卜之後，將所卜事項及卜得之結果刻在甲骨上，收藏在「國家檔案館」裡，以備查閱。

在盤庚遷都到殷之後的近三百年裡（西元前十四世紀至前十一世紀），「國家檔案館」收藏的甲骨卜辭越集越多，成為那個時代東方文明的「大數據」中心。西元前一〇四六年，殷人在「牧野之戰」中被周武王率領的諸侯聯軍擊敗，絕望的殷紂王燃起大火自焚於鹿台，存放甲骨卜辭的「國家檔案館」也被燒成一片廢墟。記錄那個時代華夏民族絕大部分知識的甲骨從此被埋在廢墟裡近三千年，直至十九世紀末被發現。刻在甲骨上的卜辭文字被學者們稱為甲骨文，記錄和反映了殷商中後期的政治和經濟情況。

從大量的甲骨卜辭中可以了解到，殷商時期巫師們的權力很大，他們受王權委託負責對祭祀占卜結果進行解釋，是世俗帝王與神之間的中介，是神意的轉達者。巫師們一定程度上掌握著國家決策方案的選擇權。

鑑於顓頊帝「絕地天通」的措施，又經過商王武乙對神權的無情打擊，殷商的巫師們再也不能隨意解釋上天和神的「旨意」。他們對天意和神意的解釋權從屬於世俗的統治權。在已發現的甲骨文中，有很多「王占曰」卜辭，反映了殷商王權可以越過巫師而親自占卜並解釋天意和神意。

占卜預測，形成完整流程

殷商王室設有專司占卜的「卜人」，代表王室主持占卜事項。甲骨文中，「卜」字本身就是龜甲裂紋的象形字「[illegible]」或「[illegible]」。《說文解字》解釋：「卜，灼剝龜也，象灸龜之形。一曰象龜兆之縱橫也。」

《史記》〈龜策列傳〉中記述了龜甲占卜程序：

> 卜先以造灼鑽，鑽中已，又灼龜首，各三；又復灼所鑽中曰正身，灼首曰正足，各三。即以造三周龜，祝曰：「假之玉靈夫子。夫子玉靈，荊灼而心，令而先知。而上行於天，下行於淵，諸靈數鄭，莫如汝信。今日良日，行一良貞。某欲卜某，即得而喜，不得而悔。即得，發鄉我身長大，首足收人皆上偶。不得，發鄉我身挫折，中外不相應，首足滅去。」

占卜時，要在龜甲將要灼燒的地方鑽鑿。在中間鑽鑿燒灼後，再灼燒上部，各三個地方；接下來，再灼燒龜甲正身、正首與正足，各灼燒三次。持龜甲環行一周，祝告說：「我們借用您的神力。用荊木燒灼您的心，使您先知先覺。您上行於天，下潛於淵，各種神靈占卜之策，唯您最靈。今日良日，我們要行占卜。某人欲卜某事，卜得吉兆而喜，不得而悔。如果是吉兆，您就顯示又長又大的兆紋，首足對稱舒展。如果不是吉兆，就顯示曲折的兆紋，裡外不對稱，首足消失。」

《史記》所記是否能夠反映殷商時期的情況，今天已無法證實！

學者推測，殷商卜人占卜的具體做法通常為以下幾個步驟[28]：

第一步，在經過預先處理的龜甲或獸骨上鑽出若干淺坑及凹槽；

第二步，鑽過的甲骨在火上灼燒，受熱後就會從淺坑及凹槽開始產生一些裂紋，稱為「兆紋」，如圖 2.1 所示；

第三步，「卜人」根據兆紋的走向、分支、長短，對照以往記錄的經驗，判斷所卜之事的吉凶。

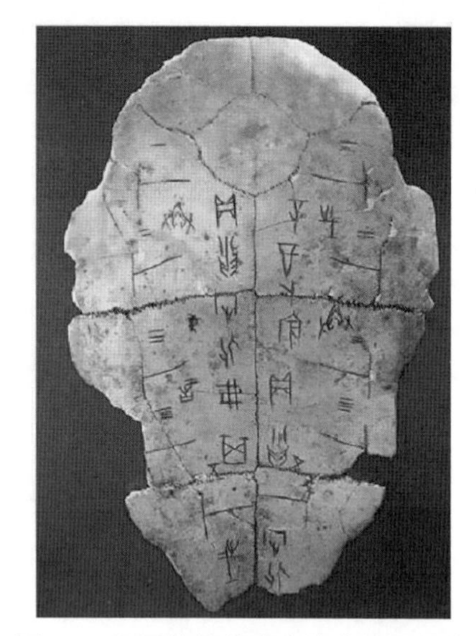

圖 2.1　甲骨灼燒後產生的兆紋及相應的卜辭

巫師們如何根據甲骨兆紋判斷吉凶，我們今天已不得而知！合理推測：巫師家族在長期的占卜過程中，積累了大量關於每種兆紋與吉凶悔吝對應關係的資料；其中的聰慧者，對這些資料進行歸納分析，就會形成相應的「密碼本」。這個「密碼本」囊括了巫師們占卜預測的奧祕！

這些神奇的占卜預測奧祕，也許不久的將來就會被人類在量子理論領域的進展揭開！近年來，科學研究證實了「量子糾纏」現象：相互糾纏的兩個粒子是一個系統，處於不確定狀態；對其中之一進行測量以確定其狀態，就破壞了系統，另一個粒子的狀態也同時確定，無論相隔多遠。量子糾纏已經應用於量子通訊。二〇一六年八月十六日一點四十分，中國在酒泉衛星發射中心成功將世界首顆量子科學實驗衛星「墨子號」發射升空。「墨子號」將首次實現衛星和地面之間的量子通訊。這種「糾纏」現象不僅存在於量子微粒，也存在於很多宏觀系統，在宇宙「大爆炸」瞬間就注定了。

也許上古用於占卜的「通靈」甲骨與所卜事物之間就處於「糾纏」狀態？而巫師們數千年前就掌握了「量子糾纏」並用之進行預測？

占卜之後，「卜人」將所卜事項及卜得之結果記錄下來，刻在甲骨兆紋旁邊（見圖 2.1）。這就是我們今天所見的甲骨文。

三千年前的文字是王室和貴族的特權，主要用於占卜。留存至今使我們有幸能夠看到的甲骨文，主要是殷商王室求神問卜的原始檔案記錄。

一套完整的卜辭通常由前辭、命辭、占辭、驗辭四部分構成。

「前辭」——記錄卜問日期和卜人的名字。

「命辭」——命龜之辭，也就是由卜人透過甲骨向鬼神請示某事。

「占辭」——根據卜兆而判定的吉凶之陳述。

「驗辭」——追記占卜後應驗的事實。

甲骨卜辭，包羅生活萬象

根據唐冶澤對大量甲骨卜辭的研究，現已發現的這些卜辭記載了殷商王室關於婚姻、農事、疾病、戰爭、天文等的占卜。其充分證明了占卜左右著上古政治軍事決策，即《春秋左氏傳》[38]〈成公十三年〉劉康公所述：「國之大事，在祀與戎。」本節僅以「武丁卜辭」和「婦好卜辭」為例。

■ 商王武丁卜辭

武丁是盤庚的侄子，是商王朝遷都到殷之後的第四個帝王，在位五十九年，帝國因之中興。商王武丁時期，戰爭卜辭數量最多。《詩經》[39]〈商頌・殷武〉就是描述這個時期征伐荊楚的情況，其首章為：「撻彼殷武，奮伐荊楚。深入其阻，裒荊之旅。有截其所，湯孫之緒。」

武丁卜辭是較早期的甲骨文。圖 2.2 是《甲骨文合集》[40] 中收錄的編號為 6057 的甲骨正面和背面。正面有完整字一百一十八個，殘損但可知的字八個，共一百二十六個；背面有完整字五十九個，殘字兩個，共六十一個；這片卜骨兩面共有完整字一百七十七個，殘損字十個，共計一百八十七個。

圖 2.2　甲骨文：商王武丁關於軍事的卜辭

經專家解讀，此片甲骨正面記錄的一段完整卜辭為：

癸巳卜□（壞字）貞，旬亡禍？王占曰：有祟，其有來戚。乞至五日丁酉，允有來戚自西，沚△（壞字）告曰：土方征於我東啚，在二邑，邛方亦牧我西啚田。

西元前十三世紀某年的癸巳這天，商王武丁親自指導了一次占卜。卜人按照王的命令，先將前辭和祈求上帝指示的命辭「十日內會有災禍嗎」刻在一片牛肩胛骨上；然後手舞足蹈，對天禱告；隨後按照占卜的既定程序，在牛骨上鑽出若干淺坑及凹槽，放在火上灼燒。灼燒完成後，呈給武丁。武丁看了牛骨上兆紋的走向、分支、長短，對照王室祕藏的占卜「密碼本」判斷說：「可能會有鬼神降禍，似乎禍患就要來臨。」其後第五日丁酉這天，果真從西北方向傳來戰事：帝國的附屬國沚國國君派人來報告說：「土方入侵我沚國東部邊邑，我們的兩座城邑受到損害。邛方也趁機來侵犯我沚國西邊的農田。」最後，卜人將武丁的「占辭」和事後的「驗辭」全部刻在這片牛肩胛骨上，並收藏於王室占卜檔案館。

中國上古時代，經過數千年的占卜實踐，應該已經總結出了一套完整的兆紋解釋規律。文字出現以後，解釋占卜兆紋的卜辭，很可能已經固化，以便形成有規律的卜辭。我們姑且合理推測：當時存在一個類似「占卜兆紋解釋辭典」的典冊。《尚書》〈周書・多士〉明確指出：「惟殷先人有冊有典。」其中應該包括類似「占卜兆紋解釋辭典」的內容。

這則卜辭展示了較完整的程式（前辭、命辭、占辭、驗辭四部分），其內容反映了武丁時期商朝與附庸國和敵對國之間的關係。從中我們了解到，這則占卜是相當靈驗的！商王癸巳那天占卜，第五天就有情報從西部傳來。如何從灼裂的兆紋中解讀出如此準確的預測資訊，我們今天已無從知曉，恐怕今天功能強大的電腦和最為複雜的人工智慧也難以做到，無怪乎當時人們把預測權交給無所不知的「神靈」！

■ 關於婦好的卜辭

婦好是商王武丁的王妃，是中國歷史記載的首位女政治家，還是一位巾幗英雄。出土的甲骨文卜辭顯示，婦好多次受命統率軍隊征伐土方、羌方、人方、巴方等國，戰功卓著；還經常代表武丁主持重要的祭祀活動。婦好死於武丁晚年，武丁對於婦好的去世十分悲痛，為其單獨營造了巨大墓穴。婦好墓位於河南安陽小屯西北，一九七六年被發現時保存完整。

關於婦好的甲骨卜辭眾多，其中之一是商王武丁召集人馬，命令婦好率領征伐土方（見圖 2.3）：

圖 2.3　甲骨文：關於婦好的卜辭

辛巳卜，爰貞：今夏王共人乎婦好伐土方。受有之，五月。

西元前十三世紀某年辛巳這天，卜人爰占卜。今日夏天，王與大臣召喚婦好去討伐土方。能受到神祇的保護嗎？ 五月。

土方位於殷商西北。據胡厚宣先生研究，土方就是夏方。商湯滅夏後，夏朝後裔逃到西北，一直與商作對，直到武丁時期被婦好征服。

敬天法祖，借助祖先決策

商代的上帝崇拜與祖先崇拜緊密結合在一起。殷商人不僅認為天地山川、日月星辰、風雨雷電都有靈性，能夠幫助預測；他們還特別崇拜祖先，認為祖先也會在冥冥之中幫助決策。

據《尚書》〈盤庚〉記載，盤庚遷都就借助於天意和祖先幫助決策。

盤庚遷於殷，民不適有居。率籲眾慼出矢言，曰：「我王來，

即爰宅於茲。重我民，無盡劉。不能胥匡以生，卜稽曰：其如台？先王有服，恪謹天命，茲猶不常寧，不常厥邑，於今五邦。今不承於古，罔知天之斷命，矧曰其克從先王之烈。若顛木之有由蘖，天其永我命於茲新邑。紹復先王之大業，底綏四方。」

遷都到殷，臣民不高興住在新地方。於是，盤庚召集貴戚近臣一起向臣民訓話：「帶著你們，來到這裡居住，是因為重視你們的生命，不想使你們遭遇災害。你們如果不能同心戮力，互助謀生，我們遷都時占卜的結果又將如何？先王有制度，必須恭敬順從天命，我們不能一直住在一個地方，從立國至今，我們已經遷都五次了。如果今天不遵從先王法度，不知道天意決斷，就無法繼承先王的事業。譬如枯木，尚且能夠生出新芽，上天要我們在新地方繁衍下去。我們要在此復興先王大業，安定四方。」

實際上，有人始終不願意搬遷。從奄遷到殷後，眾人不適應新環境，想遷回去。盤庚抬出天意和祖先恐嚇他們：古時候我們先王成湯，有很多功勞，把臣民遷移到高地，因而減輕災禍，為邦國建立功績。現在我的臣民由於水災而流離失所，沒有固定住處。你們責問我「為什麼要興師動眾地遷居」，因為上帝要復興我們高祖的美德，安定我們的國家。我虔誠而恭敬地遵從天意拯救臣民，決心在新國都永遠居住下去。所以我這個年輕人，不敢放棄先王遷都的遠大謀略，妥善地遵從先王的旨意。你們都不要違背占卜的結果，而要使占得的天意發揚光大。

盤庚既遷，奠厥攸居，乃正厥位，綏爰有眾，曰：「無戲怠，懋建大命！今予其敷心腹腎腸，歷告爾百姓于朕志。罔罪爾眾，爾無共怒，協比讒言予一人。古我先王，將多於前功，適於山，用降我凶德，嘉績於朕邦。今我民用蕩析離居，罔有定極，爾謂朕：「曷震動萬民以遷？」肆上帝將復我高祖之德，亂越我家。朕及篤敬，恭承民命，用永地於新邑。肆予沖人，非廢厥謀，吊由靈。各非敢違卜，用宏茲賁。

「安土重遷」是中華民族的傳統。人們對世世代代生於斯、長於斯，付出辛勤與汗水，也獲得豐厚回報的那片故土，有著深深的眷戀，輕易不願離開家鄉，搬遷到其他地方。人們對故土的山川、河流等地理及環境均已熟悉，而對陌生地方本能就會有不安全感。

近兩千年後，拓跋部北魏王朝決策從平城遷都洛陽時，不僅透過卜筮借助天意，還施展了謀略手段。據《資治通鑑》[41]〈齊紀四〉記載：

> 魏主以平城地寒，六月雨雪，風沙常起，將遷都洛陽；恐群臣不從，乃議大舉伐齊，欲以脅眾。齋於明堂左個，使太常卿王諶筮之，遇「革」，帝曰：「『湯、武革命，順乎天而應乎人。』吉孰大焉！」群臣莫敢言……帝曰：「北人習常戀故，必將驚擾，奈何？」澄曰：「非常之事，故非常人之所及。陛下斷自聖心，彼亦何所能為！」……南安王楨進曰：「『成大功者不謀於眾。』今陛下苟輟南伐之謀，遷都洛邑，此臣等之願，蒼生之幸也。」群臣皆呼萬歲。時舊人雖不願內徙，而憚於南伐，無敢言者；遂定遷都之計。

南北朝時期，北魏孝文帝欲把都城從平城遷到洛陽。於是，他讓人用周易占筮，得卦象為《革》(䷰)。《革》卦象徵變革，彖辭說：「天地革而四時成，湯、武革命，順乎天而應乎人，革之時大矣哉！」卦象顯示，遷都很吉利。但鮮卑貴族大臣仍然不願南遷。於是，孝文帝調集全國兵馬，號稱要進攻南朝齊國。大軍到了洛陽，遇到連綿雨天，道路泥濘，不便行軍。

鑑於一百多年前「淝水之戰」中，氐族首領苻堅八十萬大軍卻被東晉八萬軍隊擊敗，北方少數民族對代表華夏正統的南朝有一種發自內心的敬畏！鮮卑貴族們都不願意繼續向南進軍。孝文帝抓住眾人這種心態，和貴族們達成妥協：可以停止向南進軍，但大軍已到洛陽，只能定都於此。

在華夏的文化傳統中，重大事情的決策總是會從歷史中找出前人的依據，以減少阻力。即便是前無古人的開創性事業，也一定要附會出「古已有之」的故事，作為決策依據。如北宋王安石那樣大喊「天變不足畏，祖宗不足法，人言不足恤」的政治家，畢竟少之又少，並且於事無補。

為決策尋找已有案例，實際上也是現代決策遵循的原則。如果已有成例，以後照著做就是了。英美海洋法系國家的案例制就遵循這一原則。

周人占筮，蓍草卦象預測

爾卜爾筮，體無咎言。以爾車來，以我賄遷。

——《詩經》〈國風・衛風・氓〉

隨著歷史的發展，中國古代對鬼神的迷信程度也有所變化。周族人早期仍然沿用龜甲占卜輔助決策。有《詩經》〈大雅・文王有聲〉為證：「考卜維王，宅是鎬京。維龜正之，武王成之。」

後來，周族人逐步改變了殷商透過占卜直接與鬼神溝通的形式，而是兼用卜和筮，更多地採用《易經》「占筮」預測未來。由於每種卦象對應於多種物理意義，選擇何種意義來解釋卦象，權力掌握在占筮者手中。這就增強了人詮釋「天意」的靈活性，提高了人的作用。

《易經》是華夏先民們在漫長歲月中探索和認識宇宙、自然及人類社會運行規律，並用之預測未來、幫助部族做出重大決策的智慧結晶。

群經之首，大道之源

《易經》被儒家奉為「群經之首」，被道家尊為「大道之源」，是中華文明的共同源流。《易經》產生的基礎是遠古時期人們的預測需要。其創始人被公認為華夏民族人文始祖伏羲氏，《周易》〈繫辭下傳〉講：

古者包羲氏之王天下也，仰則觀象於天，俯則觀法於地，觀鳥獸之文，與地之宜，近取諸身，遠取諸物，於是始作八卦，以通神明之德，以類萬物之情。

前已述及，八卦最初是記事符號。自伏羲氏以降，被賦予越來越多的內涵，逐步演變成預測未來的完整體系《易經》。歷經炎帝神農氏之《連山》易、黃帝軒轅氏之《歸藏》易、周文王姬昌之《周易》三個重要發展階段，形成了三個不同版本。《周禮》〈春官〉記述：「太卜掌三易之法，一曰連山，二曰歸藏，三曰周易。其經卦皆八，其別皆六十有四。」

《連山》、《歸藏》和《周易》都由八個經卦重疊成的六十四個別卦組成。由於《連山》和《歸藏》在西晉末年「永嘉之亂」中失傳，我們只能從《周易》

窺探上古先民們「天地人」和諧統一的思辨哲理、治理邦國的政治邏輯和對重大事項進行預測的思維模式。

後來的哲人們為什麼要把伏羲創造的八卦兩兩組合成更複雜的六十四個卦形？《周易》〈說卦傳〉解釋如下：

> 昔者聖人之作易也，將以順性命之理。是以立天之道，曰陰與陽；立地之道，曰柔與剛；立人之道，曰仁與義。兼三才而兩之，故易六畫而成卦。分陰分陽，迭用柔剛，故易六位而成章。

大多數人讀《周易》，都會有一種奇妙的「穿越」感：《周易》的卦象與哲理，可以把人類最古老的智慧和最先進的科技聯繫在一起。《周易》〈繫辭上傳〉簡短一段話，蘊含著深奧的哲理：

> 易有太極，是生兩儀，兩儀生四象，四象生八卦，八卦定吉凶，吉凶生大業。

為什麼從「太極」開始演化，沿著「兩儀」、「四象」、「八卦」、「六十四卦」這條路徑，而不是其他？

近現代學者將易經和二進位計數聯繫起來，並應用於現代科技，催生了數位化儲存系統。易之「太極」，是一種混沌鴻蒙的狀態，可以想像為宇宙大爆炸之始；「兩儀」表徵陰陽，也可以代表二進位之「0」和「1」，從數字上看是「2 的 1 次方」；「兩儀」生「四象」，表徵黃河流域一年四季，數字是「2 的 2 次方」；「四象」生「八卦」，表徵天、地、雷、風、水、火、山、澤八種自然現象，數字是「2 的 3 次方」。八種現象並不能表徵自然界的全部，於是又兩兩相重，形成六十四卦，從數字本身來看是「2 的 6 次方」，幾乎可以包羅當時人們認知的全部現象！

> 易與天地准，故能彌綸天地之道……範圍天地之化而不過，曲成萬物而不遺，通乎晝夜之道而知，故神無方而易無體。

《周易》透過對自然和人事運行規律的探索，指導人們去認識自然、社會和人生。誠如《周易》〈說卦傳〉之描述：

> 天地定位，山澤通氣，雷風相薄，水火不相射，八卦相錯。數

往者順，知來者逆；是故，易逆數也。雷以動之，風以散之；雨以潤之，日以烜之；艮以止之，兌以說之；乾以君之，坤以藏之⋯⋯

神也者，妙萬物而為言者也。動萬物者莫疾乎雷，橈萬物者莫疾乎風，燥萬物者莫熯乎火，說萬物者莫說乎澤，潤萬物者莫潤乎水，終萬物始萬物者莫盛乎艮。故水火相逮，雷風不相悖，山澤通氣，然後能變化既成萬物也。

從六十四卦之卦爻辭中可以看出：《周易》試圖用「象」與「數」來模擬天、地、人的運行規律，並藉以預測未來發展，為決策提供依據。《周易》已經形成了嚴謹的決策思想和一整套周密的決策操作系統。

《周易》不僅是中國先秦哲學著作，還被公認為上古決策學著作。綜觀《周易》在歷史上所起的作用，最根本的還是幫助人們決策。

占筮流程，繁縟複雜

古人如何占筮獲得卦象，又如何利用《周易》卦爻辭解釋卦象，我們今天已無從知曉。《春秋左氏傳》中，只有占筮得到的卦象和對卦象的簡略解釋。占筮方法和解釋卦象的規則，已經在數千年傳承中遺失了。

■ 筮策取材

據史書記載，正統的《周易》占筮方法要用到蓍草的莖作為筮策。所謂蓍草，有人考證認為就是今天的「鋸齒草」，是一種多年生草本植物。

蓍草如何取材？《史記》〈龜策列傳〉作了記述：

聞蓍生滿百莖者，其下必有神龜守之，其上常有青雲覆之。傳曰：「天下和平，王道得，而蓍莖長丈，其叢生滿百莖。」方今世取蓍者，不能中古法度，不能得滿百莖長丈者，取八十莖已上，蓍長八尺，即難得也。人民好用卦者，取滿六十莖已上，長滿六尺者，既可用矣。⋯⋯。能得百莖蓍，並得其下龜以卜者，百言百當，足以決吉凶。

上古傳說，蓍草生滿百莖，其下必有神龜守護，其上常有青雲繚繞。古書記載：「天下和平，王道實現，蓍草之莖可長一丈，一叢可滿百莖。」當今之世取蓍草，已經不能符合古法度；無法找到滿百莖長一丈的蓍草，能夠得到八十莖以上、長八尺之蓍草，就很難得了。百姓算卦，能夠找到六十莖以上、長六尺的蓍草，就可用了……如果能夠得到百莖蓍草，並得到其下神龜，用以占卜，就會百言百中，足以決斷吉凶。

■ 占筮方法

我們先來看一看《周易》中數字的含義。據〈繫辭上傳〉記載：

大衍之數五十，其用四十有九。分而為二以象兩，掛一以象三，揲之以四以象四時，歸奇於扐以象閏；五歲再閏，故再扐而後掛。天數五，地數五，五位相得而各有合。天數二十有五，地數三十，凡天地之數五十有五。此所以成變化而行鬼神也。

《乾》之策二百一十有六，《坤》之策百四十有四，凡三百有六十，當期之日。二篇之策，萬有一千五百二十，當萬物之數也。

是故四營而成《易》，十有八變而成卦，八卦而小成。引而伸之，觸類而長之，天下之能事畢矣。顯道神德行，是故可與酬酢，可與佑神矣。子曰：「知變化之道者，其知神之所為乎！」

這些數字如何用於占筮？南宋朱熹臆想了一套《周易》揲蓍流程。這套流程是否與先秦的占筮流程相符？後世學者頗有爭議。由於先秦的占筮流程沒有流傳下來，我們既無法證實，也不能證偽朱熹的流程。

第一步：「大衍之數五十，其用四十有九」——占筮之數是用五十根蓍草莖（蓍策）表示，而只用其中四十九根。

第二步：「分而為二以象兩」——將四十九根蓍策任意分為兩份，拿在左右手中，以象徵天地「兩儀」。

第三步：「掛一以象三」——從中取出一策，掛在左手小指和無名指之間，象徵人。於是，具備了天地人「三才」。

第四步：「揲之以四以象四時」——先放下右手蓍策，四根一組地去數左手蓍策，每束四個以象徵四季。

第五步：「歸奇於扐以象閏」——將餘數掛在左手無名指和中指之間，以象徵閏月。

第六步：「五歲而再閏，故再扐而後掛」——然後，再用左手去數右手中的蓍策，將餘數掛在左手中指與食指之間。左手中掛起來的蓍策，不是五根就是九根，放在一邊不再參與後續演算。這是一卦第一爻（初爻，最下面一爻）的第一變。

第七步：將左右手中已經「揲」出去的蓍策合到一起，重複第二步至第六步的操作過程。掛起來的蓍策，不是八就是四。這是第一爻的第二變。

第八步：繼續重複上述第二步至第六步的操作過程。掛起來的蓍策，不是八就是四。這是第一爻的第三變。

第九步：經過上述三變之後，剩下的蓍策除以四，所得的商即為第一爻。有四種可能：九（老陽），八（少陰），七（少陽），六（老陰）。

重複上述第一步至第九步，分別得到第二爻、第三爻、第四爻、第五爻和第六爻（上爻）。

五個奇數（一、三、五、七、九）象徵天，加和是二十五；五個偶數（二、四、六、八、十）象徵地，加和是三十；天地之數五十有五。五位奇偶數互相搭配而能夠和諧，可以構成各種變化而進行鬼神莫測的預知。

《乾》卦二百一十六策，《坤》卦一百四十四策，共計三百六十策，相當於一年三百六十天。六十四卦共一萬一千五百二十策，相當於萬物之數。

因此，透過四營過程（分二、掛一、揲四、歸奇）就能筮得周易的卦象，每十八次變數形成一卦，每九變而成的三爻卦之一為小成之象。引申推廣，觸類發揮，天下所能闡述的事物就全在裡面了。能夠顯出幽微的道理，能夠神奇地成就令德美行，可以應對萬物之求，可以佑助神化之功。孔子說：「知曉變化道理者，大概知道神妙的自然規律吧！」

■ 卦象表徵的物理意義

透過上述揲蓍法形成卦象後，如何解釋就成了關鍵環節。因為，決策者要根據卦象的預測「解釋」進行決策。同一個卦象，不同人會給出不同的解釋。哪種解釋最符合事物發展的規律？ 對事情的演變預測最準？

我們今天知道，事物是普遍關聯的。這個道理，三千年前的哲人們同樣知道！那麼，卦象是如何表徵物理現象及其意義？又如何與自然現象、人類行為聯繫？《周易》「說卦傳」將八卦分別與十數種事物相聯繫：

乾為天、為圜、為君、為父、為玉、為金、為寒、為冰、為大赤、為良馬、為瘠馬、為駁馬、為木果。

坤為地、為母、為布、為釜、為吝嗇、為均、為子母牛、為大輿、為文、為眾、為柄、其於地也為黑。

震為雷、為龍、為玄黃、為敷、為大塗、為長子、為決躁、為蒼筤竹、為萑葦。其於馬也，為善鳴、為馵足，為的顙。其於稼也，為反生。其究為健，為蕃鮮。

巽為木、為風、為長女、為繩直、為工、為白、為長、為高、為進退、為不果、為臭。其於人也，為寡發、為廣顙、為多白眼、為近利市三倍。其究為躁卦。

坎為水、為溝瀆、為隱伏、為矯輮、為弓輪。其於人也，為加憂、為心病、為耳痛、為血卦、為赤。其於馬也，為美脊、為亟心、為下首、為薄蹄、為曳。其於輿也，為丁躓。為通、為月、為盜。其於木也，為堅多心。

離為火、為日、為電、為中女、為甲胄、為戈兵。其於人也，為大腹，為乾卦。為鱉、為蟹、為蠃、為蚌、為龜。其於木也，為科上槁。

艮為山、為徑路、為小石、為門闕、為果蓏、為閽寺、為指、為狗、為鼠、為黔喙之屬。其於木也，為堅多節。

兌為澤、為少女、為巫、為口舌、為毀折、為附決。其於地也，剛鹵。為妾、為羊。

上述關於八卦物理表徵的描述，囊括了當時人們日常接觸的事物。用上述物理表徵組合去解釋卦象，可供選擇的方案已經是天文數字！所以，《周易》〈繫辭上傳〉說「引而伸之，觸類而長之，天下之能事畢矣」。

如前所述，八卦是伏羲象天法地抽象出來的符號，兩兩相重形成六十四卦。每次占筮，通常都會出現「本卦」和「變卦」。透過智者解讀，將卦象與上述物理意義聯繫起來，就會形成具有實際意義的預測。

雖然事物具有普遍關聯性，但普遍聯繫不等於胡亂聯繫！如何將卦象與占筮資訊聯繫起來預測未來？歷史上占筮家們（先秦太史，漢代焦延壽、京房、王弼，三國時的管輅，晉代張華、郭璞，唐代李淳風、袁天罡，明代劉伯溫）為什麼能夠準確預測吉凶？這些祕密我們至今尚未解開！

■ 占筮態度

在古代人的精神世界裡，必須以虔誠的態度對待占筮活動！否則，神靈不高興，占筮就不靈驗。《史記》〈日者列傳〉記述了占筮者應持的態度：

> 且夫卜筮者，埽除設坐，正其冠帶，然後乃言事，此有禮也。言而鬼神或以饗，忠臣以事其上，孝子以養其親，慈父以畜其子，此有德者也。而以義置數十百錢，病者或以愈，且死或以生，患或以免，事或以成，嫁子娶婦或以養生：此之為德，豈直數十百錢哉！此夫老子所謂「上德不德，是以有德。」今夫卜筮者利大而謝少，老子之云豈異於是乎？

卜筮之人，每逢占筮，必先淨室；擺好座位，正其冠帶，然後才能占筮，這是禮敬神靈！占筮言辭，鬼神因之得到祭祀，忠臣因之侍奉君主，孝子因之供養雙親，父母因之關愛兒女，這是積蓄道德。求筮之人付出數十上百銅錢，病者也許就能痊癒，瀕死之人將能生還，禍患也許能免除，大事也許能辦成，嫁娶生養會順利：如此功德，豈只值那數十上百銅錢嗎！這就是老子所說：「上德不德，是以有德。」今之卜筮者給人帶來利益很大，要求報酬卻很少。老子之言不正是這樣嗎？

歷史故事，著名案例

《春秋左氏傳》和《國語》記載了很多用《周易》預測幫助決策的案例。《史記》〈龜策列傳〉進行了總結：

> 夫摓策定數，灼龜觀兆，變化無窮，是以擇賢而用占焉，可謂聖人重事者乎！周公卜三龜，而武王有瘳。紂為暴虐，而元龜不占。

晉文將定襄王之位，卜得黃帝之兆，卒受彤弓之命。獻公貪驪姬之色，卜而兆有口象，其禍竟流五世。楚靈將背周室，卜而龜逆，終被乾谿之敗。兆應信誠於內，而時人明察見之於外，可不謂兩合者哉！君子謂夫輕卜筮，無神明者，悖；背人道，信禎祥者，鬼神不得其正。故書建稽疑，五謀而卜筮居其二，五占從其多，明有而不專之道也。

排列蓍草，根據卦象占筮吉凶；灼燒龜甲，根據兆紋占卜吉凶；其中變化無窮，因此選擇賢人進行卜筮，是聖人鄭重的事情。周公用三龜占卜，武王之病得以痊癒。紂王之行事暴虐，大龜占卜亦無吉兆。晉文公將恢復周襄王之位，得到黃帝戰於阪泉之兆，得到周天子彤弓之賜。晉獻公貪戀驪姬美色，占卜預兆晉國將有口舌之禍，竟然禍及五代。楚靈王將背叛周室，占卜得到逆反之兆，最終遭受乾谿之害。徵兆應在內部，時人從外部觀察就可以明曉其道理，這是兩相吻合。君子認為，輕視卜筮，褻瀆神明，悖逆天理；背棄人道，迷信祥瑞，鬼神得不到公正。所以《尚書》提出決策時「稽疑」的辦法，五種措施，占卜、占筮就占了兩種。五人占筮，聽從多數人意見，表明雖有「卜人」而不專斷的道理。

關於歷史上那些神祕的占筮預測，我們在此略舉幾例。

■ 陳公子完奔齊

見諸《春秋左氏傳》的第一個著名占筮案例發生在陳國。魯莊公二十二年（西元前六七二年），陳國發生內亂。國人殺了陳厲公的太子禦寇，陳厲公的二兒子公子完（媯敬仲）擔心禍及己身，就逃奔到了齊國。

初，懿氏卜妻敬仲。其妻占之，曰：「吉，是謂『鳳凰于飛，和鳴鏘鏘。有媯之後，將育於姜。五世其昌，並於正卿。八世之後，莫之與京。』」……其少也，周史有以《周易》見陳侯者，陳侯使筮之，遇《觀》之《否》，曰：「是謂『觀國之光，利用賓於王』。此其代陳有國乎？不在此，其在異國；非此其身，在其子孫。光，遠而自他有耀者也。坤，土也；巽，風也；乾，天也；風為天，於土上，山也。有山之材，而照之以天光，於是乎居土上，故曰：『觀

國之光，利用賓於王。』庭實旅百，奉之以玉帛，天地之美具焉，故曰：『利用賓於王。』猶有觀焉，故曰其在後乎！風行而著於土，故曰其在異國乎！若在異國，必姜姓也。姜，大岳之後也。山嶽則配天。物莫能兩大。陳衰，此其昌乎！」

以前，陳國大夫懿氏想把女兒嫁給媯敬仲。懿氏之妻為此占卜，占辭很吉利：「鳳凰于飛，聲音嘹喨。媯家後代，養在姜家。五代昌盛，官至正卿。第八代以後，就沒有家族可以和他家爭強。」媯敬仲小時候，有位周太史帶著《周易》見陳厲公，並為敬仲占筮。得到的卦象是《觀》（䷓）之《否》（䷋），觀卦的第四爻是個變爻，由陰變陽，如圖 2.4 所示。

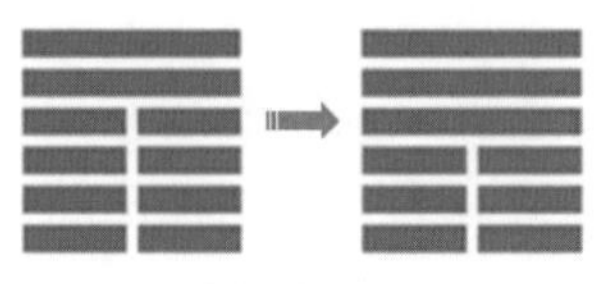

《觀》之《否》

圖 2.4　筮陳公子完奔齊得《觀》之《否》

觀卦的內卦（下三爻）是坤（☷），外卦（上三爻）是巽（☴），第四爻變化之後，外卦變為乾（☰）。占辭應從變爻入手，再結合上述元素進行綜合判斷。觀卦的六四爻辭是：「觀國之光，利用賓於王。」

周太史據此預測：此人將來會代替陳國擁有國家，但不在本國，而在異國；不在本人，而在子孫。並且其還詳細地解釋了卦象和爻辭：光，是從另外地方照耀來的；坤是土；巽是風；乾是天。風起於天而行於土上，就是山（艮卦☶）。有了山上的物產，又有天光照射，又居於土上，所以說「觀國之光，利用賓於王」。庭中陳列的禮物上百件，另外進奉束帛玉璧，天上地下美好東西都具備了，所以說「利用賓於王」。不僅如此，還要繼續「觀」，所以昌盛在於後代。風行落在土地上，所以昌盛在於別國。如果在別國，必是姜姓之國。姜是太岳的後代。山嶽高大可以與天相配。但事物不可能兩者一樣大，要等到陳國衰亡，這一脈才會昌盛。

後來陳國發生內亂，公子陳完跑到齊國投奔齊桓公，兒時周太史的占筮預測，對其決策發揮了決定性作用。其五世孫陳無宇做了齊國的卿，八世孫陳恆（田常）殺掉齊簡公，把持齊國政權。占筮預言全部應驗。到了西元前三九一年，陳完的後代田和乾脆「遷康公於海上」，自己「鳩占鵲巢」取而代之。

■ 畢萬筮仕於晉

《春秋左氏傳》第二個著名占筮案例是「畢萬筮仕於晉」：

> 初，畢萬筮仕於晉，遇《屯》之《比》。辛廖占之，曰：「吉。屯固比入，吉孰大焉？其必蕃昌。震為土，車從馬，足居之，兄長之，母覆之，眾歸之，六體不易，合而能固，安而能殺。公侯之卦也。公侯之子孫，必復其始。」

當初，畢萬準備出來做官。在選擇求職目的國時，借助於《周易》占筮預測。預測「仕於晉」的前景，占筮卦象是《屯》（䷂）之《比》（䷇），也就是《屯》卦的初爻由陽變陰，如圖 2.5 所示。

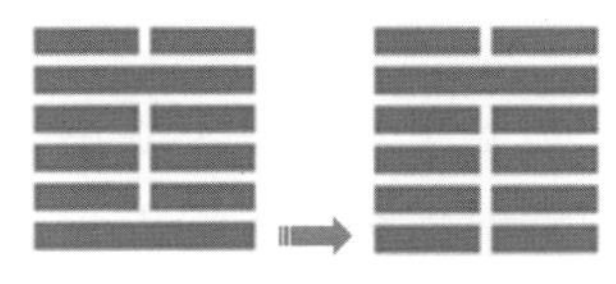

《屯》之《比》

圖 2.5　畢萬筮仕於晉得

屯卦的內卦是震（☳），外卦是坎（☵），初爻變化之後，內卦變為坤（☷）。占辭應從變爻入手，再結合上述元素進行綜合判斷。

屯卦初爻爻辭是：「磐桓，利居貞，利建侯。」辛廖據此預測：這是公侯之卦，大吉大利。《屯》，堅固；《比》，進入；還有比這更大的吉利嗎？其本人及後代必定繁衍昌盛。震卦變成了土（坤為地），車（坤為大輿）跟隨著馬（坎為馬），兩腳（震為足）踏在這裡，哥哥（震為長子）撫育他，母親（坤為母）保護他，群眾（坤為眾）歸附他，這六條不變，集合而能堅固，安定而有威武，這是公侯的卦象。公侯的子孫，必定能回覆到他開始的地位。辛廖的占筮預測促使畢萬選擇去晉國做官。

> 晉侯作二軍，公將上軍，大子申生將下軍。趙夙御戎，畢萬為右，以滅耿、滅霍、滅魏。還，為大子城曲沃。賜趙夙耿，賜畢萬魏，

以為大夫。

西元前六六一年，晉國擴充軍隊，任命畢萬做國君的「戎右」（在戰車右部，負責作戰保障，準備盔甲武器，行進中遇到障礙要下去推車；負責戰車防護，遠戰時執盾防護箭矢，近戰時參與格鬥，保護國君和駕車的「御戎」）。畢萬立了戰功，晉獻公把原來魏國的地盤賜給他，任命其為大夫。畢萬從此進入晉國執政階層。

卜偃曰：「畢萬之後必大。萬，盈數也；魏，大名也；以是始賞，天啟之矣。天子曰兆民，諸侯曰萬民。今名之大，以從盈數，其必有眾。」

太史卜偃預測：「畢萬後代一定興旺發達。萬，是個盈數；魏，是個高大的名號；第一次封賞就這樣，這是上天的啟示。天子稱其民眾為『兆民』，諸侯稱其民眾為『萬民』。現在畢萬名稱如此高大，又有盈數相隨，一定能得到民眾。」

歷史的發展應驗了辛廖和卜偃兩位太史的預測。畢萬及其後代在晉國政治家族鬥爭中一直屹立不倒，穩步發展。兩百年後，聯合韓趙兩家政治集團滅了智氏，瓜分了晉國，成為戰國七雄之一。

■ 秦穆公筮伐晉

西元前六五一年，晉獻公去世，晉國陷入動亂狀態。在外流亡的公子姬夷吾，借助於秦國幫助，回國做了國君，史稱晉惠公。姬夷吾當初答應把黃河以西的五座城送給秦國作為報答，做了國君後卻不願兌現。不僅如此，晉國遭遇飢荒，秦國傾力輸送糧食救助；而當秦國也遭遇飢荒時，晉國卻不允許賣糧食給秦國。兩件事惹怒了秦穆公嬴任好。秦國度過災荒後，就準備討伐晉國。出兵之前，先讓卜徒父占筮吉凶：

卜徒父筮之，吉：「涉河，侯車敗。」詰之，對曰：「乃大吉也，三敗必獲晉君。其卦遇《蠱》，曰：『千乘三去，三去之餘，獲其雄狐。』夫狐蠱，必其君也。《蠱》之貞，風也；其悔，山也。歲云秋矣，我落其實而取其材，所以克也。實落材亡，不敗何待？」

卜徒父得到的卦象是《蠱》卦（☶☴），沒有變爻，如圖 2.6 所示。

圖 2.6　秦穆公筮伐晉得《蠱》

卦象很吉利：「渡過黃河，侯的戰車損壞。」秦穆公追問細節，卜徒父解釋說：「卦象大吉大利！打敗晉軍三次，必然俘獲晉君。占筮得到《蠱》卦，繇辭說：『三次驅趕千輛兵車的國君，然後就獲得了那條雄狐。』雄狐一定是晉君。《蠱》的內卦是風（☴），外卦是山（☶）。時令到了秋天，我們得到他們的果實，還取得他們的木材，所以能戰勝。果實落地而木材丟失，不打敗仗還等待什麼？」

卜徒父解《蠱》卦的繇辭：「千乘三去，三去之餘，獲其雄狐。」不見於今本之《周易》，可能是《連山》易或者《歸藏》易。

這場戰爭的結果，神奇地應驗了卜徒父的占筮預測！晉軍三次被敗仗，退到了韓原。準備在此與秦軍最後決戰。決戰前，晉國用占卜選擇國君的戎右，結果顯示：慶鄭擔任此職吉利。但由於慶鄭指出國君的過失，晉惠公就改用家僕徒。慶鄭又勸諫晉惠公：戰車不要使用來自鄭國的馬，鄭馬不熟悉晉國地形和人員，戰場上容易誤事。晉惠公還是不聽。

> 三敗及韓。晉侯謂慶鄭曰：「寇深矣，若之何？」對曰：「君實深之，可若何？」公曰：「不孫。」卜右，慶鄭吉，弗使。步揚御戎，家僕徒為右，乘小駟，鄭入也。慶鄭曰：「古者大事，必乘其產，生其水土而知其人心，安其教訓而服習其道，唯所納之，無不如志。今乘異產，以從戎事，及懼而變，將與人易。亂氣狡憤，陰血周作，張脈僨興，外強中乾。進退不可，周旋不能，君必悔之。」弗聽……
>
> 壬戌，戰於韓原，晉戎馬還濘而止……秦獲晉侯以歸。

九月壬戌這天，秦晉雙方在韓原決戰，晉惠公的戰車陷在泥地裡不能行

走……決戰結果，秦國大勝，俘獲了晉惠公，將其帶回秦國。

實際上這場戰爭結果毫無懸念，並不僅是卜徒父的占筮預測靈驗。晉國將領不用占筮，也能預測到結果。且看《春秋左氏傳》的三段相關記載。

第一段記載：晉惠公倒行逆施，導致眾叛親離。

> 晉侯之入也，秦穆姬屬賈君焉，且曰：「盡納群公子。」晉侯烝於賈君，又不納群公子，是以穆姬怨之。晉侯許賂中大夫，既而皆背之。賂秦伯以河外列城五，東盡虢略，南及華山，內及解梁城，既而不與。晉飢，秦輸之粟；秦飢，晉閉之糴，故秦伯伐晉。

首先，晉惠公違背其姐秦穆公夫人的囑託，占有故太子申生的夫人賈君，又不接納眾弟兄，得罪了姐姐及眾兄弟；申生的陰魂甚至祈求上帝懲罰他！歸國前許諾讓國內同謀者加官晉爵，後來概不作數，得罪了很多人。當初答應報答秦國的黃河以西五座城邑，回國後不兌現。不僅如此，晉國遭遇飢荒，秦國傾力救助；而當秦國也遭遇飢荒時，晉惠公卻拒絕救助！晉惠公喪德無禮，背信棄義，簡直到了人神共憤的程度。

第二段記載：慶鄭的判斷。

> 冬，秦飢，使乞糴於晉，晉人弗與。慶鄭曰：「背施無親，幸災不仁，貪愛不祥，怒鄰不義。四德皆失，何以守國？」

第三段記載：韓簡的預測。

> 使韓簡視師，復曰：「師少於我，鬥士倍我。」公曰：「何故？」對曰：「出因其資，入用其寵，飢食其粟，三施而無報，是以來也。今又擊之，我怠秦奮，倍猶未也。」……韓簡退曰：「吾幸而得囚。」

晉惠公派韓簡去探查秦國軍隊的情況，韓簡回來告訴國君：秦軍比我們少，但是士氣是我們的兩倍還多。韓簡認為，能夠被俘虜就算幸運了！

二十世紀上半葉，《周易》在其發源地被人們淡忘，而西方學者卻對其有了更深入的認知。瑞士心理學家卡爾・榮格（Carl Gustav Jung）認為[42]：《周易》足以動搖西方人的「阿基米德支點」。《周易》的卦象並不反映現代科學體系的因果原則，而是體現了事件之間的「同步性」。榮格還用心理學「潛意識」現象解釋《周易》卦象的「靈異性」，並提到衛禮賢在蘇黎世心理學俱樂部的《周易》預測，隨後兩年裡都神奇地應驗了！

豐富實踐，孕育決策理論

中國上古時代數千年卜筮實踐，為預測與決策理論的誕生提供了沃土。甲骨卜辭記錄了大量占卜預測事項、過程及其結果。《周易》六十四卦之卦辭和爻辭，吉凶悔吝之描述，大都是在闡述預測原則和決策依據。

上古卜筮之程序

古人視占卜與占筮為神聖之事，制定了嚴密的禮儀程序。

■　《禮記》中關於卜筮時間的選擇

《禮記》〈曲禮上〉詳細描述了如何選擇吉日、卜筮之目的、卜筮之規則和流程，以及注意事項：

> 凡卜筮日，旬之外曰遠某日，旬之內曰近某日。喪事先遠日，吉事先近日。曰：「為日，假爾泰龜有常，假爾泰筮有常。」卜筮不過三，卜筮不相襲。龜為卜，策為筮。卜筮者，先聖王之所以使民信時日，敬鬼神，畏法令也；所以使民決嫌疑，定猶與也。故曰：「疑而筮之，則弗非也；日而行事，則必踐之。」

擇定吉日，本旬以外的日子稱為「遠某日」，本旬以內的日子稱為「近某日」。喪事應先卜遠日，吉事應先卜近日。卜筮不能超過三次，並且卜筮不能重複。用龜甲稱為「卜」，用蓍草稱為「筮」。有猶豫才卜筮，對卜筮結果不能懷疑；已確定日子，就必須在那一天實行。

■　《尚書》中關於卜筮的決策程序和原則

關於卜筮預測之原則及其對政治決策之作用，可以從《尚書》〈洪範〉篇略窺一斑。周武王攻克殷都朝歌后，向殷朝舊臣箕子請教治理天下之道。箕子獻上「洪範九疇」，相傳是帝舜傳給大禹的施政理念，從九個方面對中國上古時期施政原則和實踐經驗進行了總結。其中第七條著重講述了卜筮預測與政治決策之關係：

七、稽疑：擇建立卜筮人。乃命卜筮，曰雨，曰霽，曰蒙，曰驛，曰克，曰貞，曰悔。凡七，卜五，占用二，衍忒。立時人作卜筮，三人占，則從二人之言。汝則有大疑，謀及乃心，謀及卿士，謀及庶人，謀及卜筮。汝則從，龜從，筮從，卿士從，庶民從，是之謂大同；身其康強，子孫其逢，吉。汝則從，龜從，筮從，卿士逆，庶民逆，吉。卿士從，龜從，筮從，汝則逆，庶民逆，吉。庶民從，龜從，筮從，汝則逆，卿士逆，吉。汝則從，龜從，筮逆，卿士逆，庶民逆，作內吉；作外凶。龜筮共違於人，用靜吉，用作凶。

《尚書》〈洪範〉形成年代過於久遠，其文字「佶屈聱牙」。簡要總結如下：決策面臨疑難時，要選擇卜人與筮人來進行卜筮。同時請三位分別「卜」和「筮」，按少數服從多數的原則判決結果。在決策之前，首先要心中謀劃，然後和卿士們商議，還要徵求庶人的意見，最後分別用龜甲占卜、用蓍草占筮。最終的決策要按照上述五個方面的參考原則去權衡。

〈洪範〉之稽疑過程，陳述了統治者重大事項決策規範。決策者面對重大疑難問題，要徵詢五個方面的意見：（1）自己的意見；（2）卿士的觀點；（3）庶民的觀點；（4）占卜的兆示；（5）占筮的預測。然後，綜合五個方面的觀點做出最後決策。這實際上已經有了現代多方案決策的雛形。

四千年多前古人的決策模式，比現代社會組織機構中的某些管理者「猜測決策」、「飯桌上決策」還要更科學、更合理些吧？

■ 《史記》關于吉凶的判斷準則

《史記》〈龜策列傳〉列舉了部分卜筮祝詞和吉凶判斷準則。

卜占病者祝曰：「今某病困。死，首上開，內外交駭，身節折；不死，首仰足肣。」

卜求當行不行。行，首足開；不行，足肣首仰，若橫吉安，安不行。

卜居官尚吉不。吉，呈兆身正，若橫吉安；不吉，身節折，首仰足開。

卜居室家吉不吉。吉，呈兆身正，若橫吉安；不吉，身節折，首仰足開。

卜歲中禾稼孰不孰。孰，首仰足開，內外自橋外自垂；不孰，足肣首仰有外。

卜天雨不雨。雨，首仰有外，外高內下；不雨，首仰足開，若橫吉安。

大論曰：外者人也，內者自我也；外者女也，內者男也。首俛者憂。大者身也，小者枝也。大法，病者，足肣者生，足開者死。行者，足開至，足肣者不至。行者，足肣不行，足開行。有求，足開得，足肣者不得。系者，足肣不出，開出。其卜病也，足開而死者，內高而外下也。

中國古代決策理論

前已述及，《戰國策》是世界上最早的決策案例集。《戰國策》之前，先秦典籍《鬼谷子》[43]就對決策理論進行了系統總結。該書提出了決策面臨的大問題：「謀莫難於周密，說莫難於悉聽，事莫難於必成。」要求決策者要周密謀劃，辦事情要遵循其客觀規律。

《鬼谷子》〈謀篇〉和〈決篇〉合起來，幾乎就是現代決策過程中的「制定備選方案」和「選擇備選方案」環節。其〈謀篇〉提出：

凡謀有道，必得其所因，以求其情。審得其情，乃立三儀。三儀者，曰上、曰中、曰下，參以立焉，以生奇。奇不知其所壅；始於古之所從。

出謀劃策的人都要遵循一定的法則，一定要弄清緣由，以便研究實情。掌握實情之後，就可以確定「三儀」。所謂「三儀」，就是上策、中策、下策。三者互相對比、驗證，就可以從中得到出奇制勝的計謀。有了奇妙的計謀，就不會被假象壅蔽，有助於事業通達。從古到今都是這樣。

「智者事易，而不智者事難。」事情能否成功，關鍵看決策者的智慧和能力的運用：「智用於眾人所不能知，而能用於眾人之所不能見。」

《鬼谷子》〈決篇〉提出，每個人都會遇到疑難問題需要決策，必須學習和掌握事物的基本規律、決策的基本法則：

> 凡決物，必托於疑者。善其用福，惡其用患。善至於誘也，終無惑偏。有利焉，去其利則不受也，奇之所托。若有利於善者，隱托於惡，則不受矣，致疏遠。故其有使失利者，有使離害者，此事之失。聖人所以能成其事者有五：有以陽德之者，有以陰賊之者，有以信誠之者，有以蔽匿之者，有以平素之者……於事度之往事，驗之來事，參之平素，可則決之……故夫決情定疑，萬事之基，以正治亂，決成敗，難為者。故先王乃用蓍龜者，以自決也。

善於決策則得福，不善於決策則招禍。善於決疑者，必誘得其情，決策時才不會因迷惑而出錯。決策要能夠帶來利益，不能帶來利益的決策就不會被接受。若要每次決策都能帶來利益，決策者就要有創造性，能夠出奇制勝。要善於分析利害關係，作為決策的依據。

古之聖人決策，期於必成。通常用五種方法處理不同情況：事成理著者，以「陽德」決之；情隱言偽者，以陰賊決之；道誠志直者，以信誠決之；奸小禍微者，以蔽匿決之；循常守故者，以平素決之……推測以往的事，驗證未來的事，參考日常生活中的事情，如果可行就做出決策。

決策事情、排除疑惑，是所有事情的基礎；其用於治理亂局、決定成敗，非常難以實現。因此，先王就用蓍草和龜甲占筮，幫助自己決疑。

《鬼谷子》強調，決策者要全面、準確地把握客觀實際，針對不同情況，採取不同辦法。其〈忤合〉篇講：

> 是以聖人居天地之間，立身、御世、施教、揚聲、明名也；必因事物之會，觀天時之宜，因知所多所少，以此先知之，與之轉化。

用我們今天的語言，就是要「因時制宜」、「因地制宜」、「因事制宜」，一切以時間、地點、條件為轉移。

《鬼谷子》對領導者提出了較高的素養要求。首先，要樹立道德典範。只有具備高尚道德，才能以德服人，才會有人追隨。其〈符言〉篇講：

> 德之術曰勿堅而拒之，許之則防守，拒之則閉塞。高山仰之可極，深淵度之可測，神明之德術正靜，其莫之極。

其次，領導者要有卓越的才能，形成號召力。其〈飛箝〉篇講：

將欲用之於天下，必度權量能，見天時之盛衰，制地形之廣狹、阻險之難易，人民貨財之多少，諸侯之交孰親孰疏，孰愛孰憎，心意之慮懷。

最後，領導者要「知己知彼」，能夠換位思考；要「審己以度人」，先澈底審視自己，然後揣度別人。其〈反應〉篇講：

故知之始己，自知而後知人也……己不先定，牧人不正，是用不巧，是謂忘情失道。己審先定以牧人，策而無形容，莫見其門，是謂天神。

古代決策理論之影響

不同民族的決策習慣與決策風格均受本民族傳統文化的影響。

華夏本土文化是儒和道的結合。《周易》被認為是儒道的共同源流，其哲理內核是樸素的辯證唯物思想，以「陽」和「陰」對立統一為基礎，研究天、地、人的互動規律；以「變」為準則，推演卦象的「錯、綜、複、雜」，對事物的發展變化進行預測，以期達到趨吉避凶之目的。深受《周易》影響的中國傳統文化，一方面追求穩定平衡，要求尊重規律，提倡「處經守常」；另一方面重視發展變化，要求靈活適變，倡導「通權達變」。

傳統決策智慧體現在以下幾個方面[44]。

- 變是自然與社會法則。《周易》〈繫辭下傳〉講「易窮則變，變則通，通則久」。符合唯物辯證法「運動是絕對的，靜止是相對的」。
- 決策的關鍵是「處經守常，通權達變」，也就是「一切以時間、地點、條件為轉移」。決策者只有知變與通變，才能做出正確決策。
- 決策的根本在於順天應人、持正守中。正如《周易》《賁》卦之彖辭所謂：「觀乎天文，以察時變；觀乎人文，以化成天下。」
- 決策之目的在於趨吉避凶，以求得新的平衡和發展。追求國泰民安、政局穩定，各項事業和諧發展，無疑是政治決策者的理想目標。

華夏傳統文化和決策智慧，潛移默化，早已融入行為方式中。政府管理者都聲稱自己的施政符合道義，在進行決策時，通常將道義作為首要標準。

外交史上經常使用「得道多助，失道寡助」，認為那些不顧道義而主要仰仗軍事實力來維持霸權的國家，不可能長久。

傳統文化和決策智慧的影響力將繼續增強。美國前國務卿季辛吉預測：中國的傳統思想，將比任何外來的意識形態都更可能成為中國外交政策的主導思想。

第三章
凝鍊決策智慧，融入傳統文化

華夏先民在原始預測和決策實踐中，探索形成了「卜」、「筮」預測模式，在此基礎上總結出完整的卜筮程序，形成獨特的形式邏輯決策，凝鍊出成熟的決策理論。這些決策實踐、決策模式、決策程序、決策邏輯及決策理論，體現的決策思想和決策智慧，早已深深地融入我們的傳統文化。

凝鍊智慧，形成決策文化

皇天無親，惟德是輔。民心無常，惟惠之懷。

——《尚書》〈周書 · 蔡仲之命〉

以人為本，構建民本文化

周武王率領八百諸侯推翻殷商統治，取而代之，建立了新的統治秩序。歷史上將這次王朝更替與商湯滅夏一起，稱為「湯武革命」。由此可知，「革命」一詞並不是現代人的發明，而是有著超過三千年的歷史淵源。

為什麼叫「革命」？因為夏朝和商朝的統治者都認為自己代表「天命」，而天命被人「革」掉，當然就叫革命了。

■ 夏商的天命文化

華夏上古最早採用「禪讓制」傳承統治權力，選擇賢能之人繼任。禹的兒子啟破壞了禪讓制，建立了家族世襲統治秩序。為了表明其家族統治的正當性，就用「天命觀」愚弄民眾。《尚書》〈召誥〉記載：「有夏服天命。」天命觀不僅愚弄了民眾，甚至統治者自身也被愚弄了。夏朝殘暴的亡國之君夏桀，面對大臣的勸諫，傲慢地說：「天之有日，猶吾之有民也。日有亡哉？日亡，吾亦亡矣。」

夏桀自比太陽，以為夏朝的統治是「天命」，就像太陽一樣永不消失。然而，無法忍受其暴虐統治的民眾卻絕望地喊出：「時日曷喪？予及汝皆亡！」意思是：太陽啊，你哪一天才毀滅，我們願意與你同歸於盡！

於是，商湯藉機推翻了夏朝的統治，「革」掉了夏的「天命」。

夏朝雖然亡了，但其發明的「天命觀」卻被歷代統治者繼承。殷商人對「天命」的虔誠已經深入骨髓，到了病入膏肓的程度。據《尚書》〈商書 · 西伯戡黎〉記載，商朝臣子祖伊發現：周族諸侯西伯姬昌打著「仁義道德」旗號，贏得臣民擁戴和周邊諸侯親附；不斷地積聚力量，將會對商王朝構成威脅。祖伊就勸諫商紂王改變暴虐行為，施仁政挽回人心。紂王傲慢地拒絕了祖伊的勸諫：「嗚呼！我生不有命在天？」

商朝的天命最終還是被打著「仁義道德」旗號的周武王革掉了。

■ 周朝的民本文化

周朝統治者從夏商王朝歷史變遷中明白了「天命靡常」。把認知總結寫進《尚書》和《詩經》裡以警醒後世子孫：「殷鑑不遠，在夏後之世。」

被儒家尊為聖人的周公姬旦一改殷商流弊，為周王朝構建了民本文化。利用以人為本的「禮儀」統治天下。據《禮記》〈表記〉：

> 周人尊禮尚施，事鬼敬神而遠之，近人而忠焉。其賞罰用爵列，親而不尊。

周人在以卜筮預測的同時，開始更多地參考人的主觀意願。決策並非完全由占筮所左右。如果占筮結果不符合統治者意願，也未必完全採納。

唐朝趙蕤在《長短經》[45]書中，引述了《六韜》中姜太公與周武王關於決定勝敗因素的對話，充分反映了周人的上述決策思想：

> 太公謂武王曰：「天無益於兵。不勝而眾將所居者九，曰：法令不行而任侵誅；無德厚而用日月之數；不順敵之強弱而幸於天；無智慮而候氛氣；少勇力而望天福；不知地形而歸過於時；敵人怯弱，不敢擊而信龜策；士卒不勇而法鬼神；設伏不巧而任背向之道。凡天地鬼神，視之不見，聽之不聞，不可以決勝敗。故明將不法。」

姜太公認為，上天對用兵打仗沒有幫助，打敗仗主要是將領決策失誤。其還列舉了九種決策失誤情況，英明的將領不會依賴天地鬼神進行決策。

《史記》〈齊太公世家〉記載了體現上述思想的決策事例：

> 武王將伐紂，卜，龜兆不吉，風雨暴至。群公盡懼，唯太公彊之勸武王，武王於是遂行。十一年正月甲子，誓於牧野，伐商紂。紂師敗績。紂反走，登鹿台，遂追斬紂。

周武王決定聯合諸侯討伐殷紂王。出兵前占卜，兆紋顯示「不吉利」，並且出現暴風雨。諸侯們都很恐懼，唯有姜太公強力支持周武王決策出兵，於是周武王就率領軍隊出發了。第二年正月甲子日，諸侯聯軍在殷都朝歌近郊牧野誓師，以三萬精銳之師打敗了紂王拼湊的七十萬軍隊。

《春秋左氏傳》〈莊公三十二年〉記述了虢國史官史嚚關於「聽於民」還是「聽於神」的決策倫理闡述：

秋七月，有神降於莘……神居莘六月。虢公使祝應、宗區、史嚚享焉。神賜之土田。史嚚曰：「虢其亡乎！吾聞之：國將興，聽於民；將亡，聽於神。神，聰明正直而一者也，依人而行。虢多涼德，其何土之能得！」

史嚚根據國君的行為判斷：虢國要滅亡了！ 國家要想興盛，就聽百姓的；將要滅亡，聽神靈的。神靈，是聰明正直而沒有偏私的，依據不同人的情況行事。虢國多行不義，怎麼能夠得到什麼土地呢！

揭開《周易》神祕的面紗，我們發現更多人本思想描述。正如《周易》〈坤卦〉之文言：「積善之家，必有餘慶；積不善之家，必有餘殃。」個人和家族命運，要靠積善修德，而不能純粹靠冥冥之中的天意安排。

東漢王充在《論衡》[46]一書中，以孔子與子路對話的方式，論述了儒家聖人關於蓍草和龜甲作為「卜筮」決策工具的詮釋：

子路問孔子曰:「豬肩羊膊可以得兆，雚葦　茞可以得數，何必以蓍龜？」孔子曰：「不然，蓋取其名也。夫蓍之為言，耆也；龜之為言，舊也。明狐疑之事，當問耆舊也。」

子路問孔子：「豬肩羊膊，也可以得到占卜兆紋；雚葦藁芼，也可以得到占筮卦象；為何一定要用龜甲和蓍草呢？」孔子解釋說：「大概只是取蓍和龜之象徵含義吧。使用蓍草，是因為其生長時間長；使用龜甲，是因為其生存年代久。要辨明疑惑不定的事情，應該請教年歲大、有經驗的人。」

卜以決疑，重視實用文化

春秋早期，漢水流域諸侯國中，鄖國與楚國敵對。西元前七〇一年，雙方在「蒲騷」打了一仗，史稱「蒲騷之戰」。鄖國集結了幾個盟國，聲勢頗壯。楚國軍隊主帥（莫敖）屈瑕擔心勢單力孤，就與副手鬥廉商量：「我們何不向國王請求增兵？」

> 莫敖曰：「盍請濟師於王？」對曰：「師克在和，不在眾。商、周之不敵，君之所聞也。成軍以出，又何濟焉？」

鬥廉回答說：「軍隊獲勝的關鍵，在於團隊和諧，不在於人多。商朝（七十萬軍隊）敵不過周朝（三萬精銳），這您是知道的。我們整頓好軍隊才出兵，又何必要增兵呢？」鬥廉闡述決定軍隊戰鬥力的是「師克在和」。

鬥廉的解釋並沒有完全打消屈瑕的疑慮，決策前還想進行占卜。

> 莫敖曰：「卜之？」對曰：「卜以決疑，不疑何卜？」遂敗鄖師於蒲騷，卒盟而還。

鬥廉為其解釋了占卜的最大作用：「占卜是為了解決疑惑，我們沒有疑惑，為什麼還要占卜？」屈瑕於是下決心與鄖國聯盟決戰並取得了勝利。

「卜以決疑」，或決他人之疑，或決自己之疑。

■ 晉獻公決他人之疑

晉獻公率軍討伐少數民族驪戎。驪戎不敵，就獻上兩位絕色美女驪姬姐妹。於是乎，晉獻公很快就被異族美女枕邊香風吹暈！據《春秋左氏傳》〈莊公二十四年〉記述，晉獻公答應立驪姬為夫人，並為此卜筮。

> 初，晉獻公欲以驪姬為夫人，卜之，不吉；筮之，吉。公曰：「從筮。」卜人曰：「筮短龜長，不如從長。且其繇曰：『專之渝，攘公之羭。一薰一蕕，十年尚猶有臭。』必不可。」弗聽，立之。生奚齊，其娣生卓子。

晉獻公為立驪姬而卜筮，是決他人之疑。他本人貪戀美色之心是毫無疑義且堅定不移的！決策方案已定，只不過利用卜筮為決策尋找正當理由而已。然而，占卜和占筮，卻預測了截然不同的結果：龜甲占卜不吉利，而《周易》占筮卻吉利。占筮得到什麼卦象，《春秋左氏傳》沒有提及。占卜兆紋的繇辭是「專之渝，攘公之羭。一薰一蕕，十年尚猶有臭」。

晉獻公決策方案早已確定，就要求遵從《周易》占筮結果。卜人提出反對意見：「用《周易》占筮，預測靈驗的時候少；用龜甲占卜，預測靈驗的時候多；應該聽從更靈驗的。況且，占卜的繇辭是：『專寵會使人心生不良，將會牽走您的公羊。香草與臭草雜混，十年之後還會有臭氣。』這件事一定不能做。」晉獻公實在無法抵禦異族美女的誘惑，不聽勸告，執意立驪姬為夫人。驪姬生下兒子奚齊，其妹妹生下兒子卓子。

這兩位戰敗部落的絕色美女，鼓動晉獻公逼死太子申生，逼迫眾公子逃亡。晉國政局從此動盪了十幾年，也算是報了驪戎被晉國打敗之仇。

這個案例所述，頗似時下的「專家論證」決策。當權者早已確定了決策方案，只不過利用「專家論證」為其決策披上「科學」、「合理」的華麗外衣。參與論證的專家，出於個人利益考慮，很少人提出反對意見。然而，一旦決策者「人走茶涼」，我們會發現，原來的「專家論證」，只不過是現代版的「皇帝的新裝」！

■ 姬重耳決自己之疑

晉獻公的兒子姬重耳在外流亡了十九年。其弟晉惠公（姬夷吾）去世，國內政局一片混亂，為重耳回國奪取君位創造了條件。這個時候回國是否最佳時機？重耳自己有疑問。為了決心中之疑，重耳親自占筮。《國語》〈晉語四〉記述了「重耳筮得國」這個實用主義案例：

> 公子親筮之，曰：「尚有晉國。」得貞《屯》悔《豫》，皆八也。筮史占之，皆曰：「不吉。閉而不通，爻無為也。」

重耳待決策的問題是「尚有晉國」，即是否能夠執掌晉國政權。占筮得到的卦象是《屯》卦（䷂）變為《豫》卦（䷏），如圖 3.1 所示。《屯》卦的貞卦（內卦）和《豫》卦的悔卦（外卦）都是震（☳）卦。

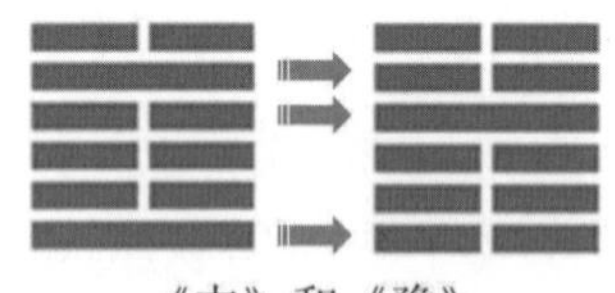

圖 3.1　重耳筮得國之《屯》和《豫》

負責占筮的史官們，對著《屯》卦仔細端詳：內卦是震，象徵行動；外卦是坎，象徵險阻；行動遇到險阻，還能吉利嗎？於是，他們都向重耳搖頭嘆息：「不吉利！閉塞不通，從爻象看無所作為。」而胥臣（司空季子）卻從占筮卦象中看到了希望！

> 司空季子曰：「吉。是在《周易》，皆利建侯。不有晉國，以輔王室，安能建侯？我命筮曰『尚有晉國』，筮告我曰『利建侯』，得國之務也，吉孰大焉！震，車也。坎，水也。坤，土也。屯，厚也。豫，樂也。車班外內，順以訓之，泉源以資之，土厚而樂其實。不有晉國，何以當之？震，雷也，車也。坎，勞也，水也，眾也。主雷與車，而尚水與眾。車有震，武也。眾而順，文也。文武具，厚之至也，故曰《屯》。其繇曰：『元，亨，利貞，勿用，有攸往，利建侯。』主震雷，長也，故曰元。眾而順，嘉也，故曰亨。內有震雷，故曰利貞。車上水下，必伯。小事不濟，壅也。故曰『勿用，有攸往』。一夫之行也，眾順而有武威，故曰『利建侯』。坤，母也。震，長男也。母老子強，故曰《豫》。其繇曰：『利建侯行師。』居樂出威之謂也。是二者，得國之卦也。」

胥臣滿懷激情地對重耳說：「吉利。這兩個卦象在《周易》都是『利建侯』。如果不能執掌晉國，進而輔佐周王室，怎麼能夠『建侯』呢？您占筮的主題是『尚有晉國』，筮得卦象說『利建侯』，要您趕快回去執掌晉國，還有比這更大的吉利嗎？」胥臣還給出了《周易》對兩卦的詳細解釋：

「震象徵車，坎象徵水，坤象徵土地。所以，《屯》卦象徵厚實；《豫》卦象徵歡樂。內外卦都有車，坤表示順利，坎有源泉資助，土地富厚而有收穫的喜樂。如果不能得到晉國，怎麼能應合這些卦象呢？

震代表雷聲和車聲，坎有勞、水和眾的意思。主體是雷和車，又崇尚水和眾。車聲如雷震，是威武的象徵；眾人歸順，是文德的象徵；文武都具備，這是最富厚的了，所以稱為《屯》卦。卦辭說：『元，亨，利貞，勿用有攸往，利建侯。』震代表長子，故曰『元』；眾人歸順，是服善，故曰『亨』；內卦有雷震，故曰『利貞』；車在內有威，水在外順從，必定能稱霸。小事不能成功，因為堵塞不通，故曰『勿用有攸往』，是指個人行動。眾人歸順且有武威，所以說『利建侯』。

坤代表母親，震代表長子。母親年老，兒子強健，所以《豫》卦表示安

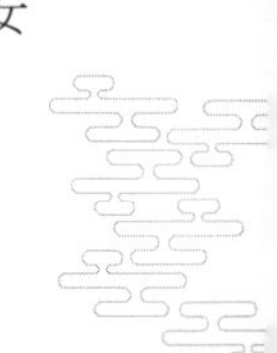

樂。卦辭說：『利建侯行師。』就是指平時安樂，出兵威武的意思。這兩卦，都是得國的卦象啊！」

胥臣對占筮卦象給出的預測解釋，促使重耳做出決策，借助於秦國的力量回國奪取了政權。

一個卦象，多種解釋，人們往往會選擇有利於自己的解釋。這就是中國卜筮文化中的實用主義。

鬼神難決，還需人類智慧

《楚辭》[47]〈卜居〉講了一個哲理故事。屈原被流放，三年之後，還沒被赦免。他為國竭智盡忠，卻被小人讒言所蔽！懷著滿腔憤懣和滿腹疑問，前去拜訪太卜鄭詹尹，希望這位智慧通神的太卜為自己決疑。

屈原既放，三年不得復見。竭知盡忠，而蔽障於讒。心煩慮亂，不知所從。乃往見太卜鄭詹尹曰：「余有所疑，願因先生決之。」詹尹乃端策拂龜曰：「君將何以教之？」屈原曰：

「吾寧悃悃款款，朴以忠乎？將送往勞來，斯無窮乎？

寧誅鋤草茅，以力耕乎？將游大人，以成名乎？

寧正言不諱，以危身乎？將從俗富貴，以偷生乎？

寧超然高舉，以保真乎？將哫訾栗斯，喔咿儒兒，以事婦人乎？

寧廉潔正直，以自清乎？將突梯滑稽，如脂如韋，以潔楹乎？

寧昂昂若千里之駒乎？將泛泛若水中之鳧，與波上下，偷以全吾軀乎？

寧與騏驥亢軛乎？將隨駑馬之跡乎？

寧與黃鵠比翼乎？將與雞鶩爭食乎？

此孰吉孰凶？何去何從？

世溷濁而不清：蟬翼為重，千鈞為輕；黃鐘毀棄，瓦釜雷鳴；讒人高張，賢士無名。吁嗟默默兮，誰知吾之廉貞？」

詹尹乃釋策而謝曰：「夫尺有所短，寸有所長；物有所不足，智有所不明；數有所不逮，神有所不通。用君之心，行君之意，龜策誠不能知此事。」

太卜詹尹，鄭重其事，擺正筮策，拭淨龜甲，說：「有何疑難，儘管道來。」於是，屈原將其不平遭遇、胸中疑惑，對著太卜，全數傾倒！

面對屈原連串「天問」，太卜詹尹放下筮策，謙遜地說：「尺雖長，量更長物體卻也嫌短；寸雖短，量較短物體還覺得長。世事沒有十全十美，智慧無法洞察萬物；術數也會有時而窮，神靈也有不通之事。請用您的智慧，行使您的意願；我的龜甲蓍策，實在無法知道您這些問題的答案！」

重視謀略，強調決策效果

中國歷史上，國家動亂、地方勢力割據時期，通常是英雄輩出、謀略紛呈的時期。各種勢力為了生存和發展，特別重視能夠出謀劃策的「智士」。雄才大略之主，輔以足智多謀之士，關鍵時刻能夠做出正確決策；進，可以稱霸諸侯、統一天下；退，足以割據自守。重大政治謀略和軍事決策，大都是依據當時的形勢和各方力量進行的，很少單憑卜筮預測。

晉文公的謀略與決策

《春秋左氏傳》記載最精彩的謀略和決策，當屬晉文公姬重耳執政期間晉國的「謀」與「決」。晉文公執政之初，首先是整頓國內政治。治理好國家之後，再對外用兵爭霸。

■　治國強兵的謀略

為了實現晉國內部治理和爭霸諸侯的目標，狐偃（子犯）為晉文公制定了正確的戰略，將總體目標分解，分三個階段有步驟地實施。

第一階段，使民知義。措施是：平定王室內亂。晉文公繼位第二年（西元前六三五年），出兵平定王室內亂，為建立霸業奠定了基礎。

據《春秋左氏傳》〈僖公二十五年〉記載：

狐偃言於晉侯曰：「求諸侯，莫如勤王。諸侯信之，且大義也。

繼文之業，而信宣於諸侯，今為可矣。」……三月甲辰，次於陽樊，右師圍溫，左師逆王。夏四月丁巳，王入於王城。取大叔於溫，殺之於隰城。戊午，晉侯朝王。王饗醴，命之宥……與之陽樊、溫、原、欑茅之田。

周天子獎賞晉文公勤王之功勞，賜給晉國陽樊、溫、原、攢茅的田地，擴大了晉國的疆域。

第二階段，使民知信。措施是：限定三天伐「原」，樹立誠信形象。

冬，晉侯圍原，命三日之糧。原不降，命去之。諜出，曰：「原將降矣。」軍吏曰：「請待之。」公曰：「信，國之寶也，民之所庇也。得原失信，何以庇之？所亡滋多。」退一舍而原降。

第三階段，使民知禮。措施是：練兵和命帥（大蒐）。晉文公四年（西元前六三三年），國內治理整頓告一段落，開始強軍經武。

於是乎蒐於被廬，作三軍，謀元帥。趙衰曰：「郤穀可。臣亟聞其言矣，說禮、樂而敦詩、書。詩、書，義之府也；禮、樂，德之則也；德、義，利之本也。夏書曰：『賦納以言，明試以功，車服以庸。』君其試之！」乃使郤穀將中軍，郤溱佐之。使狐偃將上軍，讓於狐毛，而佐之。命趙衰為卿，讓於欒枝、先軫。使欒枝將下軍，先軫佐之。荀林父御戎，魏犨為右。

在被廬這個地方練兵，將原來的上、下兩軍擴充為三軍，任命三軍將帥。晉文公的執政團隊在選擇將領時，表現出了優秀的素養：任賢使能與互相謙讓。趙衰推薦郤穀為元帥；狐偃將上軍帥之職讓與其兄狐毛，自己做副職；趙衰又將下軍將帥之職讓與欒枝和先軫。

■　「城濮之戰」前的謀略

晉文公五年，狐偃所列條件均已具備，便開始稱霸行動。晉國在與楚國進行第一場大戰「城濮之戰」前，展開了一系列精彩謀略和決策。

此時，被華夏諸侯視為蠻夷的楚國正在攻略中原。西元前六三三年冬天，楚國率領陳國、蔡國、鄭國、許國等盟友圍攻華夏老牌諸侯國宋國，進而威脅齊國。宋國向晉國告急！這正好給晉國提供了稱霸的機會。

如何應對「南蠻」楚國對華夏文明的侵蝕？晉國執政團隊充分發揮眾人智慧，組織了數次較為民主的謀劃與決策。

先軫曰：「報施救患，取威定霸，於是乎在矣。」狐偃曰：「楚始得曹，而新昏於衛，若伐曹、衛，楚必救之，則齊、宋免矣。」

> 先軫提出：「報施救患，取威定霸，就在這次機會。」狐偃分析：「楚國第一次得到曹國歸附，又剛剛和衛國結成婚姻，我們如果攻打曹國和衛國，楚國必定遠道而來救援，那麼齊國和宋國的威脅自然就解除了。」

西元前六三二年，晉國攻占曹國都城，接著攻打衛國。楚國派兵救援衛國，沒能成功。衛國人趕走了與楚國聯姻的衛成公，歸附了晉國。這個時候，宋國被楚國圍困，形勢已經很緊張了。

> 宋人使門尹般如晉師告急。公曰：「宋人告急，舍之則絕，告楚不許。我欲戰矣，齊、秦未可，若之何？」先軫曰：「使宋舍我而賂齊、秦，藉之告楚。我執曹君而分曹、衛之田以賜宋人。楚愛曹、衛，必不許也。喜賂怒頑，能無戰乎？」公說，執曹伯，分曹、衛之田以賜宋人。

面對宋國的救援請求，晉文公召集眾人商討：「宋人來告急，置之不理就失去了宋國，請楚國解圍肯定得不到允許。我們想與楚國決戰，齊國和秦國也許不肯參與。應該怎麼辦？」先軫提出：「讓宋國拋開我們，直接給齊國和秦國送去財物，請齊國和秦國出面調停，讓楚國解圍。我們扣押曹國國君，把曹國和衛國的一部分土地分給宋國。楚國與曹國和衛國交好，必定不會答應齊國和秦國的請求，就會惹怒齊國和秦國。兩國就會參加與楚國的戰鬥。」晉文公聽了很高興，就按照先軫的謀劃實施。

先軫為晉文公提出的高超謀略，可謂「一石數鳥」：

- 懲罰了楚國的同盟曹國和衛國；
- 激怒了最大敵人楚國；
- 牢牢地拉住了齊國和秦國兩個大國，結成了廣泛的統一戰線；

• 解救了宋國。

自此之後上百年，宋國成為晉國的鐵桿追隨者。

先軫之謀略，環環相扣，推動局勢按照預設方向發展。如果僅僅讓宋國借助齊國和秦國向楚國求情，楚國也許顧及兩個大國的面子，真的撤兵罷戰，後面的大戲就沒法演了！晉國同時扣押曹君並把曹國和衛國部分土地分給宋國，這讓楚國欲罷不能：如果撤兵，楚國顏面何存？

齊國和秦國得到了宋國財物，風風光光地去當「和事佬」，卻被楚國當頭一瓢冷水，讓這兩個大國如何不惱羞成怒？於是，「城濮之戰」大勢已成。

■ 「城濮之戰」中的謀略

晉國君臣在「城濮之戰」中表現出的謀略，要遠遠高於其楚國對手。

晉文公姬重耳流亡期間到過楚國，並與楚成王有過交往。楚成王深知：重耳一干人在外流亡十九年，備嘗艱辛，歷經磨難，熟諳人情民心，能力超強。因此，派人命令楚軍不要與晉國軍隊硬碰硬。

楚國令尹子玉顯然也不缺智慧。他想與晉軍決戰，卻不能違背國王命令。於是就與晉國談條件：你放過衛國和曹國，我也從宋國撤圍。

> 子玉使宛春告於晉師曰：「請復衛侯而封曹，臣亦釋宋之圍。」子犯曰：「子玉無禮哉！君取一，臣取二，不可失矣。」先軫曰：「子與之。定人之謂禮，楚一言而定三國，我一言而亡之。我則無禮，何以戰乎？不許楚言，是棄宋也。救而棄之，謂諸侯何？楚有三施，我有三怨，怨仇已多，將何以戰？不如私許復曹、衛以攜之，執宛春以怒楚，既戰而後圖之。」公說，乃拘宛春於衛，且私許復曹、衛。曹、衛告絕於楚。

晉國子犯認為，子玉作為臣子而和國君晉文公談條件，要求的多（復衛侯而封曹），承諾的少（釋宋之圍）。

還是先軫看穿了子玉的詭計：楚國人的建議，使三個國家免除禍患；如果我們拒絕，三個國家都會面臨更大的災難；我們就失去了道義。不答應楚國人的條件，就等於拋棄了宋國；我們救宋而來卻拋棄人家，將如何面對其他諸侯？楚國對三個國家施以恩德，我們卻與三個國家結怨。不如我們私下裡答應恢復曹國和衛國以拉攏它們，扣留楚國使者宛春以激怒子玉，準備好作戰以便打敗楚軍。」晉文公再次愉快地採納了先軫的謀劃。於是，楚國的盟友曹國和衛國派使者通知楚國：我們要和你斷絕關係。

楚國軍隊主帥子玉，自認聰明地下了一個套給晉國人，卻發現自己被套上了。於是，惱羞成怒，開始主動攻擊華夏諸侯盟軍。

> 子玉怒，縱晉師。晉師退。軍吏曰：「以君辟臣，辱也。且楚師老矣，何故退？」子犯曰：「師直為壯，曲為老。豈在久乎？微楚之惠不及此，退三舍辟之，所以報也。背惠食言，以亢其仇，我曲楚直。其眾素飽，不可謂老。我退而楚還，我將何求？若其不還，君退臣犯，曲在彼矣。」退三舍。楚眾欲止，子玉不可。

面對楚軍的進攻，晉國人進一步施展其高超的謀略，「退避三舍」——向後撤退九十里。重耳流亡時，曾經得到楚成王的禮遇，向楚成王承諾：將來兩軍相遇，我將退避三舍。這次行動，算是踐行承諾。實際上，晉軍早就偵查好了，退避三舍之後，戰場地形更有利。

晉軍退避三舍，不僅占據了地理優勢，更擁有了道德制高點。楚軍戰與不戰，晉軍已經勝利了。正如子犯所言：我們退讓，如果楚國人也撤退，我們救宋之目的達到了，也得到了衛國和曹國的親附；如果楚軍繼續進攻，我們國君退讓了，而臣子繼續進犯，所有的過錯都在楚國了。

楚軍將領都要求停止進攻，撤退回國；惱羞成怒的子玉卻不答應。於是，晉國退避三舍之目的就實現了：「怠寇」，則麻痺敵人；「怒我」，則激發己方軍隊的鬥志和其他諸侯的不平之氣。

「城濮之戰」的結果，晉國率領同盟諸侯完勝楚國，成為華夏諸侯新的霸主。崛起於荊楚的「南蠻」對中原的蠶食又一次被遏制。

《孫子兵法》提出的原則

歷史自春秋進入戰國，人們意識在不斷變化，政治局勢在不斷變化，戰爭形態在不斷變化。這個時代，正是孔夫子感嘆的「禮崩樂壞」的大變革時代。變革的強度不亞於今天的大數據時代！

重大政治軍事決策已經甚少完全依靠卜筮。《孫子兵法》十三篇，幾乎看不到卜筮的影子，其軍事決策都是在強調人的智慧和主觀能動性。

《孫子兵法》〈計篇〉提出：

> 夫未戰而廟算勝者，得算多也；未戰而廟算不勝者，得算少也。多算勝少算，而況於無算乎！吾以此觀之，勝負見矣。

戰前先在廟堂之上做好謀劃，分析各方面影響因素，謀劃周全，取勝的因素就多;戰前謀劃不周全，取勝的因素就少。謀劃周全能勝過謀劃不周全，更何況戰前沒有謀劃呢？根據這些來觀察，勝負結果顯而易見。

《孫子兵法》〈軍行篇〉提出：

> 勝兵先勝而後求戰，敗兵先戰而後求勝。

勝利一方是因為事先就謀劃好了取勝的條件，然後主動尋求戰機；失敗的一方是因為事先沒有謀劃而匆忙投入戰鬥，在作戰過程中努力求勝。

《孫子兵法》〈用間篇〉提出：

> 凡興師十萬，出征千里，百姓之費，公家之奉，日費千金；內外騷動，怠於道路，不得操事者七十萬家；相守數年，以爭一日之勝，而愛爵祿百金，不知敵之情者，不仁之至也！非民之將也！非主之佐也！非勝之主也！故明君賢將所以動而勝人，成功出於眾者，先知也。先知者，不可取於鬼神，不可像於事，不可驗於度，必取於人，知敵之情者也。

明君賢將為什麼能夠戰勝對手，建立超凡的功業？因為他們能夠預先料定戰爭相關的各種情境發展結果，包括敵情、我情及戰事可能的發展情境，即所謂的「先知」。要想做到「先知」，不應該只是祈求於鬼神，也不應該只是依賴卜筮的徵兆和卦象，更不應該只是觀察星辰運轉的度數，一定要發揮好人的作用，特別是那些了解敵方內部情況的人。

秦國朝廷的謀略與決策

戰國時期，諸侯國之間唯利是圖；利之所在，就是其決策的最高目標和最大影響因素。謀士們圍繞某個問題闡述利害關係並提出多種應對方案，不同方案在朝堂上互相辯駁，君主進行最後決策。《戰國策》〈秦策一・司馬錯與張儀爭論於秦惠王前〉就是一個完整的謀劃與決策案例。

> 司馬錯與張儀爭論於秦惠王前。司馬錯欲伐蜀，張儀曰：「不如伐韓。」王曰：「請聞其說。」
>
> 對曰：「親魏善楚，下兵三川，塞轘轅、緱氏之口，當屯留之道，魏絕南陽，楚臨南鄭，秦攻新城、宜陽，以臨二周之郊，誅周主之罪，侵楚、魏之地。周自知不救，九鼎寶器必出。據九鼎，安圖籍，挾天子以令天下，天下莫敢不聽，此王業也。今夫蜀，西辟之國，而戎狄之長也，弊兵勞眾不足以成名，得其地不足以為利。臣聞：『爭名者於朝爭利者於市。』今三川、周室，天下之市朝也。而翁不爭焉，顧爭於戎狄，去王業遠矣。」
>
> 司馬錯曰：「不然，臣聞之，欲富國者，務廣其地；欲強兵者，務富其民；欲王者，務博其德。三資者備，而王隨之矣。今王之地小民貧，故臣願從事於易。夫蜀，西辟之國也，而戎狄之長，而有桀、紂之亂。以秦攻之，譬如使豺狼逐群羊也。取其地，足以廣國也；得其財，足以富民；繕兵不傷眾，而彼以服矣。故拔一國，而天下不以為暴；利盡西海，諸侯不以為貪。是我一舉而名實兩附，而又有禁暴正亂之名，今攻韓劫天子，劫天子，惡名也，而未必利也，又有不義之名，而攻天下之所不欲，危！臣請謁其故：周，天下之宗室也；齊，韓、周之與國也。周自知失九鼎，韓自知亡三川，則必將二所併力合謀，以因於齊、趙，而求解乎楚、魏。以鼎與楚，以地與魏，王不能禁。此臣所謂危，不如伐蜀之完也。」
>
> 惠王曰：「善！寡人聽子。」

秦國君臣待決策的問題是「為國牟利」，張儀提出的方案是「伐韓，求周之九鼎」，司馬錯提出的方案是「伐蜀，取地廣國，得財富民」。雙方進行了

詳細分析和充分辯難。最終秦惠王做出決策，選擇司馬錯的伐蜀方案。

這幾乎已經具備了現代決策的雛形！

劉備集團取蜀之謀略與決策

當歷史的滾滾車輪碾碎了漢王朝的統治秩序，華夏大地再一次陷入了三國、兩晉、南北朝數百年戰亂與紛爭狀態。這給英雄和謀士們提供了展示才華的舞台。據《三國志》[48]〈龐統傳〉記載，劉備集團在謀取蜀地益州時，經歷了較為完善的決策論證過程。

> 益州牧劉璋與先主會涪，統進策曰：「今因此會，便可執之，則將軍無用兵之勞而坐定一州也。」先主曰：「初入他國，恩信未著，此不可也。」璋既還成都，先主當為璋北征漢中，統復說曰：「陰選精兵，晝夜兼道，徑襲成都；璋既不武，又素無預備，大軍卒至，一舉便定，此上計也。楊懷、高沛，璋之名將，各仗強兵，據守關頭，聞數有箋諫璋，使發遣將軍還荊州。將軍未至，遣與相聞，說荊州有急，欲還救之，並使裝束，外作歸形；此二子既服將軍英名，又喜將軍之去，計必乘輕騎來見，將軍因此執之，進取其兵，乃向成都，此中計也。退還白帝，連引荊州，徐還圖之，此下計也。若沉吟不去，將致大困，不可久矣。」先主然其中計，即斬懷、沛，還向成都，所過輒克。

劉備集團的決策目標是奪取益州。龐統對局勢進行了分析和預測，提出四種備選方案：「上計」、「中計」、「下計」和「失計」（維持現狀，什麼也不做）。劉備經過綜合權衡，選擇了「中計」，順利奪取了益州政權。

上述整個決策過程，與起源於西方的現代決策理論幾乎完全一致！

以史為鑑，熟諳決策藝術

唐人趙蕤總結其前數千年歷史，在《長短經》〈論士〉篇提出如下觀點：

> 《語》曰：「夫有國之主，不可謂舉國無深謀之臣、闔朝無智策之士，在聽察所考精與不精、審與不審耳。」何以明之？在昔漢

祖，聽聰之主也。納陳恢之謀，則下南陽；不用婁敬之計，則困平城。廣武君者，策謀之士也。韓信納其計，則燕、齊舉。陳餘不用其謀，則泜水敗。由此觀之，不可謂事濟者有計策之士，覆敗者無深謀之臣。虞公不用宮之奇之謀，滅於晉；仇由不聽赤章之言，亡於智氏；蹇叔之哭，不能濟崤澠之覆；趙括之母，不能救長平之敗。此皆人主之聽，不精不審耳。

邦國君主們不應該認為舉國上下沒有深謀遠慮的大臣，整個朝廷沒有計策高明的智士。這完全在於君主對人才的聽聞考察是否精明、細緻。

漢高祖劉邦算是一位能夠聽取正確建議的英明君主了。他採納陳恢的謀劃，就攻下了南陽；不採用婁敬的計策，就被困於平城。廣武君蒯徹足智多謀，陳餘不用他的計策，泜水之戰就失敗了；韓信採納他的計策，輕鬆地收降了燕國和齊國。由此看來，不能說成功者是因為有出謀劃策之士，失敗者就沒有深謀遠慮之臣。虞國國君不聽宮之奇的意見，被晉國所滅；狄人首領仇由不聽赤章的話，被晉國智氏所滅。秦國老臣蹇叔哭師，未能阻止秦穆公出師襲鄭，招致「崤之戰」全軍覆沒。趙括的母親極力勸阻趙王任用自己的兒子，也未能挽救長平之戰趙軍失敗。這都是由於君主聽取意見時不精明不周密造成的。

本節摘選歷史上經典決策案例，與讀者共同賞析決策藝術。

古人決策之「謀」與「斷」

古人講「多謀善斷」，既要有多謀之臣，還要有善斷之主。謀而無斷，與無謀何異？有了決策方案，負責拍板的人還要能夠果斷、正確地決策。

■ 季梁之謀，隨侯之斷

春秋早期楚國崛起，首先征服了漢水流域姬姓大國隨國。據《春秋左氏傳》〈魯桓公八年〉記載，兩國在速杞決戰，隨國戰敗後臣服：

楚子伐隨。軍於漢、淮之間。季梁請下之：「弗許而後戰，所以怒我而怠寇也。」少師謂隨侯曰：「必速戰。不然，將失楚師。」隨侯御之。望楚師。季梁曰：「楚人上左，君必左，無與王遇。且

攻其右。右無良焉，必敗。偏敗，眾乃攜矣。」少師曰：「不當王，非敵也。」弗從。戰於速杞。隨師敗績。隨侯逸。斗丹獲其戎車，與其戎右少師。秋，隨及楚平，楚子將不許。斗伯比曰：「天去其疾矣，隨未可克也。」乃盟而還。

楚武王率軍攻打隨國，隨侯率軍迎戰，兩軍戰於速杞。隨國大敗，被迫簽訂屈辱的城下之盟。隨國之敗，敗於決策。在戰前謀劃和臨戰決策的關鍵時刻，隨國國君不能權衡採納正確建議，做出錯誤決策。

一、戰前謀劃

季梁和少師分別提出了不同的應對謀略。

季梁提出的謀略是示弱，激怒己方，麻痺敵方。「季梁請下之：『弗許而後戰，所以怒我而怠寇也。』」少師提出的行動方案是示強，抓住機會，與之決戰。「少師謂隨侯曰：『必速戰。不然，將失楚師。』」

隨侯作為決策者，不能正確權衡和判斷敵我雙方情況及戰場形勢，沒有採納季梁的謀略，而是聽從了少師的主意，決定和楚軍硬碰硬決戰。

二、臨戰決策

在具體作戰方針上，季梁和少師又分別提出了不同的建議方案。

季梁提出的方案是「避實擊虛」：楚人以左為上。國君要避敵左翼主力，而猛攻其戰鬥力不強的右翼。楚軍側翼失敗，大部隊就會受到影響。少師提出的方案是「君臣對等」：國君不與楚王對陣，就不是真正的對手。

隨侯作為決策者，再次拒絕了季梁的建議方案。聽從了少師的主意，與楚國軍隊堂而皇之地進行了一場實力懸殊的大對決。

「速杞之戰」結果是隨國軍隊大敗！隨侯作為主帥和決策者，悄悄開溜了，把軍隊和國家榮譽一起丟給了楚國。楚國以此為起點，一步步吞併了漢水流域的眾多姬姓諸侯國，勢力範圍逐漸波及中原黃河流域。

歷史不能假設：如果隨侯採納季梁的建議，是否能夠戰勝楚國？楚國是否還有北上中原爭霸的機會？「速杞之戰」七十二年後，楚國與代表華夏諸侯的晉國在城濮正面交鋒。晉國的作戰策略類似於季梁的建議：戰前「退避三舍」示弱，激怒己方，麻痺敵方；作戰過程中，首先集中優勢兵力擊潰楚軍戰鬥力較弱的右師「陳蔡聯軍」，然後兩面夾擊打敗楚軍左師。楚軍戰鬥力最強的中軍成了孤軍，只好匆忙撤退避免被殲滅。

■ 子魚之謀，宋襄之斷

春秋中期另一位國君宋襄公，因錯誤決策失去成為霸主的機會。

宋國統治者是商王朝後裔，周武王推翻商王朝統治後，封商紂王的庶兄微子啟於宋，在現今河南省東北部、山東省南部及江蘇省西北部一帶。宋國繼承了商王朝文化基因，既不同於周文化傳承者齊、衛、燕、魯、晉、鄭諸國，也迥異於混合了西戎文化的秦國和融會了南蠻文化的楚國。

宋襄公打著「仁義」的旗號欲繼齊桓公之後稱霸諸侯，但宋國實力不足，宋襄公本人又缺乏變通智慧。在宋楚「泓之戰」（西元前六三八年）中，固執於原則和教條，不會針對新情況靈活應變，錯誤決策導致失敗。「泓之戰」敗局不僅打碎了宋襄公稱霸的迷夢，他本人也因戰場受重傷而死。

> 冬十一月己巳朔，宋公及楚人戰於泓。宋人既成列，楚人未既濟。司馬曰：「彼眾我寡，及其未既濟也，請擊之。」公曰：「不可。」既濟而未成列，又以告。公曰：「未可。」既陳而後擊之，宋師敗績。公傷股，門官殲焉。國人皆咎公。公曰：「君子不重傷，不禽二毛。古之為軍也，不以阻隘也。寡人雖亡國之餘，不鼓不成列。」

宋襄公率軍與楚國軍隊夾泓水對峙。大司馬子魚（公子目夷）兩次建議宋襄公抓住有利時機實施攻擊，都被宋襄公拒絕了。

第一次機會。宋軍已列好戰陣，以逸待勞，楚軍開始過河。子魚建議：「彼眾我寡，抓住楚軍過河時機，請下命令攻擊。」宋襄公不同意。

第二次機會。楚軍過河後還沒有列好戰陣，子魚又請示開始攻擊。宋襄公還是不同意。

等楚軍列好戰陣、做好準備，宋軍開始攻擊。貽誤了戰機的宋軍，面臨敵強我弱的局勢，被楚軍打得大敗。貴族子弟構成的「門官」被殲滅。國都裡的人都歸怨於宋襄公。宋襄公辯解說：「君子不再次傷害傷員，不擒獲花白頭髮的人。古代行軍打仗，不在險要的地方阻擊。寡人雖然是殷商亡國的後裔，不攻擊還沒有排列戰陣的敵人。」對宋襄公錯誤決策及其愚蠢的理由，大司馬子魚當時就帶著激憤的情緒予以駁斥：

> 子魚曰：「君未知戰。勍敵之人，隘而不列，天讚我也。阻而鼓之，不亦可乎？猶有懼焉。且今之勍者，皆吾敵也。雖及胡耉，獲則取之，何有於二毛？明恥、教戰，求殺敵也；傷未及死，如何勿重？若愛重傷，則如勿傷；愛其二毛，則如服焉。三軍以利用也，金鼓以聲氣也。利而用之，阻隘可也；聲盛致志，鼓儳可也。」

子魚說：「國君，您不懂得行軍打仗。強大的敵人限於地形狹隘而沒有排開戰陣，這是上天在贊助我們。我們憑藉險阻而攻擊，不是很有利嗎？即便這樣，還擔心我們不能以少勝多。楚軍士兵都是我們的敵人。雖然是老頭子，戰場上捕獲就抓回來，還管他頭髮是否花白？申明失敗的恥辱，教導士兵奮力作戰，是為了殺死敵人；敵人受傷未死，還在作戰，為什麼不能再把他殺死？如果愛惜敵人的傷員而不再傷害他，那麼一開始就別殺傷敵人；如果愛惜敵人頭髮花白的老年士兵，那麼就投降算了！三軍是用來保衛國家和人民的，金鼓是用來鼓舞士氣的。有利就使用，天險阻隘也是可以利用的；聲勢可以鼓舞士氣，鳴鼓攻擊沒有排好戰陣的敵人也是可以的。」

■ 策不在多，貴在能斷

發生在西漢初年的「吳楚七國之亂」，是漢朝中央政府與吳楚地方勢力集團之間的軍事對決。戰爭勝敗的關鍵在於雙方統帥的決策品質。

一、以吳王劉濞為代表的反叛勢力之決策

雖有謀士提供好的決策方案，但其最高決策者不能正確判斷和採納。根據《史記》〈吳王濞列傳〉記載，劉濞有三種行動方案可供選擇。

方案一：奇正相輔。大將軍田祿伯建議：吳王率大軍作為「正兵」北上攻略中原，自己率五萬人為「奇兵」沿長江西進，直趨武關。

> 吳王之初發也，吳臣田祿伯為大將軍。田祿伯曰：「兵屯聚而西，無佗奇道，難以就功。臣原得五萬人，別循江淮而上，收淮南、

長沙，入武關，與大王會，此亦一奇也。」吳王太子諫曰：「王以反為名，此兵難以藉人，藉人亦且反王，奈何？且擅兵而別，多佗利害，未可知也，徒自損耳。」吳王即不許田祿伯。

該方案遭到吳王太子反對，理由很可笑：「王以反為名，此兵難以藉人，藉人亦且反王，奈何？」這反映了叛亂者的心虛。

方案二：兵貴神速。吳少將桓將軍建議：不以一城一地為得失，在朝廷尚未來得及反應之前，輕兵疾進，占據天下之中洛陽，威逼長安。

吳少將桓將軍說王曰：「吳多步兵，步兵利險；漢多車騎，車騎利平地。原大王所過城邑不下，直棄去，疾西據雒陽武庫，食敖倉粟，阻山河之險以令諸侯，雖毋入關，天下固已定矣。即大王徐行，留下城邑，漢軍車騎至，馳入梁楚之郊，事敗矣。」吳王問諸老將，老將曰：「此少年推鋒之計可耳，安知大慮乎！」於是王不用桓將軍計。

這個方案遭到眾老將的反對，甚至連理由都沒有：「此少年推鋒之計可耳，安知大慮乎！」然而，老將們的所謂「大慮」是什麼？

方案三：徐行攻堅。緩兵徐行，以己之短，攻人之長。以己之水軍和步兵與朝廷的車兵和騎兵打攻堅戰、野戰和持久戰。

初，吳王之度淮，與楚王遂西敗棘壁，乘勝前，銳甚。梁孝王恐，遣六將軍擊吳，又敗梁兩將，士卒皆還走梁……梁使韓安國及楚死事相弟張羽為將軍，乃得頗敗吳兵。吳兵欲西，梁城守堅，不敢西，即走條侯軍，會下邑。欲戰，條侯壁，不肯戰。

吳王劉濞否決了前兩種行動方案，選擇對己方最不利的行動方案。在決策階段就已經注定其失敗的結局。代表中央政府的梁王劉武和條侯周亞夫採取堅壁清野的策略，不與叛軍決戰，等待叛軍絕糧自亂。

吳糧絕，卒飢，數挑戰，遂夜犇條侯壁，驚東南。條侯使備西北，果從西北入。吳大敗，士卒多飢死，乃畔散……吳王之棄其軍亡也，軍遂潰，往往稍降太尉、梁軍。

二、代表中央政府的周亞夫之決策

周亞夫之父周勃曾經的老謀士鄧都尉提出建議：占據要地，深溝高壘，堅壁清野，與吳軍打消耗戰。

> 至淮陽，問父絳侯故客鄧都尉曰：「策安出？」客曰：「吳兵銳甚，難與爭鋒。楚兵輕，不能久。方今為將軍計，莫若引兵東北壁昌邑，以梁委吳，吳必盡銳攻之。將軍深溝高壘，使輕兵絕淮泗口，塞吳餉道。彼吳梁相敝而糧食竭，乃以全彊制其罷極，破吳必矣。」條侯曰：「善。」從其策，遂堅壁昌邑南，輕兵絕吳餉道。

周亞夫作為軍隊統帥和最高決策者，經過權衡，採納了正確的建議。

古人決策之「聽」與「決」

真理往往掌握在少數人手中。決策過程中，一方面，在「謀」的階段要廣泛聽取意見，準備不同方案；另一方面，在「決」的階段，要綜合權衡利害得失，由決策者做出最終選擇，而不能多數人說了算。

■ 欒書「聽三」與「聽八」

關於決策的「聽」與「決」，春秋中期晉國中軍帥欒書在「繞角之役」中處理得很高明。《春秋左氏傳》〈成公六年〉記載，鄭國叛楚從晉，楚國子重率軍討伐。欒書率軍救鄭，與楚軍在「繞角」相遇。晉軍採用析公之謀，夜裡逼近楚軍，楚軍受驚潰散。晉軍於是侵入楚國的同盟蔡國。

> 晉欒書救鄭，與楚師遇於繞角。楚師還，晉師遂侵蔡。楚公子申、公子成以申、息之師救蔡，御諸桑隧。趙同、趙括欲戰，請於武子，武子將許之。知莊子、範文子、韓獻子諫曰：「不可。吾來救鄭，楚師去我，吾遂至於此，是遷戮也。戮而不已，又怒楚師，戰必不克。雖克，不令。成師以出，而敗楚之二縣，何榮之有焉？若不能敗，為辱已甚，不如還也。」乃遂還。
>
> 於是，軍帥之慾戰者眾，或謂欒武子曰：「聖人與眾同欲，是以濟事。子盍從眾？子為大政，將酌於民者也。子之佐十一人，其不欲戰者，三人而已。欲戰者可謂眾矣。《商書》曰：『三人占，

從二人。』眾故也。」武子曰：「善鈞，從眾。夫善，眾之主也。三卿為主，可謂眾矣。從之，不亦可乎？」

楚國的公子申、公子成分別率領申、息軍隊救援蔡國，與晉軍在「桑隧」相遇。趙同和趙括要求與楚軍作戰。而知莊子（荀首，中軍佐）、范文子（士燮，上軍佐）、韓獻子（韓厥，新中軍帥）認為不可。晉軍救鄭而來，目的已經達到。現在全軍與楚國兩縣軍隊作戰，縱然取勝，有何榮譽值得誇耀？如若不能取勝，蒙受恥辱甚大。於是，欒書就率軍回去了。

當時，晉軍十二名將領（六位軍帥，六位軍佐）中，有八人要求與楚軍作戰，僅荀首、士燮和韓厥三人不同意。有人勸中軍帥欒書聽從多數人的意見。欒書針對大家的意見分歧，解釋說：「如果都是吉祥善良的好建議，那就聽從多數。因為吉祥善良是眾人的願望。現在有三位大臣主張吉祥善良的建議，也可以算得上眾了。聽從他們的主張，不也是可以的嗎？」

■ 孟嘗君聞善即決

有些人，聽到好的建議就能做出正確的決策。還有一些人，缺乏辨別建議好壞的能力，或者胡亂決策，或者優柔寡斷，不知如何決策。

「戰國四公子」之一的齊國孟嘗君就特別善於聽取建議，做出正確的決策。《戰國策》〈齊策三・孟嘗君出行國至楚〉篇記載了孟嘗君聽取公孫戍的建議，沒有接受楚國人送給他的「象床」。

孟嘗君出行國，至楚，獻象床。郢之登徒，直使送之，不欲行。見孟嘗君門人公孫戍曰：「臣，郢之登徒也，直送象床。象床之值千金，傷此若發漂，賣妻子不足償之。足下能使僕無行，先人有寶劍，願得獻之。」公孫曰：「諾。」

入見孟嘗君曰：「君豈受楚象床哉？」孟嘗君曰：「然。」公孫戍曰：「臣願君勿受。」孟嘗君曰：「何哉？」公孫戍曰：「小國所以皆致相印於君者，聞君於齊能振達貧窮，有存亡繼絕之義。小國英桀之士，皆以國事累君，誠說君之義，慕君之廉也。今到楚而受床，所未至之國，將何以待君？臣戍願君勿受。」孟嘗君曰：「諾。」公孫戍趨而去。

> 未出，至中閨，君召而返之，曰：「子教文無受象床，甚善。今何舉足之高，志之揚也？」公孫戌曰：「臣有大喜三，重之寶劍一。」孟嘗君曰：「何謂也？」公孫戌曰：「門下百數，莫敢入諫，臣獨入諫，臣一喜；諫而得聽，臣二喜；諫而止君之過，臣三喜。輸象床，郢之登徒不欲行，許戌以先人之寶劍。」孟嘗君曰：「善。受之乎？」公孫戌曰：「未敢！」曰：「急受之！」因書門版曰：「有能揚文之名，止文之過，私得寶於外者，疾入諫。」

與孟嘗君「聞善即決」形成鮮明對照的是，邾國國君雖然聽取了好的建議，卻因為懷疑建議者從中牟利，而喪失了做出正確決策的機會。據《呂氏春秋》〈有始覽 ・ 去尤〉篇記載：

> 邾之故法，為甲裳以帛。公息忌謂邾君曰：「不若以組。凡甲之所以為固者，以滿竅也。今竅滿矣，而任力者半耳。且組則不然，竅滿則盡任力矣。」邾君以為然，曰：「將何所以得組也？」公息忌對曰：「上用之則民為之矣。」邾君曰：「善。」下令，令官為甲必以組。公息忌知說之行也，因令其家皆為組。人有傷之者曰：「公息忌之所以欲用組者，其家多為組也。」邾君不說，於是復下令，令官為甲無以組。此邾君之有所尤也。為甲以組而便，公息忌雖多為組何傷也？以組不便，公息忌雖無為組亦何益也？為組與不為組不足以累公息忌之說，用組之心不可不察也。

邾國製作鎧甲習慣用帛來連綴。用帛連綴甲片，只有一半部分受力。公息忌建議邾君，不如用絲繩來連綴甲片，絲繩的所有部分都能受力。邾君覺得很有道理，就下令官吏的鎧甲一定要用絲繩連綴。後來有人說公息忌的壞話：他在家裡製作絲繩牟利。邾君聽了很不高興，於是又下命令停止使用絲繩連綴鎧甲。邾君的認知存在嚴重缺陷！用絲繩連綴鎧甲如果效果好，公息忌即使大量製造絲繩牟利，又有什麼害處呢？如果用絲繩連綴鎧甲效果不好，公息忌即使沒有製造絲繩，又有什麼益處呢？公息忌製造絲繩或不製造絲繩，都不損害其建議的合理性！

■ 春申君亂聽亂決

同樣位列「戰國四公子」的楚國春申君，在聽取建議和做出正確決策方面，則遠遜於孟嘗君。據《戰國策》〈楚策四 · 客說春申君〉記載：

> 客說春申君曰：「湯以亳，武王以鎬，皆不過百里以有天下。今孫子，天下賢人也，君籍之以百里勢，臣竊以為不便於君。何如？」春申君曰：「善。」於是使人謝孫子。孫子去趙，趙以為上卿。客又說春申君曰：「昔伊尹去夏入殷，殷王而夏亡。管仲去魯入齊，魯弱而齊強。夫賢者之所在，其君未嘗不尊，國未嘗不榮也。今孫子，天下賢人也。君何辭之？」春申君又曰：「善。」於是食請孫子於趙。

孫子（漢代避漢宣帝劉詢之諱，稱荀子為孫子）還是那個孫子，春申君根據不同門客的建議，以截然相反的態度對待。春申君正是由於決策方面的缺陷，拒絕門客朱英關於風險管理的建議，最終招致身死族滅！

古人決策之「利」與「害」

不同的決策方案，實施後果可能不同；任何一個決策，其效果之「利」與「害」的感受因人而異。決策過程中，必須權衡並取捨「利」與「害」。

■ 邾文公捨己利民之決策

古代有些貴族，制定決策時能夠考慮民眾利益，而不計較個人得失。兩千六百年前的小國之君邾文公就具有這種高尚情懷，在那個時代也算難能可貴了。據《春秋左氏傳》〈文公十三年〉記述：

> 邾文公卜遷於繹。史曰：「利於民而不利於君。」邾子曰：「苟利於民，孤之利也。天生民而樹之君，以利之也。民既利矣，孤必與焉。」左右曰：「命可長也，君何弗為？」邾子曰：「命在養民。死之短長，時也。民苟利矣，遷也，吉莫如之！」遂遷於繹。五月，邾文公卒。君子曰：「知命。」

邾文公準備把國都遷到繹地，按照慣例進行占卜。結果是：「遷到繹地，對百姓有利，但對國君不利。」邾文公說：「如果對百姓有利，也就是我的利益。上天生育了百姓，然後為他們設置君主，就是為了給他們帶來利益。既然百姓能夠得利，也就是我的利益。」左右近臣說：「不遷都可以延長生命，國君您為什麼要拒絕？」邾文公說：「我的使命就是撫養百姓。而壽命長短，個人命運而已。百姓如果有利，遷都就是了，沒有比這更吉利的了。」於是，邾國就按照國君的決策，遷都到繹地。那年五月，邾文公去世。君子讚揚說：「邾文公真正懂得天命。」

我們不得不感嘆，周王朝建立的「以民為本」的文化，培養薰陶出了很多像邾文公這樣具有捨己奉公、悲天憫人情懷的貴族。與邾文公同時代的魯國正卿季文子也具有這樣的素質，據《國語》〈魯語上〉記載：

> 季文子相宣、成，無衣帛之妾，無食粟之馬。仲孫它諫曰：「子為魯上卿，相二君矣，妾不衣帛，馬不食粟，人其以子為愛，且不華國乎！」文子曰：「吾亦願之。然吾觀國人，其父兄之食粗而衣惡者猶多矣，吾是以不敢。人之父兄食粗衣惡，而我美妾與馬，無乃非相人者乎！且吾聞以德榮為國華，不聞以妾與馬。

在那個君權和貴族權力不受約束的時代，這些人體現出的個人品德修養和家國情懷尤為難能可貴。

■ 兩利擇其大，兩害擇其小

《呂氏春秋》〈慎大覽 · 權勳〉篇提出「小利與大利」的觀點：

> 利不可兩，忠不可兼。不去小利則大利不得，不去小忠則大忠不至。故小利，大利之殘也；小忠，大忠之賊也。聖人去小取大。

《淮南子》〈繆稱訓〉篇提出：

> 人之情，於害之中爭取小焉，於利之中爭取大焉。故同味而嗜厚膊者，必其甘之者也。同師而超群者，必其樂之者也。弗甘弗樂，而能為表者，未之聞也。君子時則進，得之以義，何幸之有。不時則退，讓之以義，何不幸之有。

歷史上最典型的「貪小利失大利」的案例就是春秋時期的虞國國君。晉國以「屈產之乘與垂棘之璧」向虞國借道去攻打虢國，虞君貪圖晉國賄賂的「小利」，甘願冒滅國之風險，同意晉國軍隊透過虞國去攻滅虢國。晉軍滅了虢國，回來時順道滅了虞國，虞君不僅失去自己的邦國這個大利，連接受晉國賄賂的「屈產之乘與垂棘之璧」也被收了回去。

發生在兩千六百多年前的這個故事，使人聯想到時下的「老虎」和「蒼蠅」們：貪汙受賄巨款，藏在家中不敢花費；一旦「東窗事發」，不僅丟失了人身自由這個「大利」，贓款贓物也被一併收繳國庫。這和虞國國君貪圖小利，而最終失去自己的邦國大利，智力程度又有什麼兩樣呢？

■ 取其小利，避其大害

歷史上也有從相反的視角考慮問題並進行決策以規避風險的事例。楚國的孫叔敖教育其兒子選擇「小利」，實現長有封地的「大利」。《呂氏春秋》〈孟冬紀 · 異寶〉篇對此記載最為詳盡：

> 古之人非無寶也，其所寶者異也。孫叔敖疾，將死，戒其子曰：「王數封我矣，吾不受也。為我死，王則封汝，必無受利地。楚、越之間有寢之丘者，此其地不利，而名甚惡。荊人畏鬼，而越人信機；可長有者，其唯此也。」孫叔敖死，王果以美地封其子，而子辭，請寢之丘，故至今不失。孫敖叔之知，知不以利為利矣。知以人之所惡為己之所喜，此有道者之所以異乎俗也。

古代人並不是沒有寶物，而是他們視為寶物的標準與常人不同。孫叔敖生病，臨死前告誡兒子說：「君王多次封賞我土地，我都沒有接受。我死後，君王會把土地封賞給你，你一定不要接受肥沃富饒的地方。楚國靠近越國有個地方叫寢丘，土地貧瘠，地名也很凶險。楚人畏懼鬼，而越入迷信災祥；只有這地方能夠長久保持。」孫叔敖死後，楚王果然要封賞土地給其兒子，其子按照孫叔敖的吩咐，謝絕肥沃的地方而請求寢丘。後來的權貴都看不上這塊土地，一直為孫叔敖家族所有。孫叔敖的智慧，不以常人所謂的利益為利益。懂得把常人厭惡的作為自己喜愛的，這就是有道之人與世俗之人不同的地方。

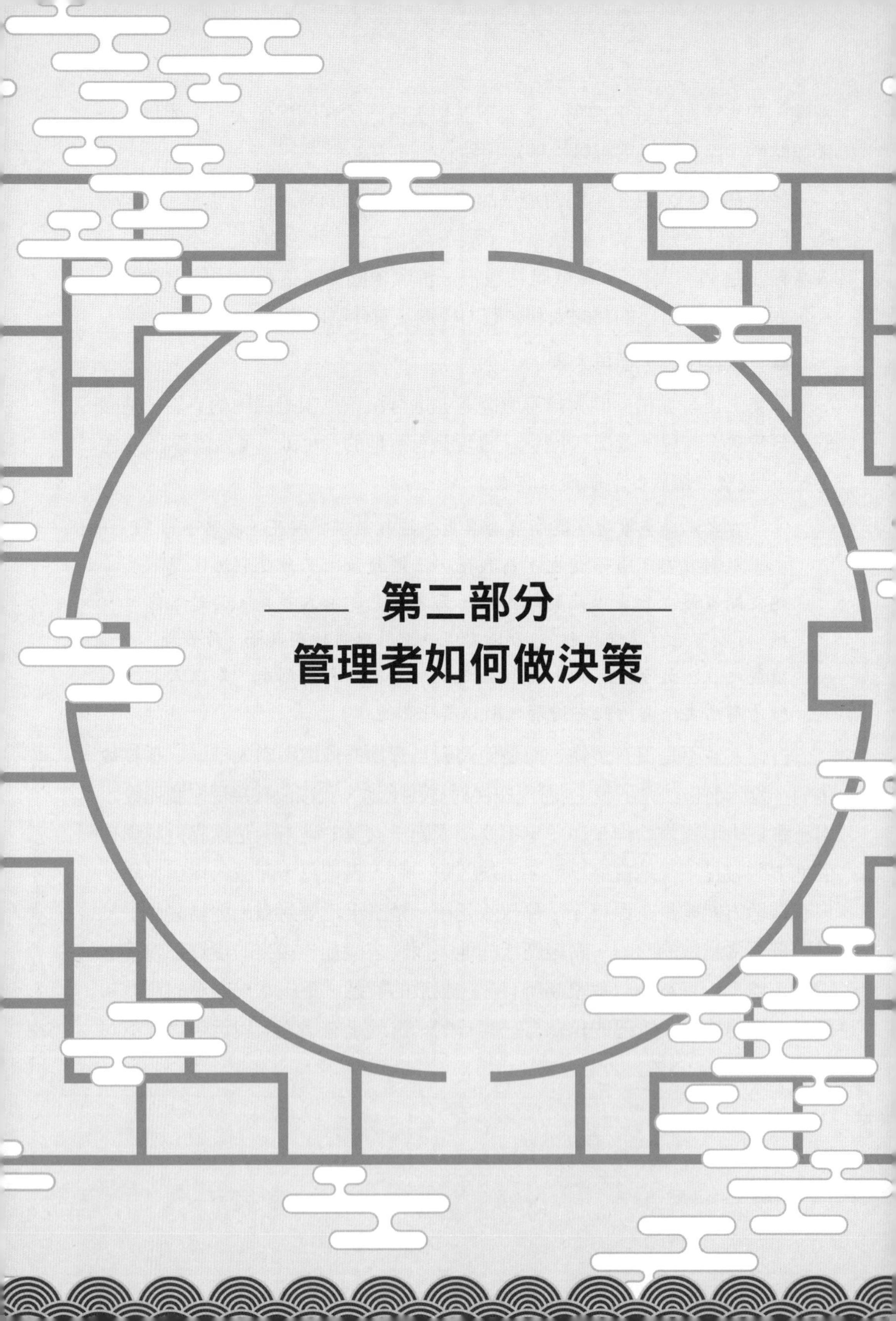

第二部分
管理者如何做決策

管理者的職責是：透過組織、協調和監督他人的活動，有效率和有效果地完成組織賦予的工作。履行管理職責的主要方式就是做決策。管理者的時間多數是在進行決策或為決策做準備。

在全球化、知識化、資訊化融會的大數據時代，組織的營運和發展面臨更大的不確定性。隨著外部環境變化加劇，決策的難度也越來越大。

本部分重點探討管理者如何做決策。首先介紹現代決策理論，探討如何提高決策的品質和效率，分析影響決策的因素，探析決策常見問題。其包括以下內容：

第四章〈現代決策的理論基礎〉；

第五章〈提高決策品質和效率〉；

第六章〈決策影響因素分析〉；

第七章〈決策常見問題探析〉。

第四章
現代決策的理論基礎

現代組織機構中的管理者應具備哪些決策理論基礎，掌握哪些決策基本知識，才能夠做出符合實際、合理有效的決策？

本章我們重點介紹管理者必須掌握的決策理論基礎，包括：現代決策理論概述、現代決策的基本過程、決策屬性與關鍵要素、決策依據與基本原則、技術方法及其合理選擇。

現代決策理論概述

現代決策理論以管理理論和方法為基礎。作為管理者，必須充分了解現代決策管理基礎，掌握決策方法，熟諳決策過程。

西方決策管理學中，通常把一九四〇年代以前的決策活動歸入經驗決策的範疇，而把第二次世界大戰之後的決策活動稱為現代決策階段。

經驗決策的三個階段

現代決策理論誕生之前，決策者通常根據以往經驗進行決策。赫伯特・賽門在《管理決策新科學》（The New Science of Management Decision）[49] 中將經驗決策大致分為三個時期。

■ 習慣時期

工業革命之前，西方社會通常用習慣和經驗指導決策。貴族們對賭博的愛好導致機率論、博弈論的誕生，成為決策理論的先導。

■ 標準操作規程時期

工業革命導致西方社會生產方式發生了根本性變化：從家庭作坊逐步過度為近代規模化工業，出現了標準化操作規程，進而影響相關決策。

■ 決策專門化時期

這一時期的標誌是美國管理學家泰勒（Frederick Taylor）提出的「科學管理」理論[50]。用科學方法取代傳統的經驗方法，設立專門的計劃部門，按照科學規律制定計畫，進行決策。

理性決策理論

理性決策理論起源於以「理性人」或「經濟人」假設為前提的傳統經濟學理論。該理論認為「理性人」的本質是以個人利益為基本動機，追求利益最大化；決策是為了獲得最大經濟利益；「人」在決策活動中是理性的，能夠在具體限定條件下做出穩定的、價值最大化的選擇。

由此發展出「理性決策模型」（Rational Decision-making Model）。

■ 基本特徵與假設

所謂理性決策模型，是指決策追求最大限度合理性。基本特徵如下：

- 決策者面臨的是既定問題；
- 決策者選擇決定之目的、價值或目標是明確的；
- 決策者有可供選擇的兩個以上的備選方案；
- 備選方案及其可能的結果是可以相互比較的；
- 選定的方案能夠最大限度地實現決策目的、價值或目標。

理性模型要求選擇理性且最有效益的對策。為了獲得這樣的最佳選擇，決策者必須擁有全面的知識、資訊和能力。其隱含的假設是：

- 決策者能夠獲得與待決策問題有關的全部有效資訊；
- 決策者能夠識別出與實現目標相關的所有備選方案；
- 決策者能夠準確預測每個備選方案在不同情境下的結果；
- 決策者能夠清楚地了解利益相關方的價值偏向；
- 決策者能夠客觀地評估和比較備選方案，選擇最佳的方案；
- 決策方案能夠得到順利實施，最終實現決策者認為的價值。

理性決策理論要求決策者遵循「理想化」決策原則：滿足最佳化標準；掌握全部需要的資訊；了解所有備選方案；按最佳化的原則做出理性選擇；追求最大經濟利益。要求組織建立規範的、自上而下的命令執行體系。假定決策者既沒有情緒，也不需要參考其以往經驗，而是純粹根據對經濟因素的理性判斷進行決策！只考慮經濟因素，忽視非經濟因素；只考慮客觀因素，忽視心理及情緒影響。

■ 「田忌賽馬」之決策基礎

理性決策模型的思維模式，中國早在兩千多年前就有成熟的案例。《史記》〈孫子吳起列傳〉記述的「田忌賽馬」故事就是典型：

> 忌數與齊諸公子馳逐重射。孫子見其馬足不甚相遠，馬有上、中、下輩。於是孫子謂田忌曰：「君弟重射，臣能令君勝。」田忌

信然之，與王及諸公子逐射千金。及臨質，孫子曰：「今以君之下駟與彼上駟，取君上駟與彼中駟，取君中駟與彼下駟。」既馳三輩畢，而田忌一不勝而再勝，卒得王千金。於是忌進孫子於威王。威王問兵法，遂以為師。

戰國中期，孫臏與龐涓一起跟著鬼谷子學兵法。後來龐涓到魏國做了大將軍，為了除去可能的競爭對手，把師弟孫臏騙到魏國並設計陷害，施以「臏刑」。孫臏裝瘋賣傻躲過龐涓的迫害，死裡逃生，被田忌救到齊國。

孫臏見田忌與齊國宗室子弟賽馬博戲時互有勝負，便利用這件事展現自己的軍事謀略能力。再次賽馬時，田忌按照孫臏的吩咐，首先要求齊王把賞金提高到千金；然後，用下駟對上駟、上駟對中駟、中駟對下駟的策略，三場比賽一負二勝，贏了齊王的賞金。這一舉動引起了齊威王的注意，於是召見孫臏。經過一番諮詢應對，任命其為軍師。

「田忌賽馬」之決策基本上滿足理性決策模型的主要假設。

- 決策者能夠獲得與待決策問題有關的全部有效資訊。孫臏和田忌一方掌握有關賽馬的所有資訊：馬匹之優劣，出場之順序。
- 決策者能夠識別出與實現目標相關的所有備選方案。鑑於比賽以三場總結果定輸贏，馬匹又分上中下三等。根據排列組合理論，三場比賽共有六種組合。己方最佳方案是：上對中，中對下，下對上。
- 決策者能夠準確預測每個備選方案在不同情境下的結果。由於「其馬足不甚相遠」，所以每種方案的結果都是可以預知的。
- 決策者能夠清楚地了解利益相關方的價值偏向。齊威王及宗室子弟仍然按照老套路進行比賽。
- 決策者能夠客觀地評估和比較備選方案，選擇最佳的方案。孫臏選擇的最佳方案是：「以君之下駟與彼上駟，取君上駟與彼中駟，取君中駟與彼下駟。」
- 決策方案能夠得到順利實施，最終實現決策者認為的價值。決策方案執行結果是：「一不勝而再勝，卒得王千金。」田忌贏得了賞金，還獲得了薦賢舉能的美名。孫臏得到了齊王的賞識，找到了用武之地，

「威王問兵法，遂以為師」。

在實施新的決策方案前後，田忌及其對手擁有的資源並沒有發生變化。新方案只不過是對已有資源進行了優化配置，卻取得了完全不同的結果。

「田忌賽馬」的故事，對今天知識型組織的管理者們具有借鑑意義。知識型組織的核心競爭力不再主要取決於對物質資源的占有和運用，而智力資源的擁有和優化配置將成為決定性要素。

■ 「計畫經濟」之決策基礎

社會主義國家實施了數十年的計畫經濟體制，實際上也建立在理性決策模型上。假設計畫經濟部門幾乎是萬能的，能夠獲得全部的有效資訊，能夠找出所有決策方案，能夠預測每個方案的結果，能夠做出最佳選擇。

數十年的實踐證明，這些假設無法實現。社會不是靜態的，而是不斷變化的；計畫經濟依據的決策基礎，充滿了不確定性。政府不是萬能的，計畫經濟的決策制定者和執行者，也沒有能力完全按照理想狀態操作。

在管理實踐中，理性決策模型遇到諸多障礙。其理想化假設，在多數決策中是不存在的；即便存在，為了滿足這些條件，其「投入與產出比」也是組織不願承受的。現實中很多情況不是「非黑即白」，而是處於模糊的中間狀態，決策過程實際上是「回饋——完善」的動態過程。

科學決策理論

科學決策是指決策者運用科學的理論和方法，系統地分析主客觀條件並做出決策的過程。其主要體現決策過程的規範化和決策方法的科學化。

科學管理之父泰勒提出：「任何一項管理工作都存在最佳工作方式。」泰勒的觀點在現實中很難實現。首先，並不是所有的管理工作都能夠以數學方式尋求最佳；其次，尋求「最佳工作方式」的過程是否具有經濟合理性，也是管理者必須考慮的重要因素。於是，科學決策便應運而生。

科學決策的主要特徵如下：

- 決策者是主體，本質是活動過程，目的是解決問題或利用機會；

- 圍繞問題和目標，沒有問題就無須決策，沒有目標則無從決策；
- 要有多個備選方案，從中選出合適方案；
- 追求滿意原則，而不追求最佳原則；
- 決策的實質是一個主觀判斷的過程，強調人的主觀能動性。

要提高決策的科學性，克服個人局限性，應採用科學的決策方法並發揮群體決策作用。個體智慧與群體智慧不同。個體優勢在於縱向維度：擁有豐富的經驗、知識和深邃的思維能力；群體優勢在於橫向維度，即經驗、知識和思維的多樣性。決策執行者參與決策，能夠更好地了解決策，有利於決策實施。

科學決策是創造性的思維活動，體現了高度的科學性和藝術性，要求決策者具備較高的科學素養。現代社會的公共政策，涉及的領域越來越多，要求決策者必須具備相關領域的專業知識，只有那些知識水準和能力超眾又具有服務民眾和奉獻社會情懷的社會菁英才能勝任。

隨著科學技術快速發展，公共政策與科學技術的關係越來越密切。一方面，決策離不開科學技術方法的支持；另一方面，國家干預科學技術日益頻繁。大批科學家以多種方式不同程度地參與科技決策。科學家與政府官員共同主導國家政策制定過程，形成了典型的菁英決策模式。

菁英決策理論

菁英決策理論是菁英主義的實現方式。

■ 菁英主義理論

菁英主義理論認為，社會存在兩大階層：擁有知識和權力的少數菁英，沒有權力的多數人。菁英們決定社會的公共政策。

菁英主義是一個古老概念，伴隨階級社會的形成而出現：在原始社會向階級社會過渡過程中，部落首領們成為統治階級，其他多數人處於被統治地位。統治者自我標榜為社會菁英，他們的統治是上天的意志。

菁英主義作為一種樸素的理論，在中國出現於堯舜、夏商周時期，春秋

末期即已具備雛形。那個時期的「聖賢」觀就是典型的菁英主義。「聖」、「賢」、「大人」、「君子」，是素質和能力超出常人的「菁英」。《周易》〈乾卦〉論述「大人」的超人能力如下：

> 夫大人者，與天地合其德，與日月合其明，與四時合其序，與鬼神合其吉凶。先天而天弗違，後天而奉天時。天且弗違，而況於人乎？況於鬼神乎？

所謂「大人」，其道德與天地相合，其聖明與日月相輝映，其施政像四時一樣有序，其預測吉凶與鬼神相合。先於天時而動，天不違背；後於天時行事，遵循天的變化規律。天尚且不違背他，何況人呢？何況鬼神呢？

中國封建時代的人才選拔制度——無論是早期的察舉制，還是隋唐以後的科舉考試，實際上都是在選拔治理國家的菁英。

西方社會的菁英主義早在古希臘城邦時期就已經萌芽。畢達哥拉斯提出「賢人政治」論：只有博學者才能做出好的決定，提出好的思想，而博學者永遠是少數。柏拉圖提出「哲學王治國」的觀點：人生來就是不平等的；現實社會中少數人永遠統治多數人，因為優秀的人總是少數。

意大利馬基維利的《君王論》關於統治者權力和統治技巧的研究，是西方菁英主義理論的雛形。理想的菁英主義具有高度的道德自持，追求真、善、美人格的全面素質；對於知識的追求更是無止境的。人類文明通常為上層菁英創造，上層菁英無須擔憂生存問題，有餘力發展文化活動。西方文化啟蒙運動以後的一段時期內，科學家、藝術家大多來自於貴族家庭，就是上述觀點的佐證。

現代菁英主義興起於二十世紀初。創始人之一莫斯卡認為：一切社會中都存在統治階級和被統治階級。統治階級永遠是少數人，他們行使政治職能，壟斷政權，享有政權帶來的利益；被統治階級則受管轄和控制。帕累托從政治意義上對菁英進行了界定[51]，包括「高度」和「素養」兩個維度。所謂「高度」，就是某種可以客觀判斷的成功標準，如職位、財富、聲譽等；所謂「素養」，是指人的才智、才幹、內涵等。

菁英主義理論認為：民主實質上是少數菁英統治，而不是多數人統治。民主不過是指人民有機會接受或拒絕其統治者的意思。

■ 菁英決策模式

菁英決策是菁英主義理論的實現方式，有其歷史淵源和現實需要。在政策制定過程中，做出決策的主體是掌握權力和知識的少數菁英。

菁英決策模式以「科學決策」為理論基礎。隨著科學技術的快速發展，國家公共政策與科學技術的關係越來越密切。一九四五年美國科學家萬尼瓦爾・布希（Vannervar Bush）向杜魯門總統提交的著名科技政策報告《科學：無止境的前沿》是科學家正式成為科技政策決策主體的標誌，「政府——科學家」二元決策主體結構成為各國科技政策決策模式的主要特徵。

美國學者大衛・古斯頓（David Guston）在其《在政治和科學之間》（Between Policion and Science）[52] 書中將「政府——科學家」決策模式抽象為「委託——代理」關係：作為委託人的政府要求作為代理人的科學家（科學共同體）執行某項科學研究或政策諮詢任務。

科學家開始不同程度地影響政策制定。作為擁有專業知識背景的菁英主體，科學家與政府官員共同主導國家政策制定過程，形成了典型的菁英決策模式。菁英決策模式的主要特徵如下。

- 多數個體不關心公共政策，也不占有足夠資訊。在決策過程中，其是被動的，其要求及行動對公共政策不會產生決定性作用。
- 占統治地位的菁英擁有知識、掌握權力，把握決策的主動權。公共政策完全由他們來決定，然後由行政部門負責執行。
- 社會（組織）秩序依賴於菁英集團的價值觀。政策方案只有與此相符才可能進入決策議程，得到決策層的認真考慮。
- 公共政策的變革和創新是菁英集團對其價值觀重新定義的結果。為了維護現有秩序，變革和創新必然是漸進性的，而不是革命性的。
- 菁英引導公眾的意見，而公眾對菁英價值觀的影響微乎其微。

菁英決策模式有其合理性，在民主政治發展還不夠充分的階段，公眾對

決策必需的知識和技能之掌握不夠；由代議制民主過渡至直接民主還需要過程，菁英們在政策決策過程中仍將發揮主要作用。

現代西方民主國家的公共決策基本上都是菁英決策：透過民主選舉過程，選出各級領導人；在領導人的任期內，決策權力掌握在領導人和少數菁英手中，基本上與民眾無緣。自我標榜並在世界上到處推廣「民主」的美國，其國內政策也由少數菁英來制定。

■ 菁英決策模式的異化

在民眾監督薄弱的社會，菁英決策模式不可避免的異化，成為利益集團的牟利工具。政府部門易受利益集團操控，制定有利於利益集團的政策。法國衛生部門在處理二〇〇九年全球大流感過程中的對策就是典型案例。

流感肆虐期間，法國衛生部長羅斯利娜 · 巴舍洛 - 納爾坎下令向三家醫藥公司訂購九千四百萬支流感疫苗，比法國總人口六千四百七十萬多近五成——法國衛生部的專家們建議每人打兩支。實踐證明一支就足夠！法國政府取消了五千萬支疫苗訂貨，為此支付了巨額違約金。事後統計，僅五百七十四萬法國人注射了流感疫苗。剩餘的三千八百多萬支疫苗，三十萬支轉售卡達政府，兩百萬支送給海外僑民，一千六百萬支贈送世界衛生組織，最後一千九百多萬支過期作廢，造成四億歐元財政資金浪費。

表面上是法國衛生部決策失誤，實質上是利益集團菁英們主導決策。政府為了表明其決策的「科學性」，通常都會徵詢專家意見並作為決策依據。法國衛生部長任命的為其決策提供建議的十七人專家團隊中，僅有兩人與大型製藥公司不存在利益瓜葛！其餘十五位專家都程度不等地與製藥公司存在金錢關係。其中一位專家在媒體上宣揚：所有人都應該接種疫苗以抵禦這場流感。此人當時正在為一家製藥公司研製疫苗，而政府從這家公司訂購了三千兩百萬支疫苗，是這次流感中法國人實際使用疫苗數的五倍多。

製藥公司透過僱傭或合作的手段，將法國醫藥領域主要專家都納入其利益圈子，架空了法國衛生部的行政權。巴舍洛 - 納爾坎離開政壇後追述：「我花了幾個月的時間才意識到誰真正掌握權力，誰是幕後操縱者，他們才是關鍵人物。有些人可能在政壇泡上幾年也不知道決策權到底在誰手裡。」菁英決策模式的異化顯然並不僅僅存在於法國醫藥領域！

我們有理由期待在大數據時代能夠改變這種狀況。這個時代，幾乎所有的資訊在網路上都是透明的；專門知識和技術不再那麼神祕；技術決策已經不再是社會菁英的壟斷物。社會公眾已經有條件，也有能力充分參與決策。

行為決策理論

行為決策理論是由決策理論學派提出的。其主要代表人物是赫伯特 · 賽門和詹姆斯 · 馬奇。

■ 行為決策理論的特徵

賽門以巴納德的社會系統理論為基礎，吸收了第二次世界大戰以後的行為科學、系統理論、運籌學和電腦程序的內容，形成了一門有關決策過程、準則、類型及方法的較完整的理論體系。

該理論作為一門交叉科學，在當代西方管理理論中產生了較大的影響。賽門因此獲得了一九七八年諾貝爾經濟學獎。

決策理論學派的觀點主要體現在以下幾個方面。

- 決策貫穿於管理的全過程，管理就是決策。計劃、組織、領導、控制等管理環節都需要決策。組織中管理者的重要職能就是做決策。
- 決策分為四個階段：蒐集情報，擬定計畫，選定計畫和評價實施方案。每一個階段本身就是一個複雜的決策過程。
- 用「令人滿意」準則代替「最佳化」準則。用「管理人」代替「理性人」。管理人不考慮一切可能情況，只考慮「有關」情況。
- 組織的決策可分為程序化決策和非程序化決策。經常性活動的決策應程序化以降低成本，非經常性的活動需要進行非程序化決策。
- 不同類型的決策需要不同的決策技術。

行為決策理論認為，實踐活動包含「決策制定過程」和「決策執行過程」。影響決策的因素不僅有經濟，還有環境文化及人的行為，包括態度、

情感、經驗、認知能力、動機等。決策是直感的，決策者在識別和發現問題時，容易受知覺偏差影響；決策者對風險的態度會影響決策。

行為決策理論也存在局限性。首先，管理是複雜的社會行為，僅靠決策無法給管理者有效的指導；其次，如果組織沒有總體發展戰略和頂層設計，任由行為決策導引，一系列「正確」決策最終將組織引入錯誤方向；最後，決策並非只存在管理行為中，日常活動也普遍存在決策，這些決策行為都不是管理行為。

灰色決策理論

灰色決策理論是指借助於模糊數學、運籌學、系統工程學等數學模型進行系統分辨決策的一種決策理論，主要用於解絕不確定性決策問題。

人類的決策歷史走過了數千年，進入二十世紀，忽然發現，似乎又回到了資訊匱乏狀態的「起點」。二十世紀下半葉，技術發展日新月異，經濟全球化不斷加深；組織經營發展面臨的外部環境越來越複雜，原來明確的條件和狀況需要重新界定，問題的解決需要越來越多新學科交叉與融合。用於決策的資訊也趨於「匱乏」狀態，決策面臨著越來越大的不確定性。於是，灰色決策理論應運而生。

灰色決策理論的基礎是「灰色系統理論」。該理論研究資訊不確定性問題，以「部分資訊已知，部分資訊未知」的小樣本、資訊不確定性系統為研究對象，透過對已知資訊的挖掘提取，實現對系統行為、演化規律的描述和監控[53]。由於這種理論對資訊沒有特殊要求和限制，在眾多科學領域中得到成功應用。

隨著資訊化技術的普及和大數據時代的到來，現代科學技術在高度分化的基礎上出現了高度綜合的大趨勢，自然科學和社會科學之間的交叉突破了原有界限。科學正朝著揭示自然規律和社會規律相統一的方向發展。我們已經不可能獲取決策需要的所有資訊，能夠在有限的時間裡獲取的資訊，通常都是小樣本資訊。其他決策理論無法對這樣的資訊進行解釋和預測，更無法指導決策。資訊不全、過程動態變化的強非線性系統決策問題，只能用灰色決策理論來解決。

灰色決策理論仍處於發展過程。在實際決策過程中，由於自然、社會和事物本身的複雜性以及人們認知能力的有限性，決策者在許多情況下只能獲得非完全資訊。灰色預測模型是這樣的決策問題行之有效的方法。

從某種意義上說，上古基於占卜和占筮預測的決策，不正是資訊匱乏狀態的「灰色決策」嗎？人類的決策歷史劃過了一個數千年的「圈圈」，似乎又回到了資訊匱乏狀態的「起點」。當然，這個「圈圈」並不是在平面上回到原點，而是螺旋式上升到了新的高度。

現代決策基本過程

現代決策過程通常可分為七個順序部分：

（1）發現並界定問題；

（2）確定決策目標；

（3）制定備選方案；

（4）評估備選方案；

（5）選擇決策方案；

（6）實施決策方案；

（7）回饋與追蹤檢查。

這七個部分涵蓋了決策工作全部內容及其邏輯順序。並不是每一個決策都必須包含所有七個過程，決策者可以根據實際情況進行簡化，也可以對每個過程具體細分。

過程一：發現並界定問題

決策是以問題為導向的，沒有問題就不需要決策。

所謂「問題」，是指管理者感知到的現狀與預期之間的差距，是客觀存在的矛盾在主觀世界的反映。矛盾的複雜性決定著問題的複雜程度。

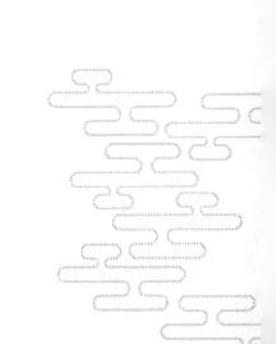

■ 界定問題

決策的首要任務，是找出真正的問題並明確界定問題。如同醫生治病，首先要找到病因，然後才談得上治療。要找出病因並不容易：截然不同的問題可能產生相同的症狀，同樣的問題也可能呈現出不同的症狀。

界定問題包括兩個方面的任務。

一是要弄清問題的關鍵因素。其包括：性質、範圍、程度、價值及影響。根據關鍵因素區分問題類型，如是全局性還是局部性，是戰略性還是戰術性，是長遠性還是暫時性，這些必須進行調查研究，搞清事實，明確問題。

二是要找出問題產生的原因。如是主觀原因還是客觀原因，是直接原因還是間接原因，是對問題產生的原因進行縱向和橫向全方位解剖。縱向要究根問底，橫向要弄清楚相互關聯，從而找出主要原因。

■ 分析問題

問題界定清楚之後，接下來就要分析問題：將問題分類，並尋找事實。問題分類之目的，一是為了明確誰是必須做決策的人以及應該由什麼人做什麼事情，以便將決策轉化為有效行動；二是保證決策時不是犧牲整體利益解決眼前或局部的問題。問題分類應遵循四個原則：

- 一是決策的未來性；
- 二是決策對於其他領域和部門的影響；
- 三是決策品質的考慮；
- 四是決策的獨特性或週期性。

並非任何問題都要決策。管理者要善於抓住有價值的問題進行決策。

過程二：確定決策目標

弄清楚待決策問題後，就需要確定決策目標。所謂決策目標，是指在可用資源約束下，組織能夠獲得的結果。

確定目標是決策中的重要環節。正確設定目標，決策問題幾乎就解決了一半。如果目標不正確，「南轅北轍」，無論再怎麼努力，也不會有好結果。

確定目標要注意以下幾個問題。

- 決策目標必須符合組織目標。要聚焦於組織績效和最終成果上，並將組織整體以及所需的活動一起納入考慮。只有如此，才能贏得組織的支持，爭取所需資源，利於決策方案的實施。
- 目標應具體可衡量，即時間明確，責任清晰，成果可測量。
- 規定目標約束條件，包括所需資源、品質要求、時限要求。
- 要建立衡量決策效果的準則。

必須考慮組織的各種政策、規定、原則和行為準則。這是決策遵循的價值體系。當決策涉及改變既有規定時，決策者必須清楚需要改變什麼。為什麼要改變。首先應剔除組織價值體系無法接受的內容。

過程三：制定備選方案

沒有選擇就沒有決策。高品質決策的基礎是制定多種備選方案。只有一個方案，沒有其他選擇，只能算是一項決定，不能稱為決策。目前多數組織所謂「決策」，基本上是針對某方案做決定，即「同意」或「不同意」。

只有提出各種可供選擇的替代方案，才能把基本假設提升到意識的層次，迫使自己正視這些方案，測試其效果。

探索可能方案是激發想像力、訓練創造力的有效方法。多數人擁有的潛在想像力遠遠超過實際表現，透過系統化訓練，視野可以變得寬廣，想像力就可能轉化為方案。管理者經常系統地探索並開發各種可供選擇的解決方案，就可以達成激發想像力和拓展思維視窗之目的。

這個過程的主要任務是收集資料並分析資訊，制定可替代方案。

■ 蒐集資料

資料包括統計資料和預測資料。資訊是科學決策的基礎。蒐集資料就是要掌握資訊，資訊的「質」與「量」直接影響決策品質。管理者應熟悉：哪些資訊與決策相關，已經具有哪些資訊，還需要哪些資訊。

決策者不可能獲得所有資訊，大多數決策都是基於不完全資訊，大數據

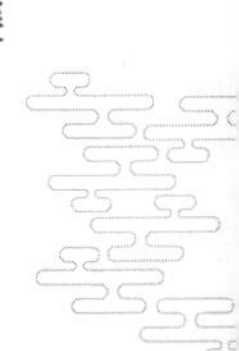

時代尤其如此。其也許根本無法獲得所需資訊，也許掌握完全資訊所需成本太高。做決策並不需要掌握所有資訊，但必須判斷還缺哪些資訊，由此帶來的決策風險有多大，制定行動方案時的嚴謹度和準確度有多高。

有些資訊必須依靠推測和預測。對過去和現狀進行定量及定性分析很重要，但還必須進行情境預測，以獲得決策所必要的未來資訊。

■　制定方案

決策者必須針對每個待決策問題制定多種備選方案。每種方案應有明確的可衡量成果。制定方案的過程可以分為三個步驟。

第一步，設想。分析實現目標的外部因素和內部條件，積極因素和消極因素，目前狀況和發展趨勢。要有創新精神和想像力。

第二步，設計。將外部環境因素、內部業務活動條件等與未來發展趨勢的各種情境組合，擬定實現目標的方案。

第三步，確定。將這些方案同目標要求進行分析對比，權衡利弊，從中選擇出若干個利多弊少的可行方案，供進一步評估和選擇。

「不採取行動」也是選擇方案之一，並且應該成為多數決策的選擇。

首先必須審視是否需要採取行動以改變現狀。採取行動就意味著組織和員工必須改變自己的習慣、做事方式、人際關係、工作目標。就如同醫生做手術，無論醫術怎樣高明，都會對身體造成一定傷害，所以外科醫生不會輕易動刀。

過程四：評估備選方案

選擇決策方案的前提是評估備選方案，包括定性、定量或綜合評估，分析其後果及影響，權衡利弊得失，排出優先順序，提出取捨意見。

評估備選方案通常包括以下內容。

- 合法性。備選方案必須合法，不違反法律法規和政府規定。
- 合理性。備選方案依據的價值標準必須合乎倫理道德，不會對社會、環境及利益相關方帶來不必要的損害。

- 可行性。其包括技術可行性和經濟可行性。備選方案採用的理論和方法是否科學，是否能取得預期效益。
- 實用性。在既定目標、限定資源及現有能力下，備選方案應能夠被完成，方案的實施不會影響組織其他目標的實現。

過程五：選擇決策方案

掌握了足夠多備選方案並進行評估後，就可以著手選擇決策方案。

我們通常說「多謀善斷」，其中「多謀」是指能夠制定多種備選方案，是參謀人員的職責；而「善斷」是指能夠從多種備選方案中選出滿意方案，是決策者的責任。真正做到「善斷」絕非易事，要求決策者擁有較高的科學素養、合理的思維方法、豐富的實踐經驗和較強的認知能力。

優選決策方案是決策行動。其既是決策過程中的決定性環節，也是決策者至關重要的職能。什麼樣的方案是最佳方案？其標準是什麼？如何選擇？可以根據以下準則來選擇適合的解決方案。

- 投資報酬率。評估需要投入的資源及可能效益，投資報酬率最佳的方案將成為決策的選擇。「牛刀殺雞」和「螳臂當車」都不符合投資報酬率原則。
- 風險。由於客觀環境的不確定性，任何決策都有風險。不採取行動也有失去機會的風險。必須權衡每個方案的預期收益及其可能風險。
- 時機。選擇方案要因時而異。針對緊急情況，解決方案必須是決定性的行動，立刻產生效果。而長期問題，最好穩紮穩打，謀劃周詳。
- 資源限制。相對於其他資源，決策執行人是最難滿足的資源，應優先考慮。合適的執行人選是有效執行決策的根本保證。

決策者應該自問：組織有沒有辦法將之付諸實施？組織有這樣的人才嗎？很多好的決策，因為沒有合適的執行人選而失敗。北宋「王安石變法」失敗的原因之一，就是因為沒有找到好的執行人選。

決策執行者的能力和理解力決定了他們能做什麼和不能做什麼。如果行動方案的要求高於執行者的能力，決策時就必須考慮對執行人員進行培訓以提升其能力，避免因為找不到勝任之人而採取錯誤決策。

過程六：實施決策方案

任何決策方案，必須有效實施，才能實現目標。

做出決策並沒有真正完成決策。只有採取行動解決了問題，才真正完成了決策。決策管理的本質是透過他人的行動來發揮決策的有效性。因此，組織就要花時間有效實施決策方案。

要把解決方案轉化為行動，必須讓相關人員了解他們應該有哪些行為改變，做事方式有什麼新的要求。需要適當激勵，讓每個負責執行決策的員工在心目中把組織的決策變成「我們的決策」。最好的辦法，就是讓執行決策的人參與決策過程。他們可以指出潛在的困難，改善決策品質。

將決策方案付諸實施的過程應注意以下事項。

- 向組織或團隊中負責落實決策方案的人詳細介紹決策目標、價值標準及決策方案。調動其積極性，為實現決策目標而努力。
- 圍繞決策目標和方案，制定實施方案，明確相關部門和人員職責及任務分工，分配時間，進度安排，制定具體措施。
- 建立各部門及執行人員的責任制，確立規範，嚴明紀律。
- 追蹤實施過程，隨時糾正偏差，減少偏離目標的影響。
- 做決策雖然很耗費時間，卻是成功實施管理的最佳途徑。

過程七：回饋與追蹤檢查

決策過程是動態過程。即便是優化方案，執行過程中由於主觀及客觀情況變化，也會發生偏離目標的情況。一旦偏離目標，就需要對方案進行必要修正。因此，必須做好執行過程回饋和決策追蹤檢查工作。

這個階段的任務，就是要把決策方案執行情況、實施過程中出現的問題，準確、及時地回饋到決策機構，以便追蹤檢查，採取必要的控制性措施。經過追蹤決策使方案達到優化，可以減少損失，獲得更佳效益。

決策屬性與關鍵要素

決策的核心屬性

可以把決策的屬性歸納為以下幾個方面。

■ 決策之目的性

無論是個人決策還是組織決策，都是有意識並經過思考和權衡的行為，有其特定目的。決策目的通常涉及經濟目的、社會目的或政治目的。明確決策目的，才能有針對性地制定備選方案。

■ 決策之未來性

聯合國前祕書長安南曾說：「我們正處在二十一世紀的開端，不知道將來是什麼樣子！」

決策總是面向未來的，而我們卻不知道將來是什麼樣子！ 正是這種困惑我們的不確定性，為決策帶來了風險。為了有效控制或利用風險，決策時就需要對不確定性進行預測。

華夏先民們很早就懂得預測對決策之重要性。《尚書》〈商書 · 說命中〉最早提出預測並防範未來風險的思想：「惟事事，乃其有備，有備無患。」《中庸》提出：「凡事豫則立，不豫則廢。」這些經典智慧都強調：要預測未來可能發生的事情，進行針對性決策。

決策之未來性注定了無法事先明確其後果。是帶來收益，還是造成損失，受很多因素制約。所以，應盡量減少偶然性或不確定性行動。只有充分理解決策之未來性，在制定備選方案時預測其可能帶來的風險，提前考慮風險防範預案，才能在選擇方案階段就盡可能減少不良後果。

■ 決策之選擇性

任何旨在解決問題的辦法，都需要權衡。權衡涉及對方案的排序和選擇。《論語》〈顏淵〉篇「子貢問政」提供了一個很好的例子給我們：

子貢問政。子曰：「足食，足兵，民信之矣。」子貢曰：「必不得已而去，於斯三者何先？」曰：「去兵。」子貢曰：「必不得

> 已而去，於斯二者何先？」曰：「去食。自古皆有死，民無信不立。」

在「足食」、「足兵」和「民信」這三個目標中，如果條件達不到，必須有所捨棄時，如何決策？孔子的排序是：「去兵」，「去食」，而「信」是不能捨棄的，並提出「自古皆有死，民無信不立」的千古名言。

決策的選擇性必然帶來主觀性。任何決策都是由人做出的。決策過程透過人的主觀思維、心理活動和具體行為來實現。個人或組織都會受社會道德觀和文化影響，各有習慣和偏好。這些因素無疑會潛移默化地融入決策者的主觀思維中，影響決策者的心理活動及行為方式。

■ 決策之實踐性

所有決策都必須付諸實踐行動。不準備付諸實踐的決策沒有任何價值。只有透過一系列實踐行動，才能實現決策目的。杜拉克認為：

> 一項決策如果不能付諸行動，就稱不上是真正的決策，充其量只是一種良好的意願。

決策的實踐性決定了其實施過程必然是動態的。我們不可能預測未來發生的每一件事，但可以在實施過程中進行修正。根據決策實施過程中回饋的情況，修正原有行動方案，以期得到合理的最終結果。

管理者無法預測未來的決策內容和制定決策的方式，但可以預測決策的種類和主題，制定組織的決策規則和管理流程，以指導未來決策。

決策的關鍵要素

美國學者約翰 · 哈蒙德（John Hammond）等人在《決策的藝術》[55]中對現代西方決策理論進行梳理，歸納出八個方面的決策要素：問題、目標、可選方案、後果、權衡、不確定性、風險容忍度、互為關係的決定。

杜拉克在《卓有成效的領導者》[56]中提出關於決策的五要素：問題性質、決策邊界、正確方案、執行措施、過程回饋。

無論是哈蒙德的「決策八要素」，還是杜拉克的「決策五要素」，都沒有把決策主體「人」納入考慮範圍。重大決策失誤接連發生，反覆證明一個道理：理論和技術進步並不能替代人的主觀作用。

綜合上述觀點並考慮決策主體，我們將決策關鍵要素歸納為：決策主體、決策問題、決策目標、決策準則、備選方案、決策後果。

■ 決策主體

狹義的決策主體是指「決策者」，廣義的決策主體還應包括「決策參與者」和「決策實施者」。決策主體在決策活動中發揮關鍵作用，決策品質的高低、實施後果如何，主要取決於決策主體的能力和水準。

■ 決策問題

決策是問題導向的，沒有問題就不需要決策。決策之前必須深入思考和梳理面臨的問題，準確定義決策問題以解決真正的問題。只有準確定義決策問題，才有可能提出合適的決策目標，並制定針對性備選方案。

■ 決策目標

所謂決策目標，就是對決策者期望達成目的之概括。決策之前必須清楚真正要實現的目標。目標要具體，而不能抽象，抽象的目標無法落實；目標要清晰，而不能模糊，模糊的目標容易迷失方向；目標要能夠實現，而不能大而無當，大而無當的目標只能是打擊士氣。

制定決策目標要充分考慮不確定性。不確定性通常有以下三類[57]：

- 狀態的不確定性，是指決策者缺乏環境狀態資訊。
- 影響的不確定性，是指環境變化對組織影響的不可預測性。
- 反應的不確定性，是指決策者缺乏如何應對環境變化的資訊。

大數據時代會帶給決策新的影響：

- 多樣化巨量資料容易分散決策者的注意力；
- 各種干擾因素接踵而至；
- 社會運行處於無序狀態。

以上這些會增加實現決策目標的不確定性。

■ 決策準則

決策準則就是決策中應遵循的原則、判斷依據和衡量標準，包括組織價值觀和行為規範。有效決策必須符合決策準則，不符合準則的決策，最終會損害組織的根本利益！準則描述越清楚，決策越有針對性，越能夠有效地解決問題。

有些決策準則不是非黑即白、非對即錯的條文，需要決策者進行權衡和判斷。優秀決策者應具備「通權達變」的能力。

■ 備選方案

備選方案是實現決策目的之手段，備選方案的量和質決定了決策的有效性。每項決策通常都應制定多個備選方案，為高品質決策奠定基礎。

決策層對單方案決策要慎之又慎。如果只有一個方案，就不應匆忙決策；直到有人提出不同意見，並經過反覆討論，才能做決策。

■ 決策後果

每項決策都應預測各種備選方案的後果及其對實現決策目標的作用。決策後果包括執行措施，過程回饋，最終效果。

決策最關鍵也是最費時的環節是化決策為行動。在開始決策時，就應該將有關方面的行動承諾納入決策條件中。在執行方案中要列出行動步驟，並將其落實到某部門或個人的工作責任中。

決策者要清楚以下問題：

- 哪些部門及個人應該了解此項決策？
- 應該採取什麼行動？
- 由哪些部門或個人來落實行動？
- 對執行措施如何監督和控制？

如果對上述問題一無所知，就必然會應驗《呂氏春秋》〈先識覽・察微〉篇在兩千兩百多年前提出的忠告：

凡持國，太上知始，其次知終，其次知中。三者不能，國必危，身必窮。

負責治理邦國的人，首先要能夠洞察事情的開端，其次要預見事情的結局，還要隨著事情的發展了解其過程。如果做不到這三個方面，邦國一定會遇到危險，自身一定陷入困窘境地。

在決策及其執行過程中應建立資訊回饋制度。資訊回饋可以對預期成果進行驗證，以便動態調整決策行動方案，有利於提高決策的有效性。

檢驗決策最終效果的標準是：決策目標是否達到。

決策依據與基本原則

管理者的決策直接關係組織的日常營運及未來發展前途。正是過去的一系列決策，決定了組織的現狀；目前正在做和即將做的決策，將影響組織的未來。管理者做決策時，要有充分依據，包括客觀依據和主觀依據，而不應猜測的決策；要遵循基本決策原則，盡量減少隨意性。

決策的依據

決策的依據條件，只有在相對時間段、一定領域內和特定條件下才有效。而在資訊量以幾何級數成長、社會環境快速變化的大數據時代，決策的依據面臨的不確定性陡增，不再那麼清晰可辨。

■ 資訊是決策的基礎

決策離不開資訊。資訊的數量和品質直接影響決策水準。任何類型的決策失誤，都能夠找出資訊方面的原因。充足且真實的資訊，使決策者能夠客觀評估備選方案並進行選擇，是提高決策有效性的必要條件。

資訊不足固然會影響決策品質，資訊冗餘同樣影響決策品質。所謂冗餘，是指需要處理的資訊量超過了處理能力。資訊冗餘直接表現為資訊超載。

大數據時代的資訊爆炸，既能夠給我們帶來便利，也給我們造成困擾，甚至誘發災難。如何從這些捉摸不定、雜亂無章的海量資訊中識別出有用資

訊，用於支持我們的決策，是今天決策者面臨的新難題。

■ 投資報酬率是決策的核心依據

經濟學通常用投資報酬率（效益與費用之比）衡量經濟活動的有效性。

決策方案最終要付諸行動，每種行動都需要投入人財物資源，通常稱為費用或成本。決策的最終收益要高於費用，投資報酬率要盡量大。

《莊子》〈讓王〉篇用一個形象比喻來闡述投資報酬率：

> 凡聖人之動作也，必察其所以之與其所以為。今且有人於此，以隨侯之珠彈千仞之雀，世必笑之。是何也？則其所用重，而所要者輕也。

聖人採取行動前，必定詳察所追求目標及其行動原因。如今有人用珍貴的隨侯之珠去彈射飛得很高的麻雀，世人一定會嘲笑他。這是為什麼呢？就是因為他所使用的東西很貴重，而所能得到的東西微不足道。

「隨侯珠」是與和氏璧齊名的古代國寶。相傳，隨侯遇到一條斷為兩截的大蛇，就用藥將其救活。後來，這條蛇銜明珠給隨侯以報德，就是「隨侯珠」。

選擇決策行動方案時，要注意權衡投資報酬率。如果行動方案成本像「隨侯珠」那樣大，而收益如麻雀那樣小，這樣的決策還值得去做嗎？

■ 決策者的判斷

決策是一種權衡，是決策者根據自己的判斷在備選方案中做出選擇。有效的決策，通常以互相衝突的個人見解為基礎，對多種不同的備選方案做出判斷。因此決策者的個人判斷直接影響決策的有效性。統計表明，科學決策，九成基於可用資訊，而一成要靠個人判斷。

正確決策通常是違反直覺的。組織如果希望自己的決策團隊能夠做出明智的選擇，就要保證團隊內有不同的意見，提出多個不同方案，並經過充分質疑和辯論。為了實現這種情況，團隊領導人或「權威人士」盡量不要過早地表達自己的觀點，以免對決策團隊成員造成壓力或心理暗示。

另外，也有證據表明，在局勢不容易判斷的複雜情況下，決策者憑藉個人直覺，反而比眾人議論不休更能夠提出較佳的決策方案。

■ 以前的決策實踐

組織的經營管理活動中，並非每一項決策都能輕易做出，也並非每一個問題都需要重新決策。很多決策並不是「零缺點決策」，大多都是建立在過去決策的基礎上，決策者必須考慮過去決策對現在的延續影響。

人類從以前的經驗教訓中學會了總結提高，用以指導以後的行為。在具有類似決策邊界時，參考以前的決策是一種快捷、高效的決策方式。杜拉克在《彼得‧ 杜拉克的管理聖經》一書中就提出：一定要把「不採取行動」納入考慮的備選方案。實際上，「不採取行動」就是繼續沿用已有的決策方案。

《史記》〈曹相國世家〉所述「蕭規曹隨」的故事就說明了這個道理：

> 參代何為漢相國，舉事無所變更，一遵蕭何約束……百姓歌之曰：「蕭何為法，顜若畫一；曹參代之，守而勿失。載其清淨，民以寧一。」

西元前一九三年，漢帝國第一任相國蕭何去世，由曹參繼任。曹參上任後，對前任制定的規章制度、做出的重大決策，基本上無所變更。謹遵已有法度，清靜無為而治，與民休養生息。所以，老百姓編歌謠頌揚他。

即使對於非程序化決策，決策者基於心理因素和經驗慣性，也經常考慮過去的決策。過去的決策總會影響現在的決策。這種影響有利有弊，利——決策的連續性有助於維持組織的相對穩定，並使新的決策建立在較高的起點上；弊——不利於創新，不適應劇變環境，無法實現跨越式發展。

還有一些情況，決策者沒有充足資訊可用，但事情又不允許拖延，以前所做的類似決策將會成為重要的決策依據。

如果決策者面對的是以前從來沒有遇到過的問題，應該把所做決策記錄下來，納入資料庫中。以後再遇到類似的決策問題時，就有先例可以參考。這是學習型團隊和組織必須的行為。

決策應遵循的原則

■ 價值觀原則

組織價值觀或個人行事規則是決策的首要原則。價值觀為決策劃定了邊界範圍。明顯違背價值觀的事情，不管有多大的誘惑，也要堅持拒絕。

很多人犯錯誤直至滑向犯罪的深淵，就是因為沒有正確的價值觀。當一切條條框框都被打破，做人就沒了原則，決策就沒有邊界，行為就沒有紅線。《呂氏春秋》〈恃君覽 · 觀表〉篇在兩千多年前就對此提出了忠告：

> 事隨心，心隨欲。欲無度者，其心無度。心無度者，則其所為不可知矣。

欲望沒有限度的人，其心也沒有限度。心沒有限度，所作所為就不可預知。無論個人還是組織，決策都不能隨心所欲，而應遵循一定原則。不擇手段、唯利是圖的機會主義，喪失原則和道德，必然導致信用解體和社會混亂。

■ 有效性原則

組織為了完成任務，實現績效目標，需要實施科學和有效的決策。

決策從開始構思到選擇行動方案，都是為了能夠有效地解決問題，達到既定目標。實際決策中，我們很難獲得所需要的全部資訊，大數據時代尤其如此；只能在有限的時間內根據可用資源擬定數量有限的方案，很難準確地預測各方案可能帶來的後果。因此，決策應遵循有效性（可行性、適度滿意）原則，而不是最佳原則。

■ 時效性原則

決策的時效性事關能否及時解決問題，能否迅即產生效果，應在需要時立即進行決策。所謂：機不可失，時不再來。我們古代軍事家用兵的最大原則就是：「兵聞拙速，未睹巧之久也。」

對於某些緊急問題，比如重大突發事件的危機公關決策，如果決策慢慢騰騰，就可能喪失時機，對組織或團隊造成嚴重損失及其他一系列後果。《國語》〈越語下〉記述了越國謀臣范蠡關於時效性的觀點：

從時者，猶救火、追亡人也，蹶而趨之，惟恐弗及。

捕捉時機，就像救火、追趕逃亡之人，一路快跑，還恐怕來不及。

及時、快速、果斷地決策是管理者領導能力的重要體現。

■ 創造性原則

管理不能墨守成規，需要創新精神。創新的源泉之一是創造性思維。領導職位的性質，決定了其工作必須以創造性為主要特徵。這種創造性主要表現為決策中的創造性。創造性決策應包括以下幾個方面：

- 提出多個新的可能方案；
- 設想與正常思維不同的思路和解決方案；
- 思考一些看似「不可思議」的問題；

衝破思想壁壘和傳統阻礙。

領導者優異的能力和組織的高績效根本上取決於決策中的創造性。

■ 民主化原則

民主決策的實質是要善於聽取不同的意見，特別是具有建設性的反面意見。

在組織內部，高級管理者得到董事會或上級授權，擁有絕對的管理權力，對決策完全負責。很多組織的決策模式是由領導個人說了算。

在經濟全球化浪潮中，市場環境越來越複雜。大數據時代，影響決策的因素越來越具有不確定性。由領導者個人說了算的決策模式，缺乏風險防範機制和措施，一次重大決策失誤將會給組織帶來滅頂之災。

民主決策特別適合於團隊管理模式，可以讓團隊成員參與決策過程，充分地發表意見，對備選方案提出質疑並進行完善，也可以讓團隊成員共同決策。

第五章
提高決策品質和效率

決策是管理工作的核心內容。組織的績效目標實現程度，取決於其決策的品質和效率。決策品質普遍較高的組織中，管理者制定優秀決策已經成為習慣和標準。如果擁有更好的資源、更好的輔助工具和充足的時間，他們就可以制定出更好的決策。即便不具備上述條件，他們也可以在有限時間內利用有限資源，制定出有效且可行的決策。

如何提高決策的品質和效率？

第一，管理者應準確識別待決策問題的類型，明確所做的決策在組織的整個管理體系中的定位。

第二，管理者應該掌握必要的決策技術方法，能夠針對待決策的問題選擇使用合適的技術方法。

第三，管理者做決策的品質和效率還取決於自身的能力及水準。應努力學習決策理論和方法，不斷提升決策能力和管理水準。

第四，對於組織來說，必須對決策實施有效管理。有效管理能夠提高組織做決策的整體品質和效率。

識別決策類型，明確決策定位

《論語》〈子路〉篇記載了孔子與子路（仲由）的對話：

> 子路曰：「衛君待子而為政，子將奚先？」子曰：「必也正名乎！」子路曰：「有是哉，子之迂也！奚其正？」子曰：「野哉由也！君子於其所不知，蓋闕如也。名不正，則言不順；言不順，則事不成；事不成，則禮樂不興；禮樂不興，則刑罰不中；刑罰不中，則民無所措手足。故君子名之必可言也，言之必可行也。君子於其言，無所苟而已矣。」

子路問老師：「假如衛國國君請您去執政，您準備從什麼事情開始？」孔子回答：「一定是糾正名分的錯位吧！」子路很不理解地說：「您怎麼如此迂腐呢！正什麼名分？」孔子教訓子路：「由啊，你太魯莽了！君子對待自己不懂的事物，要持保留態度。不能隨口亂說！名分不正確，言語就失去正當性。言不順，事情就辦不成功；事不成，國家的禮樂制度也就不能興盛。禮樂不興，刑罰也就不會得當；刑罰不得當，老百姓就無所適從。所以，君子說話一定要名正言順，說出的事情一定要可操作。君子對於自己的言語，不能有一點馬虎大意。」

本節我們從「必也正名」開始，探討管理者如何識別決策問題類型，明確決策問題在組織管理的定位，以此提高決策的品質和效率。

組織的決策類型

人類社會的決策行為，可以從不同維度進行概括分類，如表 5.1 所示。

表 5.1　決策的幾種分類方法

序號	分類維度	決策類型
1	決策主體	個人決策，組織決策
2	決策者	個體決策，群體決策
3	影響層級	策略決策，管理決策，業務決策
4	影響時間	長期決策，短期決策
5	程序符合性	程序化決策，半程序化決策，非程序化決策
6	可控程度	確定型決策，風險型決策，不確定型決策
7	描述方法	定性化決策，半定量化決策，定量化決策
8	目標數量	單目標決策，多目標決策
9	連續性	單級決策， 序列決策
10	影響大小	宏觀決策， 微觀決策

這些分類方法都有其明顯特徵，但也都不是嚴格的科學劃分。不同的分類方法必然會有交叉和重疊。還有其他分類方法，這裡不一一列舉。

本節注重從決策對組織的影響層級來討論決策的類型。

組織的決策，是基於組織的使命和願景，在內外環境條件約束下，對其發展目標以及階段目標的多種備選方案進行評價、優選的一系列管理活動。其通常涉及使命和願景決策、戰略決策和管理決策。

■　使命和願景決策

新成立的組織，首先要做出的決策應該是確定組織的使命和願景。

那麼，什麼是使命？什麼是願景？

（1）組織的使命（Mission）。

組織的使命旨在明確組織在社會中的角色定位，表明組織存在目的和價值。使命就是要回答「我從哪裡來」「我要做什麼」等問題。

使命是組織的經營哲學定位和經營理念。阿里巴巴創始人馬雲將使命概括為對三個問題的回答：你有什麼？ 你要什麼？ 你能放棄什麼？

為了更好地理解使命，不妨先了解世界上一些優秀公司的使命（見表 5.2）。

表 5.2　世界部分優秀公司的使命

公司	使命
蘋果	借推廣公平的資料使用慣例，建立用戶對網際網路之信任和信心
微軟	致力於提供使工作、學習、生活更加方便、豐富的個人電腦軟體
迪士尼	讓世界快樂起來
SONY	體驗發展技術造福大眾的快樂
華為	聚焦客戶關注的挑戰和壓力，提供有競爭力的通訊解決方案和服務，持續為客戶創造最大價值
聯想	為客戶利益而努力創新
高盛	給主要公司提供卓越的投資和發展建議

上述優秀公司的使命，短者不超過十個字，長者可達數十字。其作用無非是確立其經營的基本指導思想、原則、方向及其經營哲學。

使命不是企業的戰略目標，卻影響戰略思維和決策。因為，組織的使命將決定組織凝聚什麼樣的人才。誠如《周易》〈系辭上傳〉所講：「方以類聚，物以群分。」

某個組織的使命好與不好，不能只聽其領導者糊弄！ 關鍵要看領導者自己信不信，高管們信不信，組織的員工信不信。只有領導層自己真正相信，才能說服管理層和員工們相信。

（2）組織的願景（Vision）。

組織的願景旨在明確組織的長遠發展目標，描繪組織及其全體成員共同為之奮鬥的遠景。願景要回答「我到哪裡去」、「我想成為什麼樣子」。

願景體現了組織的立場和信仰，是組織對未來的設想，是對「我們代表什麼」「我們希望成為什麼樣的組織」的持久性回答和承諾。

我們不妨透過世界一些優秀組織的願景來更好地理解「願景」(見表5.3)。

表 5.3　世界部分優秀公司的願景

公司	願景
蘋果	讓每個人擁有一台電腦
微軟	電腦進入家庭，放在每一張桌子上，使用的是微軟的軟體
迪士尼	成為全球的超級娛樂公司
SONY	為包括我們的股東、客戶、員工，乃至商業夥伴在內的所有人提供創造和實現他們美好夢想的機會
華為	豐富人們的溝通和生活
聯想	未來的聯想應該是高科技的聯想、服務的聯想、國際化的聯想
高盛	在每一方面都成為世界上最優秀的投資銀行

使命和願景一旦確定下來，通常要穩定很長一段時期，也許五年，也許十年，也許三十年。有些組織在確定使命和願景時，有足夠的洞察力和前瞻性，數十年來，其使命和願景一直在指導組織的營運活動。

組織關於使命和願景的決策，屬於重大、關鍵但稀有的決策類型。在這樣的決策上多花費些時間和資源是值得的。

只有在面臨巨大的外部環境變化、現有使命和願景已不再適用時，組織才應考慮重新決策以修訂其使命和願景。如果組織沒有明確的使命和願景，在快速變革的社會大環境中，搖擺不定；對自己要去哪裡沒有嚴肅思考，頻繁修訂使命和願景，很難想像這樣的組織會經營得好，即使憑藉運氣取得一時的成功，在遇到真正風險考驗時也會一敗塗地！

■　戰略決策

組織的使命和願景確定之後，必須對戰略目標做出決策。

戰略目標是對組織的戰略性經營活動重大預期成果的期望值。戰略目標的設定，是組織的使命和願景在特定階段內的具體化，是組織的使命和願景中確認的經營目的、社會使命的進一步闡明和界定，也是組織在既定的戰略領域開展經營活動所要實現目標的具體規定。

戰略決策之目的是確定事關組織未來的全局性、長期性、戰略性事項，明確未來一段時間內的戰略目標、大政方針。決策重點在組織的戰略定位，組織的未來方向，組織與環境的關係。戰略決策的特點是：影響範圍大，有效時間長。所以，戰略決策的制定者只能是組織的高層管理者。

戰略決策確定組織的方向，解決「我要去哪裡」、「我要怎麼去」等問題。戰略決策關乎組織營運管理成敗和生存發展。決策正確可以保證組織沿著正確的道路前進，即便出現一時的挫折，也不會影響大局。決策失誤就會造成方向性、全局性的錯誤，帶給組織嚴重挫折，甚至導致組織覆滅；正所謂「南轅北轍」，在錯誤道路上，做得越好，偏離正確方向越遠。

影響戰略決策的因素如下：

- 戰略背景，是指戰略執行和發展的環境；
- 戰略內容，是指戰略決策包括的主要活動；
- 戰略過程，是指戰略活動之間的聯繫及其實現路徑。

傳統的戰略決策模型包括 SWOT 模型、BCG 矩陣、GE 矩陣等。

■ 管理決策

管理決策是組織為了實現戰略決策目標，在內部管理層面，對人、財、物等資源進行有效的組織和協調，以維持其正常的經營活動。管理決策的重點在於資源合理配置及有效利用，經營管理績效提升。其特點是：影響範圍較小，有效時間較短。通常，由中層管理者負責其業務領域範圍內的管理決策。

戰略決策解決組織前進的方向，管理決策負責沿著這個方向更快捷地到達目的地。在管理決策中，還有一些涉及日常工作方面的具體決策，屬單純執行性決策，重點是對日常工作進行有效組織。

實施決策分析

為了識別組織的決策類型、明確決策定位，就必須進行決策分析。

如何進行決策分析？管理學大師杜拉克在《管理的實踐》一書中給我

們提供了很好的建議。我們不可能照搬杜拉克的教條，畢竟在今天大數據時代，組織的經營環境和技術條件與杜拉克提出這些建議的時代相比發生了很大變化。但杜拉克提出的決策分析方法論依然值得我們參考。

首先要弄清楚：為了實現經營目標，達成績效，組織需要哪些決策？這些決策屬於哪種類型？應該由組織中哪個層級來制定決策？

每一種決策涉及哪些活動？對組織的其他活動產生什麼影響？哪些管理者應該參與決策？

決策前應該徵詢哪些管理者的意見？決策後應該告知哪些管理者？

綜上所述，實施決策分析主要是為了以下目的。

■ 清楚決策種類和主題

如前所述，決策總是針對未來的。鑑於未來的不確定性，不可能準確預測未來將出現哪些決策。我們沒有必要預測未來的決策內容和制定決策的方式，而應該根據組織的營運模式，預測決策的種類和主題。

統計表明，組織必須制定的決策大多數屬於所謂的「典型」決策，可以歸納為有限的幾類。如果能事先進行決策分析，把問題考慮周詳，多數決策所屬的類型及主題都是明確的。不進行決策分析，很多決策就無法歸類，只能盲目提高決策層級，占用（或浪費）高層管理者的時間。

■ 明確決策權力和責任

決策的權力和責任必須對等。為了釐清決策權力和責任，必須明確決策的種類和性質。杜拉克認為，以下四種基本特性決定了決策的本質。

第一，決策的未來性。某項決策影響多遠的未來？如果需要，能夠在多短時間內扭轉決策？應根據影響時間長短來明確決策的權力和責任。

第二，某項決策對組織的職能、相關領域或全局的影響有多大？如果隻影響本部門，就可以歸到最低決策層級；如果影響其他相關領域，或者必須和相關領域的主管密切磋商後才能決定，就應該提高決策層級。

第三，決策的性質包含多少「質」的因素。諸如：行為準則、倫理價值等。一旦涉及價值觀因素，就需要更高層級做決策。

第四，究竟是經常性決策，還是偶爾為之的特殊決策？組織需要為經常性決策建立通則，把偶爾出現的突發性決策當作特殊事件來處理。

最基本的原則是：組織應該盡可能下放決策層級，越接近行動現場越好。華為公司提出的決策原則是：讓聽得見市場槍炮聲的管理者做決策。

確定決策層級的時候一定要充分考慮所有受影響的活動和目標。

兼顧短期決策和長期決策

對於管理者來說，時間既是最廉價也是最昂貴的資源，既是最容易得到也是最難增加的資源。時間雖然不是管理的職能，卻是所有決策中必須考慮的要素。決策者必須將目前的現狀和長遠的未來一併納入考慮。

■ 時間對決策的影響

時間約束是管理工作固有的。任何決策通常都只能在未來獲得結果。任何決策都需要付諸實施，才能夠取得效果。

組織今天的成就，相當程度上是由以前的管理者所做的決策導致的。今天的管理者，負有責任創造組織的未來。

從決策到實施再到取得成效，都需要時間。社會發展和技術進步使得證實決策效果和收穫成果所需的時間越來越長。數十年前，從產品構想到實驗驗證再到建立工廠，平均需要兩年時間。今天，大型工程（以核能電廠為例）從決策到取得效果通常需要十年甚至更長的時間。過去，新專案預計兩三年內就能收回投入；今天，核能電廠還本付息期可能長達十五到二十年！這已經遠遠超過了管理者通常的任期。帶給了決策者新的困難。管理者目前所做的決策決定未來很長一段時間之後的成就。對許多經營決策而言，我們沒有辦法根據對未來兩三年的預測，擬訂組織的產業發展規劃和中長期計畫。這類規劃和計畫通常必須放眼十年、二十年以後。

大數據時代的不確定性進一步增加了決策難度。我們無法確定任何事情未來一定發生。即使必然會發生的事情，也無法預估發生時間。

對於影響未來的長期決策，通常必須進行「基本要素分析」和「趨勢分

析」。基本要素分析的思路是：分析可能對未來經濟產生重大影響的基本要素，根據這些要素制定決策，而不去猜測未來的經濟環境。趨勢分析的思路是：經濟現象是長期的趨勢，不會快速改變。在制定長期決策時，要重點關注行業發展的特有趨勢。基本要素分析試圖探究未來事件「為什麼」發生，趨勢分析試圖回答「有多大的可能」及「多快」發生。

關係未來的決策只是預期而已，即便預測技術很高明，也無法避免出現預測錯誤的情況。因此，必須預先做好改變、調整或補救的準備。

■ 決策者必須兼顧現在與未來

鑑於決策實施週期越來越長，管理者做決策必須考慮未來，平衡好現在和未來的關係。正如古人所謂「善始者不必善終，善作者不必善成」。

一方面，必須能夠保持組織目前的成功和盈利，使組織能夠發展和興旺，或者至少能夠生存下去。如果決策者為了宏偉的未來，而不惜帶給今天災難，組織的生存將成為問題，更遑論宏偉的未來。

另一方面，決策者不能為了眼前的利益而危害長期利益，甚至危及組織將來的生存。這種情況幾乎成為多數民選官員決策時的常態：只考慮任期內短期效益，而不考慮平衡現在和未來，正如古人諷刺的「生前只要有錢財，死後哪管人唾罵」。

我們在第三章引述了《三國志》〈龐統傳〉中劉備集團進軍西川謀取益州劉璋政權的決策過程。龐統為劉備提出了上中下三計，而劉備經過綜合權衡，選擇了「中計」。很多讀者可能有疑問：劉備為什麼不選擇「上計」而選擇「中計」？實際上，劉備決策時就兼顧了「現在」與「未來」。

龐統作為軍師，制定的上中下三策是根據即時效果排序的，只考慮了「現在」。而劉備的目標是成為益州新的統治者，決策時不僅要考慮即時的效果，還要考慮未來的影響：不僅要奪取益州政權，還要樹立「仁義」形象。當龐統建議在宴會上扣押劉璋時，劉備毫不猶豫地拒絕了：「初入他國，恩信未著，此不可也。」這種不光彩的行為，可以得逞於一時，卻對將來的統治有害。畢竟，那個時代還崇信「得民心者得天下」。

基於同樣的理由，劉備沒有採用龐統的上計：「陰選精兵，晝夜兼道，徑襲成都；璋既不武，又素無預備，大軍卒至，一舉便定。」

劉備選擇中計，並不是傻的表現，恰恰反映了作為統帥考慮問題的出發點與軍師不同，決策時必須兼顧「現在」和「未來」。

組織最重要的決策是什麼？不同人會有不同的認識。與組織所處的發展階段相關，還受內外部環境因素及資源條件制約。但是，決策定位必須明確！否則，就無法分清重要程度和影響時間，更不能合理配置所需資源。

借鑑成熟模型，規範決策流程

管理者每天都要做決策。有些事情容易決定，而有些決策卻並不那麼簡單。決策需要考慮多方面因素並權衡利弊，還必須準備承擔風險。

如何確保所做決策基本正確或多數合理？國際上一些研究機構和諮詢組織相繼開發了決策模型，並在實際應用中得到檢驗。本節簡要介紹國際上著名的「KT 理性思考法」和哈佛商學院的「決策五步制勝法」。

KT 理性思考法

「KT 理性思考法」是由美國人查爾斯・開普納（Charles Kepner）和班傑明・特雷高（Benjamin Tregoe）合作開發的一種決策訓練法。他們於一九五八年聯合成立了「凱普納・特雷高」國際管理諮詢公司，致力於為企業提供決策培訓。他們總結實踐經驗，提出了影響制定有效決策的因素：

- 對所要完成的任務目標的認識程度；
- 對備選方案進行評估的品質；
- 對採用其他方法可能導致的後果的了解程度。

在此基礎上，不斷完善形成「KT 理性思考法」。該方法就事情各自的程序，按照時間、場所等，明確區分發生問題的情形和沒有發生問題的情形，由此找出原因和應該決定的辦法。「KT 理性思考法」共分四個程序：查明原因、決定選擇方法、危險對策、掌握情況。

■ 決策應考慮的主要因素

對決策分析方法論的主要影響因素進行界定，將其分為以下四類。

一、制定決策聲明，明確決策制定的水準。

二、確定決策目標，明確「必要目標」和「理想目標」，然後根據彼此之間的關係衡量「理想目標」的重要性。

三、制定並確認備選方案。刪除不能滿足「必要條件」的備選方案，根據「理想條件」篩選剩下的備選方案。

四、評估決策後果。根據評估標準對每種備選方案進行評分，得分高的方案被確定為嘗試性方案。考慮嘗試性方案實施過程中的潛在風險。如果風險過高，則放棄此項嘗試性方案，轉而考慮得分次高的備選方案。

■ 問題分析步驟

把問題分析分解為「界定問題」和「分析原因」兩個階段。問題分析必須符合條理化的邏輯步驟。界定問題前，還必須確認是否存在問題。

確認問題。將問題定義為「實際狀態與期望狀態之間的差距」，明確實際狀態、期望狀態和差距，然後確認有無問題，問題在哪裡。

界定問題。準確查明差距的真實狀態及其產生的時間地點，以便弄清楚問題的範圍和界限。

原因分析。首先，要從變化與差距中尋找原因；其次，對推斷的原因做出必要的驗證；最後，對於因果鏈，要從表面原因下手找到終極原因。

■ KT 理性思考法的實施步驟

KT 理性思考法的實施已經形成結構化程序。以下是該方法的實施步驟：

第一步，準備一份含有行動方案和行動結果的決策聲明；

第二步，確認戰略需求、行動目標及限制條件；

第三步，對各專案標配以權重，並逐一排序；

第四步，制定備選方案；

第五步，對各備選方案進行評分；

第六步，計算各備選方案的加權分值，進行排序；

第七步，識別高分值方案的風險，評估風險的可能性及嚴重性；

第八步，根據評估結果，做出最終選擇。

■ KT 理性思考法的價值

KT 理性思考法作為一項結構化的決策方法，對決策相關各要素進行識別和排序，幫助提供沒有（或較少）個人偏見的決策分析。

KT 理性思考法的價值在於：能夠有效限制誤導決策的偏見（故意的或無意的）。這一決策方法可以廣泛應用於各個領域的決策。

KT 理性思考法的使用者可以根據清晰明確的目標對各選擇方案進行評估，從而優化最終決策結果。

哈佛商學院的「決策五步制勝法」

哈佛商學院出版公司的《決策：五步制勝法》（Decision Making: Five Steps to Better Results）[58] 一書提供了一個經過實踐檢驗的五步決策流程，內容涉及：制定不同方案，使用有效的決策技巧，讓合適的人參與決策過程，減少風險，避免聰明人做出錯誤決策，選擇最佳方案。該流程可以作為決策指南，幫助管理者培養良好習慣，改善決策技巧，避免落入陷阱。流程還提供了用以評估不同備選方案的分析工具。

■ 第一步：營造成功決策的環境

環境是指由人際關係與行為所構成的氛圍。無論是個人還是組織，都是在特定環境中，分析和判斷各種設想和資料資訊，並做出決策。

組織內部文化環境影響決策。在命令型組織文化中，決策通常是為了迎合掌權者的喜好；決策者考慮的首要因素是使其上司滿意。在這種環境中，無論物質條件和技術條件如何完備，對決策品質並無多大助益。

良好的環境對正確決策至關重要。健康的決策環境應具備以下特徵：選擇適當人選參與決策，決策者在利於創造性思維的環境中進行討論，決策者事先就決策方式達成共識，支持不同觀點之間的辯論。

一、選擇適當人選參與決策

所謂適當人選，是指那些具有足夠的相關知識的人，有豐富的決策管理經驗者，以及決策結果的利益相關方。其包括以下人等。

- 掌握資源配置和決策權力的人。這類人參與決策，能夠保證決策被管理層接受並最終付諸實施。
- 關鍵的利益相關方。這類人主要是對決策結果負責任的人和決策方案的執行者。其直接受決策影響，有他們參與決策，可以保證決策順利執行。
- 相關領域的專家。這類人擁有專業知識並願意共享資訊。他們了解所要決策的問題，能夠對備選方案提出建設性意見。
- 潛在反對者。這類人持有不同立場，可能會反對或拒絕執行決策。必須了解他們的見解，傾聽其反對理由。讓反對者參與決策，可以從反對者立場審視決策的風險，減少實施過程的阻力。
- 明確支持者。這類人與潛在反對者一樣持有預定立場，不能期望他們提供客觀公正的觀點。但雙方進行辯論可以將正反兩方面的影響因素討論清楚，共同為優秀決策做出貢獻。

在選擇適當人選時，還必須考慮決策團隊的規模。規模並不是越大越好。規模過大，成員過多，便不容易達成共識，可能會減緩決策過程。而人數過少，可能會缺失關鍵角色，導致決策遺漏關鍵因素。

那麼，多大算大，多小算小？現代心理學研究表明，人的認知廣度為7±2，稱為「心理魔數」。這個數字成為管理學中確定其有效規模的框架，很多團隊把成員規模定為 7±2 人。理想的決策團隊也應符合這一規律。

如果待決策問題過於複雜，需要更多人參與，可以在決策團隊之外設立特別工作組，作為決策支持團隊。

二、認真考慮決策的物理環境

為了幫助決策團隊充分發揮其想像力和創造力，需要對相關物理環境進行精心選擇和布置，包括地點的選擇、會議室的布置等。

三、事先就決策方式達成共識

決策過程以什麼樣的方式進行，這一問題將決定決策過程的效率和決策的品質。決策團隊成員必須預先了解組織的決策流程，採用何種決策方法，以及最終由誰來做出決策。通常，決策方式包括：一致同意，有條件的共識，少數服從多數，指導性的領導決策。決策團隊成員必須事先在決策方式上達成共識。

四、支持不同觀點之間的辯論

迴避不同觀點和爭議是一種自欺欺人的方法，既難以實現，也對決策品質有害。無論決策團隊最終就何種決策方式達成一致，始終要支持和鼓勵不同觀點之間健康有益的討論。

決策過程必須確保持有不同觀點的人之間坦誠討論，不能就某一觀點進行法庭式辯論。在維護自己觀點的同時，還要考慮決策之目的。

■ 第二步：正確認識問題

決策者正確認識問題是決策成功的關鍵。問題界定錯誤必然會導致錯誤結論。問題界定正確，決策就成功了一半，因為大方向已經正確。

世界是客觀存在的，而人們則是透過自己的「思維視窗」主觀地看這個世界。人們對問題的認識，受多種因素的影響。概括起來，學識、心智、經驗和價值觀，決定著一個人看待世界的「思維視窗」。西方有句諺語：在槌子的眼中，所有東西都像釘子。

正確認識待決策問題，需要注意以下事項。

一、辨別危險與希望

界定問題的方式對解決方案有重大的影響。懂得如何界定問題，通常也知道界定問題所產生的影響。正確建構問題分析框架，辨別危險與希望，相當程度上就決定了結果。應遵循以下原則，避免錯誤認識問題。

- 不固執最初的看法。經常自問：問題真的是這樣嗎？
- 從多個角度考慮問題，討論各種可能性。

- 努力發現決策團隊中其他成員的思維框架，並進行對比。
- 找出主導觀點的假設並進行虛擬辯駁，確保不被誤導。
- 換位思考，站在他人（甚至反對者、競爭對手）立場考慮問題。

二、「己所不欲，勿施於人」

不把自己的「思維視窗」強加於人。

人性中有一個共同弱點：自以為是。總是固執地認為自己的觀點是對的，並試圖說服別人接受或同意自己的觀點。

強勢管理者習慣於把自己的「思維視窗」強加於人。不同觀點受到壓制，很可能錯失真知灼見。如果問題界定錯誤，就會出現南轅北轍，用正確的方法努力地去解決錯誤問題。

三、創造性思維

界定問題處於決策過程的初期，非常適用創造性思維。可以嘗試從思維上跳出既定的決策圈子，以一個局外人的視角審視待決策問題。對多數人來說，這並非易事。如果能夠做到，那就不僅可以從不同的視角發現未知的事情，還能夠把決策水準和管理能力提高到一個新的境界。

■ 第三步：制定備選方案

好的決策來自於可行的備選方案。解決問題的方案不可能只有一種，所謂「條條大路通羅馬」。決策者應盡可能探尋多種解決方案，從中選擇最適合的方案。應注意以下事項：首先，要制定多種備選方案；其次，要集思廣益，對備選方案進行討論；最後，請創造型團隊參與決策。

一、制定多個備選方案

缺少備選方案，決策就無從談起。好的決策需要有多種備選方案可供選擇。對不同方案進行比較和權衡，才有可能就特定問題做出最佳決策。

真正優秀的決策，不應是針對單一行動方案「做」還是「不做」的決定，更不應是兩種對立方案之間「非此即彼」的選擇。

備選方案是可執行的替代方案，不能只是一種思路的雷同。如果決策團隊過度追求和諧一致，就容易出現「團隊思維」：圍繞團隊領導提出的想法，研究不同的包裝方案，而不再去進行創新思維。

這個階段的目標，應該是盡可能發掘出更多的備選方案，尤其是要提出創造性方案，為優秀決策奠定基礎。

二、集思廣益

集思廣益是一種激發不同觀點的有效方法。多人的見解和經驗聚合在一起，通常比個人獨立思考能夠產生更多的思路和見解。被魯迅先生稱為「多智近乎妖」的諸葛亮，實際上特別重視集思廣益，他在〈教與軍師長史參軍掾屬〉中向幕僚們提出：「夫參署者，集眾思，廣忠益也。」[48]

在集思廣益過程中，領導者注意不要有傾向性，而是營造一種氛圍，讓決策團隊成員開誠布公地談論自己的想法。在「古巴飛彈危機」期間，美國總統甘迺迪就採取了這種方法。

如何制定盡可能多的可行備選方案，以下一些具體建議可供參考。

- 邀請局外人、專家以及新員工定期參加決策團隊的會議。這些人沒有先入為主的傾向，沒有利益相關方的成見，沒有思維定式。
- 參考外部決策，觀察其他團隊或組織如何解決類似問題。
- 鼓勵決策團隊成員跳出既定角色思維來思考不同選擇。可以學習《周易》的「錯綜複雜」思辨邏輯（在第十一章中詳細闡述）。
- 經常問一些開放性問題、探討性問題，而不是必須有答案的問題。諸如：還有其他什麼方法？
- 樂意聽取並討論不同觀點。
- 重新考慮那些被棄置的備選方案，確保放棄的依據充足。
- 不要忽略那些綜合備選方案。

不要預設選擇。鼓勵公開討論，跳出個人及部門的本位去考慮問題。這樣制定出的備選方案，將會為成功決策奠定堅實的基礎。

三、「他山之石，可以攻玉」，請創造性團隊參與

團隊比個人獨立思考更能獲得創造性方案。高效團隊能夠容納多種思維方式和技能。創造性團隊具有似乎相互矛盾的特徵。這種特徵是團隊多樣性的源泉，具備以下幾個方面的優點：

- 團隊成員不同思維能夠碰撞出創造力的火花；
- 多種思維和視角能夠避免「團隊思維」；
- 多種意見及思維方式能夠促進好的意見進一步完善。

創造性團隊同時也會帶來創造性分歧。必須妥善處理這些分歧，使其成為激發創新思想的火花。通常採取以下措施：

- 創造一種氛圍，使人樂於討論棘手問題；
- 鼓勵討論；
- 以討論如何解決問題代替辯論。

好的備選方案應該結構完整、真實原創、切實可行，並且足夠而不冗餘，能夠給決策者提供真正的選擇。

■ 第四步：評估備選方案

制定了多種備選方案之後，就需要對其進行評估，發現每個方案的價值所在，以便做出選擇。

一、評估備選方案必須考慮的因素

- 經濟性，包括成本、利潤、財務影響、無形影響等。
- 可行性，包括資源、風險、道德倫理等。
- 時效性，包括方案實施所需的時間。

二、可以使用的技術方法

- 財務分析。經營性組織面臨戰略性和資本預算等重大決策時，應將重點放在財務分析上。財務分析方法將在「技術方法」中介紹。
- 先行矩陣。先行矩陣利用加權分值來對每個方案進行排序，獲得最高分值的方案即被認為是最佳方案。

- 權衡比較表。把每個方案的關鍵因素並列在一張表中，使決策者更容易權衡比較。這種方法能夠確定每個方案的重要特性並加以比較。
- 決策樹。決策樹利用圖形表示不同方案及其可能產生的結果，可以被看作不同選擇的路線圖。
- 電腦輔助。

三、考慮不確定因素的影響

■ 第五步：做出決策——選擇最佳方案

以下三種方法可用於決策過程，詳細描述見下節。

- 第一種，接球法。
- 第二種，論據對位法。
- 第三種，思維監督法。

完成決策只是一個里程碑節點。決策之後，還必須付諸行動。

掌握技術方法，提高決策品質

較為複雜的決策通常需要借助於一定的技術方法。

古人決策基本依靠抽象思維。中國上古時代決策時借助於龜甲和蓍草預測，已在第二章介紹。那只能算是「神道設教」，是幫助「決疑」的。古代真正常用的決策工具，一種是「籌」，另一種是「策」。

「籌」最初是一種計數的用具，用竹子或木頭製成（也有用玉或象牙製作），稱為「算籌」，後來也用於博弈、博酒和博戲，如「籌碼」「酒籌」等。當今社會賭場裡用於計算賭資的籌碼，也還是其本來的用途。

「策」最初是一種記錄工具，形狀與「籌」相似而略大。人們通常把謀劃要點寫在「策」上作為「備忘錄」，用於幫助決策，後來引申為主意、計謀、辦法，並把記錄用的竹簡（木板）稱為「策」。

古代決策者通常借助於算籌，對各種對策進行計算、分析和對比，最後「決」出一種最佳之「策」。

老子《道德經》[59]中說「善數不用籌策」，記憶力好、心算能力強的人，不需要借助於籌策。這裡，用的是「籌策」的原始意義。

據《史記》〈高祖本紀〉所載，漢高祖評價張良「夫運籌策帷幄之中，決勝於千里之外，吾不如子房」。這裡，用的是「籌策」的引申意義「謀略」。

「籌策」是最原始的定性與定量相結合的決策工具。

隨著人類社會的不斷發展和進步，需要決策的事情也日益複雜，籌策已經遠遠不能適應決策需要。人們在決策實踐中研究開發出一系列決策技術方法。不同的技術方法適用於決策過程的不同階段。有些方法適用於多個階段。本節根據不同決策階段的適用性，介紹幾種典型的技術方法。

適用於制定備選方案的方法

制定備選方案通常需要邏輯思維。這個階段大多適用定性方法。

■ 腦力激盪法

腦力激盪法（Brain Storming Technique）是由美國創造學家亞歷克斯·奧斯本（Alex Osborn）於一九五三年提出的一種激發性思維方法。

腦力激盪法可以在決策管理的任何階段單獨使用，或與其他方法一起使用。如果沒有可用資料或者其他辦法，腦力激盪法是不錯的選擇。

使用腦力激盪法需要有效的輔助措施，包括：啟動討論，定期將小組導入其他相關領域，對討論中產生的議題進行概括等等。這些措施之目的，是力求確保個人想像力能夠被專家組內其他人的想法和描述激發。

■ 輪流提案法

輪流提案法（Nominal Group Technique）是一種定性分析方法。這種方法要求專家組成員互不通氣，以有效地激發個人的創造力和想像力。

決策過程中，如果決策集體對問題的性質尚未完全了解，並且出現嚴重的意見分歧，就可採用輪流提案法。

■ 德爾菲法

德爾菲法（Delphi Technique）採用背對背的通訊方式徵詢專家組成員的

預測意見，並從中獲得可靠的共識意見。在決策管理過程的任何階段，如果需要專家的共識觀點，都可以應用德爾菲法。

■ 情境分析法

情境分析法（Scenario Analysis）是對「將來可能出現的情境」進行預測分析的方法。該方法可用於規避備選方案的風險，反映「最佳情況」、「最差情況」及「期望情況」等完整情境；作為敏感性分析的一種形式，可用於分析每種情境潛在的後果及其機率。

情境分析可用來幫助制定決策並規劃未來戰略，也可以用來分析現有活動。在備選方案的風險評估中，用來識別在特定環境下可能發生的事件並分析潛在後果及每種情境發生的可能性。可以從現有情境中推斷出可能出現的情境，可被用於預測威脅和機遇如何發展。

■ 線性規劃法

線性規劃法（Linear Programming）由蘇聯學者康德拉季耶維奇於一九三九年提出，研究線性約束條件下線性目標函數的極值問題。在決策領域，約束條件是指實現目標的能力資源和內部條件的限制因素。

線性規劃是一種可用於定量化解決多變數最佳決策的方法，為合理地利用有限資源做出最佳決策提供科學依據。

適用於評估備選方案的方法

■ 財務分析

經營性組織面臨戰略性和資本預算等重大決策時，應將重點放在財務分析上。評估備選方案以能夠創造最高財務價值為依據。財務分析有多種方法，包括以下幾種。

- 淨現值法。「現值」（Present Value, PV）是把未來帳款以規定的複利形式折算成現在的貨幣價值。淨現值（Net Present Value, NPV）是指用未來現金流的現值減去所有初始投資成本的現值。在能夠確切估計未來現金流的情況下，淨現值法是最有效的財務分析工具。

- 還本期間法。還本期間法實際上是淨現值法的一個變形。通俗地講，還本期就是回收全部投資所用的時間，即淨現值為零時的還本期。
- 成本效益分析法。成本效益分析（Cost Benefit Analysis）是淨現值法的改進方法。針對總預期收益權衡總預期成本，以選擇最佳或利潤最高的方案。其可用於備選方案的風險評價。

通常將風險劃分為三個區域：

- 高風險程度，風險不能容忍且不應承擔；
- 中風險程度，維持在合理可行且風險盡量低的程度；
- 低風險程度，風險可以忽略不計，僅需監測。

成本效益分析法適用於中風險程度和低風險程度，排除不能容忍的風險。

■ 先行矩陣

並不是所有的決策問題都涉及財務分析等定量計算。對於不適用於定量評估的問題，使用腦力激盪等方法制定出的備選方案，可以用先行矩陣來評估哪種備選方案更有可能達到目標，並排出優先順序。

先行矩陣以預先設定的一種結構化方式來表達資訊，依據權重係數和決策準則，測量或評價備選方案的相關指標，根據加權分值對方案排序。

■ 權衡比較表

權衡比較表把每個方案的關鍵因素並列在一張表中，便於決策者權衡比較。使用這種方法，能夠確定每個方案的重要特性並加以比較。

權衡比較表能夠使決策團隊對每種備選方案的不同特點進行討論。團隊成員會根據自己的認識和理解，賦予同一個要素不同的權重。大家就不同認識進行討論，掌握更多資訊，找出基於實踐的論據來支持自己的觀點，可以促使決策團隊制定出高品質決策。

■ 期望值法

期望值法（Expectancy Method）是比較備選方案優劣並確定方案可行性及風險程度的方法。當備選方案產生的結果客觀機率可估計時，計算專案淨現值的期望值和淨現值大於或等於零時的累計機率。

根據決策者的風險偏好不同，期望值法又可以分為以下兩類：

- 最大收益期望值法，從收益期望值中選擇最大值的對應方案；
- 最小損失期望值法，從損失期望值中選擇最小值的對應方案。

■ 決策樹分析

決策樹分析（Decision Tree Analysis）利用樹狀圖形表示不同備選方案及其可能產生的結果。從初始事件或最初決策開始，對不同路徑和結果建立模型，作為可能發生的事件和可能做出決策的一個結果。可以直觀地以序列方式表示決策選擇和結果，並考慮不確定性結果。

決策樹用於管理專案風險，並在不確定環境中幫助選擇最佳的行動方案。圖形化顯示有助於溝通決策原因。帶有決策點的專案計畫，可以直觀地顯示有關決策的可能結果和可能影響決策的偶然事件的資訊。

適用於選擇決策方案的方法

■ 接球法

接球法是一種跨越職能、鼓勵討論以完善決策的方法。

首先，要有人提出一個決策議案，作為「球」拋出來。接著「球」的人有責任了解和研究該議案並進行完善。完善後的決策議案再被傳給團隊中其他成員，直到決策團隊滿意為止。

■ 論據對位法

這種方法需要將決策團隊分為兩個小組，分別提交決策議案。然後，互相「對位」，找出兩個議案的優點和相同之處，並最終達成一致。這是一種確保收集所有觀點及個人洞察力的方法。

■ 思維監督法

這種方法也需要把決策團隊分為兩個小組，但只需其中一組提出決策議案。另一組對決策議案進行評判並提出改進意見，提出決策議案的一組負責修改完善。經過幾個循環，直至雙方達成一致。

■ 多準則決策分析

多準則決策分析（Multi-Criteria Decision Analysis）是指，在一組相互不一致（甚或衝突）的備選方案集中，使用多個準則，客觀、透明地評估每個備選方案的整體價值，並做出選擇。

MCDA 又可以分為「多屬性決策」和「多目標決策」兩類。

- 多屬性決策，是指在考慮多個屬性的情況下，選擇最佳備選方案或進行方案排序的決策問題。
- 多目標決策，是指需要同時考慮多個目標的決策。必須使相互聯繫或相互制約的目標都得到滿足，才能得到最佳決策。

多準則決策分析需要針對備選方案開發準則矩陣，對備選方案和準則進行排名和彙總，以提供每個選項的總體得分。

與常規評估方法相比，多準則決策分析的特點是：

- 可進行多個方案的評判、排隊和擇優；
- 針對單個方案，每個影響因子都作為主判準則並賦以權重；
- 適用於比較那些有多個準則以及相互矛盾準則的方案。

方案評估表是一個決策判斷矩陣。在不同利益相關方有著相互衝突的目標或價值的情況下，達成一項決策共識。

多準則決策分析的輸出是一個備選方案排序表。

■ 層次分析法

層次分析法（Analytic Hierarchy Process, AHP）是一種定量與定性相結合的多目標決策分析法。

在進行社會、經濟以及科學領域問題的系統分析決策時，常常面臨由相互關聯、相互制約的眾多因素構成的複雜而往往缺少定量資料的系統。層次分析法為這類問題的決策和排序提供了一種新的、簡潔而實用的建模方法，特別適用於那些難以完全定量分析的問題。

層次分析法以其系統性、靈活性、實用性等特點，適用於多目標、多層次、多因素的複雜系統決策，尤其是目標因素結構複雜且缺乏必要資料的情況。該方法被廣泛應用於社會、經濟、科技、規劃等諸多領域。

■ 不確定型決策方法

當決策者面對不確定狀態時，即便知道每種備選方案在不同狀態下可能的收益，卻不能預先估計或計算出各種狀態出現的機率，無法確定備選方案成功的可能性。這樣的決策就是不確定型決策。

對於風險較大的決策，決策方法的使用在相當程度上取決於決策者的風險態度。風險態度通常可以分為三類：進取型、穩妥型、保守型。

不確定型決策方法通常可以歸納為以下幾種準則。

- 樂觀準則，又稱最大準則。首先為每種方案選擇最大可能收益值，再從中選擇收益最大的方案。這是一種「大中取大法」。
- 悲觀準則，又稱華德決策準則（Wald Decision Criterion）。評估每種方案最小可能收益，從中選擇最大值，也稱為「小中取大法」。
- 樂觀係數準則，又叫賀威茲決策準則（Hurwicz Decision Criterion）。這是一種現實主義準則，既不過分樂觀，也不過分悲觀。
- 等可能性準則，又叫拉普拉斯決策準則（Laplase Decision Criterion）。假設各種方案的相關預期出現的可能性（機率）是相等的，然後求出各方案的收益期望值，根據收益期望值的大小進行決策。
- 「後悔值」準則，又稱賽佛傑決策準則（Savage Decision Criterion）。這種方法的思路是：希望能找到一種策略，能夠將其最大可能的「後悔值」最小化，以便在實施決策方案時或出現最差後果時，「後悔值」較小。

合理選擇使用技術方法

技術方法並不是越複雜、越時髦越好，能夠幫助解決問題就是好方法。選擇技術方法時，適用性只是必要條件，還應考慮組織資源的可用性、決策問題的複雜性、資訊的不確定性以及輸出結果的形式。

■ 需要考慮的因素

選擇合適的決策方法，有助於組織及時高效地做出決策。通常，合適的技術方法應具有以下特性：

- 所考慮的情境應該是合理的和適當的；
- 提供的結果及其形式能夠增強對問題性質及備選方案的理解；
- 應該能夠以可追溯、可重複和可驗證的方式使用。

不同的技術方法，對資源及能力的要求不同，對處理對象的複雜性、不確定性的本質和程度適應能力不同，方法本身輸出的結果形式也不同。

選擇決策方法應考慮的因素包括以下幾個。

- 資源的可用性。組織擁有的資源和能力有限，影響決策技術方法選擇。可用資源包括：技能、經驗和能力，時間和其他資源限制，可用的預算，如果需要外部資源，就必須考慮組織能夠提供的預算。
- 不確定性的本質和程度。其涉及相關備選方案資訊的品質、數量和完整性。不確定性可能來源於糟糕的資料品質，或者缺乏必要及可靠的資料。不確定性也可能是組織的外部和內部範圍內環境狀況所固有的。
- 問題的複雜性。理解待決策問題及備選方案的複雜性，對選擇適當的決策方法至關重要。
- 輸出結果的形式。不同方法的輸出結果形式也不同。

■ 選擇原則

需要一些原則幫助選擇決策技術方法，具體如下。

- 充分性原則。在選擇決策方法之前，應該分析應用對象和適用階段，盡可能掌握更多的方法，弄清楚各種技術方法的優缺點、適用範圍和適用條件，還要準備所需的充分資料，供選擇方法時參考。
- 適用性原則。各種技術方法都有其適用範圍和適用條件。選擇的技術方法要適用於被評估的對象。
- 系統性原則。選擇的技術方法，應該與應用對象所具有的或能夠提供的資訊相匹配。決策技術方法獲得的結果，必須建立在真實、合理、系統的基礎資料上。這就要求提供所需的系統化資料和資料。

- 針對性原則。選擇的決策技術方法應該能夠提供與決策階段相匹配的結果。決策階段不同，要求也不同。應該針對不同的決策分析具體應用，選用能夠提供與決策階段要求相匹配的結果輸出的評估方法。
- 合理性原則。在滿足決策分析要求的前提下，應該合理選擇對計算能力要求低、基礎資料需求少、容易獲得且評估人員熟悉的方法，兼顧決策分析工作量及評估結果的合理性。

■ 善用決策支持系統

隨著經濟社會快速發展，管理者待決策事項越來越多，也越來越複雜；單靠人腦決策已經不能適應經濟社會發展需要，要求更便捷的資訊系統為決策提供支持。一九七〇年代，資訊技術的快速發展和電腦的普遍應用，催生了「決策支持系統」（Decision Support System, DSS）。這一概念最早由美國麻省理工學院的麥可 · 史考特（Michael Scott）和彼德 · 基恩（Peter Keen）提出，並逐步發展為以人機交互方式輔助決策者進行半結構化或非結構化決策的電腦應用系統。

決策支持系統是決策技術與資訊技術結合的產物，將管理科學方法和電腦技術結合起來，運用於決策的各個環節，大大提高了決策效率。決策支持系統為決策者提供分析問題、建立模型、模擬決策過程和方案的環境，調用各種資訊資源和分析工具，幫助決策者提高決策水平和品質。

實施有效管理，提升決策效率

如果某一組織的營運狀況一直很差，人們自然會問：「為什麼沒有做出更好的決策？」不同人可從不同視角給出不同解釋，但最根本的原因是：該組織沒能對其經營活動中必須做出的大量決策進行有效管理。

有些組織的高層管理者甚至不熟悉自己的組織是如何進行決策的！

改變組織營運狀況和提高經營績效的最有效方法之一，就是對組織的決策進行有效管理。組織的運行效率高低和績效目標實現程度不僅僅取決於管理者的努力程度和管理能力，更取決於組織的決策管理水平。

決策的有效性

決策品質普遍較高的組織，管理者制定優秀決策已經成為習慣和標準。如果擁有更多的資源、更好的工具和充足的時間，他們可以制定出更高品質的決策。即便不具備上述條件，他們也能夠在有限時間內利用有限資源和工具，制定出合理可行的決策。

高品質的決策首先必須是有效決策。有效意味著達到了決策之目的，也就是決策後果使其目標受益者達到滿意狀態。

美國密西根大學教授法蘭克・耶茲（Frank Yates）在《企業決策管理》[60]一書中提出了評價決策有效性的幾個維度，包括目標標準、需求標準、結果標準、重要方案標準和過程費用標準。我們在此做一下簡要介紹。

■ 目標標準

制定決策之目的在於取得預期成果，實現組織的某種目標。

每項決策都應有具體目標。衡量決策成敗的直接標準就是目標能夠實現。如果實施效果實現了事先確定的目標，就認為決策達到目標標準。

■ 需求標準

制定決策之目的在於滿足組織的某種需求。

很多決策者習慣於以自己理解的「需求」設定決策目標。很多情況下，決策者所理解的「需求」偏離組織的實際需求，導致決策目標不符合實際需求。決策者必須搞清楚組織的真正需求，針對需求設定決策目標。

■ 結果標準

結果標準不考慮決策的出發點和目標，而是用決策的所有結果的總影響來衡量決策成功與否。根據結果標準，如果利益相關方對決策結果很滿意，這個決策就可以認為是有效決策。

結果標準在諸如人事決策等特定領域的決策中尤其重要。每個人都不是完人，總有這樣那樣的缺點，組織對人事任命進行決策，總會有人有不同的看法。衡量決策正確與否，只能是這次人事任命的最終結果：此人是否勝任，是否能夠為組織績效做出應有的貢獻。

■ 重要方案標準

重要方案標準是指：對於利益相關方來說，如果決策考慮的方案所能達成的效果至少和選擇其他方案一樣好，這樣的決策就是有效的。

■ 過程費用標準

過程費用標準是指：如果決策過程消耗最少資源（包括資金、時間以及決策者承受危機的能力），就是有效決策。決策者應弄清楚「決策過程費用」和「決策實施費用」的區別。

「實施費用」是指某一備選方案被選定並投入實施發生的費用。

「過程費用」標準有可能導致決策者過分追求低過程費用，而「實施費用」高昂，將影響決策的最終效果和組織的決策管理總體目標。

為什麼要實施決策管理

決策管理，顧名思義，就是對決策進行管理。

組織的管理者如何決策？這些決策是否有效？如何改善決策習慣？

古今中外無數事例表明：某些組織特別善於在關鍵時刻做出優秀決策，把事業引向新的高峰；而另外一些組織則深受不良決策之苦，好像無形力量將其推向泥淖！難道前一類組織運氣更好？擁有更優秀的人才和資源？當然不是！高品質的決策，不能僅靠運氣，更多地依賴決策智慧和組織的規範管理。

決策管理就是要為組織制定決策規程，合理規定決策職責，指導決策者採用合適的決策模式，以達到組織的績效目標。

某些組織因忽視決策管理而造成損失或喪失發展機會。每當組織發生重要事件時，高層管理者忙於了解和處理特定事件，沒有人進行深層思考並提出質疑：目前的狀況是由原來哪些決策導致的？組織的哪些行動導致了錯誤決策？這樣的組織習慣於將現狀歸因於「運氣」，很少人能夠有意識地把目前的現狀與以前的決策相聯繫。

組織的決策是一個綜合過程，由前後連貫的諸多環節構成：資訊的收集和分析、對未來趨勢的預測、備選方案的制定及其可能效果的綜合判斷、決策方案的選擇、實施過程的追蹤與動態調整。決策行為本身只是決策過程鏈條中的一個環節。優秀決策不僅需要決策智慧，更需要對決策進行適當管理，提高決策的科學性、可行性和有效性，避免盲目決策。

決策管理的任務是：保證組織的決策者成功地處理決策問題。實現任務的措施之一就是要對決策過程中的行為進行有效控制。決策管理不僅要規避糟糕決策發生的可能性，更要提高決策的有效性。

決策管理的內容

決策管理的內容，包括組織中每位管理者所做的每一件事情，這些事情應有助於提高組織的決策品質和效率。

決策管理的內容可以分為四類：提供決策資源，參與特定決策，影響特定決策，控制決策過程。

■ 提供決策資源

決策制定過程、決策方案實施過程都需要一定的資源支持。這些資源包括人力資源、技術資源、時間資源。為了保證決策品質，決策者都會為自己負責的決策事項爭取盡可能多的資源。而組織的可用資源總是有限的，任何組織都不可能提供無限的資源。

決策管理者的職責之一，就是要為各類決策合理配置必要資源。好的決策管理者，在保證滿足決策需要的同時，還要避免組織資源的浪費。

■ 參與特定決策

組織的決策管理者，通常自己也需要做決策，或者作為各類決策團隊的成員參與團隊決策。決策管理者所做決策的特殊性在於：其管理權限越大，所做決策的影響也就越大。在影響其他決策者的同時，也必然受其他決策者影響。這種相互影響可以使人們改變原有習慣並形成新的習慣。

有些影響是短暫的，比如物質激勵；還有些影響具有持久效應，比如精神激勵、行為影響和文化影響，會潛移默化地改變決策者的行為。組織的決策管理者，也要自己制定決策，他們的決策將在一定程度上影響組織制定決策的方式。這種決策方式，久而久之就會形成組織的決策文化。

傳統文化提倡「言傳身教」，更強調身教重於言傳，所謂「榜樣的力量是無窮的」。初級管理者透過觀察和模仿那些在他們看來是榜樣式人物的高級管理者來形成自己的管理習慣。高級管理者無論怎麼說「按我說的做」，最終會發現受其影響的人總是「按其做的做」。

■ 影響特定決策

組織的決策管理者可以直接影響組織的特定決策。這種影響體現在影響其他決策者的思維和決策過程中。

決策過程中，團隊中的某些人總是比其他人擁有更大的話語權。這種話語權無形中會轉化為對決策的影響力。他們可以協助指導討論過程，建議其他可選方案，提供與決策相關的附加資訊。這些行為會影響決策團隊中其他成員的思維和商討過程，進而影響團隊的決策品質。

決策管理者的職位越高，對他人的影響就越大。這種影響通常是不可逆的。好的影響有助於提高管理者的聲譽，而糟糕的影響則會損害管理者的形象和權威。管理者要慎用自己的影響力，珍惜自己的權威和聲譽。

《周易》〈繫辭上〉引用孔子的話說：

> 君子居其室，出其言善，則千里之外應之，況其邇者乎？居其室，出其言不善，則千里之外違之，況其邇乎？言出乎身，加乎民；行發乎邇，見乎遠。言行，君子之樞機。樞機之發，榮辱之主也。言行，君子之所以動天地也，可不慎乎？

組織的決策者和決策管理者，將共同決定組織的決策方式和決策習慣，他們的言語和行為方式將最終決定組織的決策文化。而決策文化將會決定一個組織沿著什麼樣的道路發展，能夠走多遠。

■ 控制決策過程

現代決策的七個基本過程涵蓋了決策過程中應完成的工作內容及其前後

邏輯順序。決策者可以根據實際情況進行簡化和細分。

每個組織都會形成自己獨特的決策過程。沒必要完全照搬上述全部七個過程。組織通常根據實際情況，結合自己的決策需要，形成自己的決策過程。評價組織決策過程的標準是其適用性和有效性，而不是完整性。

有些組織的決策過程相對成熟和穩定，已經形成了決策管理規程；有些組織的決策過程則比較鬆散和靈活，更大程度上由決策者個人控制，或由決策團隊協商完成。

作為決策管理者，必須控制決策過程，使其能夠正常運行；還必須保證決策過程的有效性，必要時對決策過程進行修正。

第六章
決策影響因素分析

為了提高決策品質和效率，管理者必須明確哪些因素影響組織的決策，並採取針對措施減少不利因素，為制定優秀決策創造條件。

影響決策品質和有效性的主要因素可以歸為以下幾類：

- 組織結構與文化；
- 決策者個人特徵；
- 客觀環境因素；
- 組織管理能力。

本章分別對上述因素進行分析。

組織結構與文化

組織的決策品質及效率深受其治理結構和組織文化的影響。沒有一流的治理結構，就沒有一流的組織，也不會有一流的競爭力。

治理結構對決策的影響

所謂「治理結構」（Corporate Governance Structure），通常是指經營型組織的管理和控制體系，是由所有者、董事會和經營者（高級管理者）共同組成的一種組織結構。公司治理結構本質是協調股東利益、管理層利益和公司利益的機制，是處理公司各種契約關係的一種制度。

一九九九年五月，經濟合作暨發展組織（OECD）理事會透過了《公司治理結構原則》，旨在為 OECD 國家的政府部門制定有關公司治理結構的法律和監管制度框架提供參考。這是關於公司治理結構的第一個國際標準。

相對於組織文化，治理結構對決策的影響更直接。現代企業治理結構核心是建立一套有效的制衡機制，確保科學決策，防範決策風險，提高競爭力。這就需要合理分配決策權限，明確決策責任，遵循科學決策程序；建立風險控制體系，從決策環節防範風險。

■ 所有者、董事會和經營者權責界定

組織的治理結構對決策的影響，首先體現在所有者、董事會和經營者三者的權責界定上。如果權責界定合理，組織就會運轉順暢，決策過程和其他管理活動就會順利地貫徹落實。否則，無論是決策制定過程還是實施過程都會面臨問題。組織就會陷於推諉、內耗的困境。

國營企業的治理結構中，董事長和總經理由政府直接任命。在這種情況下，外部獨立董事的存在可以緩解企業內部人控制的問題，強化企業決策過程中的風險管理，提高企業的戰略執行能力[61]。

現代企業制度還處於探索階段。實行現代企業制度的國營企業，通常董事長大權獨攬，擁有所有重要事項的決策權。有時候，董事長直接插手經營管理決策。這樣越俎代庖，實際上違背了現代企業「有效制衡，科學決策」

的基本原則，風險管控體系形同虛設，企業面臨較大風險。

■ 管理層職責分工對決策的影響

組織的高層管理者的職責分工也是影響決策的重要因素。

杜拉克根據美國大型企業的實際情況，將企業的構成原則歸納為兩類：一類是「聯邦分權制」；另一類是「職能分權制」。杜拉克建議大型企業集團盡可能採用「聯邦分權制」。對企業經營活動進行分析，整合相關業務，組織成若干個自主管理的產品事業部；事業部擁有自己的市場和產品，同時也自負盈虧。

不能採用「聯邦分權制」的企業，就必須採取「職能分權制」。根據管理流程設立職能部門，在企業管理流程中負起責任。職能分權制也存在先天不足，職能性機構會導致管理層級太多。在這樣的組織機構中，績效考核只能針對整個部門，幾乎無法透過經營績效來檢驗員工的表現。

高層管理者的職責分工，通常以企業的組織結構為依據。組織應根據發展需要，並結合外部環境，選擇適合自己、適應環境的分工模式。

■ 機構設置對決策的影響

組織的機構設置也會影響決策。在官僚化程度比較高的組織中，這種影響尤其顯著。其主要體現在以下幾個方面。

- 治理結構不合理。部門責權劃分不清，管理界面模糊，缺乏溝通。一方面，遇到問題相互推諉；另一方面，又在重複性做同一類工作。
- 不同部門管理理念不同。有些部門強調計劃，工作有序進行；有些部門習慣於打遭遇戰，走一步算一步。
- 組織缺乏協作文化。遇到交叉性或需要多部門協同的工作，不能以組織利益為重積極地配合主責部門，而是相互推卸責任。

要處理好部門之間的關係，做好部門之間的溝通協調，首先必須樹立全局觀念，把維護組織的整體利益作為最高目標。

由於傳統文化和歷史原因，很多組織沒有形成決策溝通機制。在制定重大政策時，事前不在管理層進行溝通，更不徵求員工的意見；事後不向員工解釋或說明該措施對員工利益的影響。員工的主角和責任感缺失，小道消息盛行，抵制情緒大，決策得不到有效實施。

組織文化對決策的影響

剛柔交錯，天文也；文明以止，人文也。觀乎天文，以察時變；觀乎人文，以化成天下。

——《周易》〈賁〉卦之彖辭

我們每個人都有自己獨特的性格。性格特徵影響我們的思維、言語及行為方式。不僅個人如此，凡是由人構成的團隊、組織，乃至民族、政權、國家，也同樣具有自己獨特的性格，這種性格通常稱之為「文化」。

現代語境中的「文化」是一個有著豐富含義的詞彙。廣義上說，文化是指人類社會歷史實踐過程中所創造的物質財富和精神財富的總和。狹義上說，文化是指社會意識形態以及與之相適應的制度和組織結構。

美國學者埃德加・沙因（Edgar Schein）在其《組織文化與領導力》（Organizational Culture and Leadership）[62]中這麼定義文化：

文化就是某一特定的人群，在學會如何對付適應外界和整合內部過程中遇到的問題時，所發明、發現或開發出的一套基本性假設的模式，這套模式一直運作良好而被視為有效，因而把它當作感知、思考和感覺那些問題的正確途徑而傳授給該人群的新成員。

文化一旦形成，其作用將是不可估量的。

■ 組織文化之價值

現代社會中，不同的組織在其營運管理過程中發展出專屬於自己的文化，通常稱之為「組織文化」。史蒂芬・羅賓斯（Stephen Robins）和提摩西・賈奇（Timothy Judge）在《組織行為學》（Organizational Behaviour）[63]中給出的組織文化定義是：

組織文化是指組織成員共有的一套意義共同的體系：價值觀、行為準則、傳統習俗和做事的方式，使組織獨具特色，區別於其他組織。

文化之於組織，就像空氣之於生命，須臾不可或缺。人們越來越認識到，組織並不是僅僅依靠財務數字生存，優秀的組織都有充滿活力的文化。中國海爾公司張瑞敏認為：「企業文化就是企業的靈魂，是企業的基因。企業有一個好基因，這個企業就可以代代傳承。企業文化是企業生存興旺、可持續的關鍵。世界百年老店都有一個非常好的基因。」

培育組織文化對整個組織的發展具有積極意義。在全球化、知識化、資訊化的今天，組織之間的競爭根本上是文化的競爭。領導者必須充分認識到文化在管理中不可估量的作用[13]。

- 優秀的組織文化孕育驅動力。單純依靠物質和人力資源數量投入謀求發展優勢的模式，已經或即將成為歷史。華為公司創始人任正非對組織文化有著獨到的認知：「資源是會枯竭的，唯有文化才能生生不息。」在知識經濟時代，知識與文化將成為組織發展的驅動力。
- 優秀的組織文化激發創造力。組織文化能夠把組織的使命和願景轉化為員工個人努力的方向。這種轉化一旦完成，就會對組織的成員產生持久激勵，使其迸發出巨大的創造力。組織文化使得員工有持久的激勵源，從而創造出超凡績效和輝煌成就。
- 優秀的組織文化增強凝聚力。這種凝聚力可以使員工具有正確價值取向、強烈的責任感和使命感；緊緊圍繞組織目標而努力奮鬥，創造出高效率和最佳效益；不懼任何困難和挫折，在競爭中立於不敗之地。
- 優秀的組織文化提高競爭力。獨特的組織文化是其核心競爭力。文化是組織的無形資產，是取之不盡、用之不竭的智慧源泉。優秀的組織文化有利於員工之間加強協作，提高整體競爭力。

■ 組織文化之影響

組織文化對決策的影響透過影響人們價值觀和態度而發揮作用。

管理者的任何管理行為，都受其價值觀和文化的支配。決策方案的選擇，為什麼是這樣，而不是其他？ 人事任命，為什麼是這個人，而不是其他人？ 合作夥伴的選擇，為什麼是 B，而不是 A 或 C？ 這些行為的背後，起

決定作用的都是價值觀和文化。

組織文化是組織在發展過程中所形成的、為其員工共同認可並遵守的基本信念、價值標準和行為規範。組織文化是組織的魂魄，不僅影響組織及其員工的行為方式，還會影響他們如何看待、定義和分析問題。

不同的組織文化對其員工的影響力不同。文化影響力的強弱，取決於組織推行其價值觀的強度和員工對基本價值觀的接受及承諾程度。

組織文化對管理者的行為影響更大。文化約束人們應該做什麼、不該做什麼，將直接決定管理者實施計劃、組織、領導和控制的方式。

綜上所述，組織的任何決策都會受到組織文化的影響。

組織文化影響道德氛圍及道德行為。正是不道德的價值觀和文化，注定了美國安隆公司（Enron Corporation）破產的結局。安隆公司曾經名列《財富》雜誌「美國五百強」第七名，自稱全球領先企業；二〇〇一年十二月二日，突然向紐約破產法院申請破產保護，成為美國歷史上第二大企業破產案。安隆公司某任執行長（CEO）安德魯・法斯托（Andrew Fastow）的座右銘是「安隆說變臉就變臉」[64]，反映了其本人及公司的價值觀和文化。此人因電話和證券欺詐被判處十年有期徒刑。在這樣的氛圍中，安然的員工對組織文化的感受是：個人欲望重於團隊績效，不惜一切代價追求個人收入。

美國賓州大學華頓商學院圖書《關鍵決策：阻止錯誤鏈摧毀你的組織》[65]中有一則關於美國嬌生公司的組織文化影響決策並維護組織利益的案例。一九八二年十月，美國芝加哥地區發生了數起與嬌生公司產品「泰諾強效錠」相關的氰化物中毒死亡事件。嬌生公司的組織文化驅使其把安全放在最重要的位置，迅速做出決策：先回收產品，再調查原因！希望人們對其「顧客利益至上」的承諾不會產生懷疑。該公司在全美範圍內回收三千一百多萬包涉事藥錠，成本超過 1.25 億美元，並與執法人員合作調查事故原因。調查結果顯示：問題是由外部破壞而非嬌生公司內部生產造成的。嬌生公司迅速回收涉事產品，踐行「顧客利益至上」承諾的行動，令所有顧客印象深刻！不僅如此，嬌生公司對其回收的並無問題的產品，使用新的抗干擾包裝重返市場。嬌生公司的組織文化驅動的決策，使其獲得了更多的市場占有率。

南韓三星公司二〇一六年下半年處理「Note 7 手機爆炸」事件的虛偽態度和拙劣行為，與嬌生公司危機決策形成鮮明對照。面對危機，三星不是即時決策處理問題，而是掩飾和推諉，甚至反誣消費者！「手機爆炸門」彰顯了這家公司不僅缺乏品質控制，更為甚者其組織文化中缺乏「誠信」。

優秀的組織文化，不追求絕對服從，而是要「帶思考的執行力」。決策過程中鼓勵不同觀點，容忍反對意見。不同意見的碰撞、交融才能帶來創新的火花，催生創新的措施。

■ 建設優秀的組織文化

「好的開始是成功的一半。」這句話同樣適用於組織文化建設。《管子》[66]〈小問〉篇講述了管仲關於馬廄建設的論述：

> 桓公觀於廄，問廄吏曰：「廄何事最難？」廄吏未對。管仲對曰：「夷吾嘗為圉人矣，傅馬棧最難。先傅曲木，曲木又求曲木，曲木已傅，直木無所施矣。先傅直木，直木又求直木，直木已傅，曲木亦無所施矣。」

建馬廄圍欄時，打下第一根木樁最重要，將決定後面選用什麼樣的木樁。不僅建馬廄圍欄如此，組織文化建設同樣如此。

具有高道德標準的文化，會對員工行為產生強大的正面影響。在組織中提倡正直誠實、有責任心、勇於擔當和開放包容，將為建立符合道德的團結、和諧、平等文化打下第一根「直樁」。渙散、壓抑、等級森嚴的組織文化容易使員工對組織事務漠不關心，而虛偽、貪婪、欺詐的組織文化，將會為組織打下曲樁，種下毀滅的種子。

為了建立較高道德標準的文化，高層管理者要以身作則。反映價值觀的組織文化不能僅停留在紙面上，應該體現在組織行為上。如果紙面寫一套，領導者嘴上說一套，而行動中卻是另一套，如何讓員工相信？

如果組織文化中有誠實、正直的基因，管理者做決策時，首先想到的就應該是「是否符合組織利益」。如果組織文化中只有順從基因，唯領導馬首是

瞻，管理者決策時首先想到的是「上司是否滿意」。

在充滿不確定性的全球化市場環境中，成功的組織需要具有創新精神的文化支撐。創新文化通常具有以下特點：一是挑戰現狀並積極參與；二是適度的自由；三是信任和開放；四是適度的冒險精神；五是充分的溝通與討論；六是合適的衝突解決機制。

創新文化通常也是學習型文化。為了建立具有創新精神的文化，就要鼓勵員工主動學習，積極參與溝通，激勵創造和支持多樣化。

決策者個人特徵

人只不過是一根葦草，是自然界最脆弱的東西。但他是一根有思想的葦草……我們全部的尊嚴就在於思想。

——布萊茲・帕斯卡（Blaise Pascal）

歐洲文藝復興時期法國數學家、物理學家、哲學家布萊茲・帕斯卡在《思想錄》[67]中提出：人之偉大源於其思想；然而，也正是由於其思想，使人類成為天使和魔鬼、偉大和卑賤既對立又統一的矛盾體。

上述特徵在決策者身上的表現尤為突出。他們努力要做出優秀決策，而結果往往是糟糕的決策。什麼樣的個人因素造就了優秀決策？這些因素能否培養？什麼樣的個人因素導致了糟糕決策？這些因素能否避免？

決策者的認知能力、人格因素、戰略眼光、知識與經驗、對待風險的態度、民主作風、思維習慣等特徵都會直接影響決策的過程和結果。

本節我們重點探討決策者的認知能力和決策風格對決策的影響。

認知能力對決策的影響

生活中的10%是由發生在你身上的事情組成，而另外的90%則是由你對所發生的事情如何反應所決定。

——費斯廷格法則

人類自從七萬年前的「認知革命」起，便具有了區別於其他動物的深層認知能力，對於特定的情境會給出不同的解釋。面對同一種情境，不同的人會依據自己以往的經驗、自我想像力產生不同的認知；同一個人在不同的時間面對同一種情境，也會因此時此地的心境而產生不同的認知。

深層認知能力是重要的溝通技能，也是決策能力，能夠幫助人們辨別決策情境，防止錯誤判斷或不當反應。認知能力通常涉及對客觀情境的認知、自我認知、對時機的認知與把握、對政治文化的認知等方面。

認知能力來源於知識和經驗。一個人知識淵博、經驗豐富、思想解放，就樂於接受新事務、新觀念，容易理解新問題;決策時就容易以寬廣的視野、開放的思維，擬定出更多具有創新性的備選方案並做出最好的選擇。

■ 客觀情境認知

對客觀情境認知不準確，決策的依據和判斷準則出現偏差，就可能導致錯誤決策，給組織帶來嚴重影響。

戰國中晚期的宋國最後一代君主宋王偃，就是因為不能正確認知客觀情境，採取一系列與國力和能力不相稱的行動，導致亡國喪身。

宋國統治者是殷商王朝後裔，從始封國君微子到末代國君子偃，存在了七百多年。春秋時期，宋國作為中等諸侯國，實力比齊、楚、晉弱，比魯、鄭、衛強。西元前六三八年，宋襄公曾試圖重現殷商的輝煌卻被楚國擊敗。在隨後的歲月裡，宋國成為夾在晉楚兩個強國之間的緩衝器。

西元前三二九年，子偃篡位自立，意圖在列國紛爭的亂世中一爭雄長，卻開啟了這個老舊諸侯國的毀滅歷程。據《史記》〈宋微子世家〉記述：

> 君偃十一年，自立為王。東敗齊，取五城；南敗楚，取地三百里；西敗魏軍，乃與齊、魏為敵國。盛血以韋囊，縣而射之，命曰「射天」。淫於酒、婦人。群臣諫者輒射之。於是諸侯皆曰「桀宋」。「宋其復為紂所為，不可不誅。」告齊伐宋。王偃立四十七年，齊湣王與魏、楚伐宋，殺王偃，遂滅宋而三分其地。

宋王偃不能正確認識當時的客觀情境：宋國夾在列強之間，如群虎環伺之羔羊。接連做出錯誤決策，「東敗齊，取五城；南敗楚，取地三百里；西敗

魏軍，乃與齊、魏為敵國」。三面樹敵。不僅如此，他還模仿一千多年前的祖先武乙，挑戰上天。命人用牛皮袋盛滿鮮血，懸掛起來，親自挽弓仰射，稱為「射天」；沉溺於酒色，有敢勸諫者，當場射死。諸侯們都把他與夏朝暴虐的末代君王夏桀相比，稱為「桀宋」。西元前二八六年，齊湣王聯合魏、楚討伐宋國，殺死宋王偃，瓜分了宋國土地。

不能正確認知客觀情境導致錯誤決策的現象，並沒有隨著社會的發展和技術的進步而消失，而是與人類社會共存。

進入二十一世紀的第二個十年，國際經濟動盪和資源環境約束趨緊雙重壓力，多數行業處於產能過剩狀態。企業「瘦身健體，提質增效」。在這樣的大環境中，仍然有一些企業的決策層不能準確認知客觀情境，逆勢而動，亂擴張。

企業的高管們受股東委託，管理資產——股東共有的財富。在充滿不確定性和風險的外部環境中，以「戰戰兢兢，如臨深淵，如履薄冰」的心態，尚且無法避免決策錯誤。管理者應將有限資源聚焦於管理提升，下真功夫提高創新能力和管理水準，努力提高核心競爭力。

■ 自我認知

人們對自我的認知，往往比對客觀情境的認知更難。正因為如此，自我認知對決策的影響也就更大。

自我認知能力強的人，努力使自己的行為適應社會現實。不僅能清楚地認知自己的行為以及這種行為可能對決策造成的影響，而且能夠準確理解他人的情緒和一些社會性行為。這種人通常具有較強的決策能力。

自我認知能力差的人往往放任自己的行為，也不在乎這種行為對決策的影響。通常以主觀臆想代替客觀的決策依據，往往做出糟糕的決策。

我們前述的宋王偃，不僅不能正確認知客觀情境，其自我認知也嚴重扭曲。其雄心壯志遠遠超出了宋國的國力和本人能力；做出一系列缺乏常理、不自量力的決策，最終導致身死國滅。據《戰國策》〈宋衛策〉記載：

> 宋康王之時，有雀生於城之陬。使史占之，曰：「小而生巨，

必霸天下。」康王大喜。於是滅滕伐薛，取淮北之地，乃愈自信，欲霸之亟成，故射天笞地，斬社稷而焚滅之，曰：「威服天下鬼神。」罵國老諫者，為無顏之冠，以示勇。剖傴之背，鍥朝涉之脛，而國人大駭。齊聞而伐之，民散，城不守。王乃逃倪侯之館，遂得而死。見祥而不為祥，反為禍。

宋王偃諡號為「康王」。他剛稱王時，看見城牆角落的小鳥窩裡孵出了大鶉鳥，就讓太史占卜，太史拍馬屁說：「小鳥孵出大鳥，一定能稱霸天下。」宋康王大喜。於是出兵滅掉了滕國，還進攻齊國的附庸薛國，奪取了楚國淮北的土地。從此之後，他更加自信，想盡快實現霸業，就用箭射天，用鞭笞地，砍掉土神和穀神的神位並燒掉，並宣稱：「我用威力降服天下鬼神。」他罵那些年老敢於勸諫的大臣，帶遮不住額頭的帽子來表示勇敢，剖開駝背人的背，砍斷早晨過河人的腿，臣民非常恐慌。齊國聽說後進攻宋國，百姓四處逃蔽，城也沒有守住。宋康王逃到倪侯的住所，很快被齊國人抓住殺死。宋康王看見吉兆卻不做好事，吉祥反而成了禍害。

這個故事啟示世人，作為組織的領導人，要有清醒的自我認知，對那些講好話灌「迷魂湯」的人一定要保持警惕。

理財大師巴菲特的合夥人查理 • 孟格講過一則關於諾貝爾物理學獎得主、德國物理學家馬克斯 • 普朗克（Max Planck）及其司機的故事。普朗克一九一八年獲得諾貝爾獎後，受邀到處演講。有一次，慕尼黑一家學術機構邀請普朗克演講。司機對他說，你每次演講的內容都一樣，我都聽熟悉了。這次你歇一歇，我替你講吧。普朗克微笑著同意了，並主動坐到司機席上。真正的司機登上講台，按照平日裡所記普朗克演講內容，洋洋灑灑，講得與普朗克本人一模一樣。講完之後，慣例是學術互動。面對非常專業的提問，這位司機只好說：這些問題，讓我的司機來回答吧！

現代組織機構的管理者，對自己是否有清醒的認知？賴以做決策的依據，是像普朗克的司機所掌握的表面「知識」？還是像普朗克本人所擁有的從淵博而系統的理論知識凝鍊形成的智慧？

目前，社會上有一種浮躁現象，重形式而不重實質。不去扎扎實實做好管理工作，而是熱衷於炒作概念。抄來一些所謂的新思想、新理論，不知其所以然，就像普朗克的司機那樣，到處炫耀、賣弄、推廣。

《道德經》講：「知人者智，自知者明。」從老子到蘇格拉底，哲人們都在告誡人們：認識你自己！

如果能夠準確認知客觀情境（包括他人），又能夠做到自我認知，那就不僅僅能夠睿智地做好決策，而且能夠成為哲人了。

■ 把握時機的能力

條件不成熟匆忙決策是冒險行為，條件成熟時卻久拖不決將會喪失機遇。組織的管理者，決策時要善於把握時機，當機立斷，抓住機遇。

《戰國策》〈宋衛策〉講了一則「衛人迎新婦」的故事，就是一個典型的時機把握不對的案例：

> 衛人迎新婦，婦上車，問：「驂馬，誰馬也？」御曰：「借之。」新婦謂僕曰：「拊驂，無笞服。」車至門，扶，教送母曰：「滅灶，將失火。」入室見臼，曰：「徙之牖下，妨往來者。」主人笑之。此三言者，皆要言也，然而不免為笑者，蚤晚之時失也。

衛國新娘出嫁過程中安排了三件事，招來了人們的嘲笑。第一件，告訴僕人，趕車時鞭打從別人家借來的兩匹兩邊拉套的馬，不要打自家的兩匹駕轅的馬。第二件，車到婆家門口時，告誡送她的保姆說：回去把灶火滅了，不然會失火。第三件，到婆家屋裡，看見房裡擺著一個石臼，讓人移到窗戶下，以免妨礙人來往。新娘對三件事的安排都很恰當，卻被別人笑話，是因為這些決定不是處於成親過程中的新娘應該做的。決策的時機把握不對。

決策過程中對時機的把握是一種能力，更是一種藝術。我們在生活和工作中，是否有過類似「衛人新婦」的尷尬情況？

■ 政治與文化的認知

在經濟全球化程度日益加深的今天，很多組織的經營活動已置身於國際大環境中。多功能、跨部門、跨組織的團隊工作模式迅速在全球傳播。組織或團隊決策所涉及的利益相關方，往往擁有不同的文化背景、宗教信仰、政治取向和行為規範。管理者必須對政治和文化有正確的認知。

一、確保政治正確性。政治正確性通常涉及宗教、政黨、倫理、價值觀以及民眾習俗等眾多內容。政治正確性不僅反映個人的道德修養，在某些文化氛圍中，甚至會引起法律糾紛。美國的政客、電視節目主持人，會因為歧視少數族裔的言論而被聲討批判，嚴重的還會被告上法庭。

二、尊重文化差異。不同文化的行為模式差異甚大：英國人通常將明確的規則隱藏於模糊的文字中；德國管理者會讓團隊成員發表見解，但仍然保持決策控制權；美國人習慣於直言不諱；日本人通常在決策前就透過充分溝通達成一致。管理者應加強學習和修養，準確認知並尊重文化差異，決策前與利益相關方充分溝通，在互信的基礎上實現共贏。

國際社會有種怪現象：那些祖上在世界各地燒殺搶掠的白種人，至今沒有學會尊重其他民族、宗教和文化。未來學家約翰 · 奈斯比就指出：「許多西方人多少會對中國心存一些偏見。西方人最不好的一種觀念是：他們認為有權力來為全世界制定價值觀，卻低估了中國人的想法。」

三、避免觸碰高壓電線。人類社會中，有些事情是不能觸碰的，就像高壓電線，偶爾的觸碰便會遇到強烈的反應。決策者對此要保持高度警惕。

中國春秋時期，有一條絕對不能觸碰的政治「高壓線」，那就是「僭越」。據《春秋左氏傳》〈僖公二十五年傳〉記載，晉文公平定周王室內亂之後，朝覲周天子時「請隧」，遭到了周天子的拒絕。

> 戊午，晉侯朝王，王饗醴，命之宥。請隧，弗許，曰：「王章也。未有代德而有二王，亦叔父之所惡也。」與之陽樊、溫、原、欑茅之田。

剛當上國君的晉文公不懂禮儀，請求（自己死後）用「隧」的規格下葬，遭到了周天子的嚴詞拒絕。周天子寧可多賞賜晉國土地以酬勞其為王室做的貢獻，也絕不允許在禮儀上有所僭越。

孔子對春秋時期禮崩樂壞、諸侯僭越深惡痛絕。魯國季氏僭用天子禮樂「八佾」，孔子大聲疾呼：「八佾舞於庭，是可忍也，孰不可忍也？」

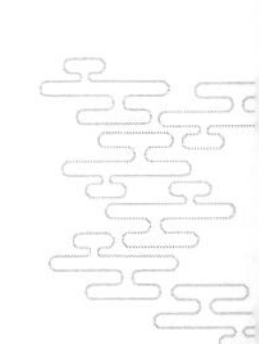

諸侯國交往的另外兩條高壓線是：透過鄰國要「假道」（也就是「借路」），他國國君去世要「問喪」（相當於今天的「唁電」或國家特使參加追悼會）。發生在魯僖公三十三年的秦晉「崤之戰」，就是因為秦國觸碰了晉國「假道」和「問喪」兩條高壓線。「上年冬十二月，晉文公姬重耳去世，秦國沒有派人弔唁；本年二月，秦國軍隊不假道而透過晉國地盤去偷襲鄭國。夏四月辛巳這天，晉國軍隊聯合姜姓戎人，在崤山全殲了秦軍。」

現代社會跨文化溝通中，同樣存在高壓線。多年前伊朗對作家魯西迪發布全球追殺令，二〇一五年一月七日發生在法國巴黎的《查理週刊》恐怖襲擊，皆因侮辱伊斯蘭教的先知觸碰了穆斯林的宗教高壓線。

■ 認知失調與費斯廷格法則

「認知失調」理論是由美國社會心理學家利昂・費斯廷格（Leon Festinger）提出的。簡而言之：人們面對新事物時，心理上會出現新認知與舊認知相互衝突的狀況。為了消除這種認知衝突帶來的不適感，心理上就會採取措施進行自我調適，或者否認新認知，或者尋求更多資訊支持新認知，否定舊認知。無論哪種措施，最終目的是重新達成心理調和狀態。

費斯廷格法則告訴我們：生活中有 10%的事情是我們無法掌控的，而剩餘的 90%卻是我們能掌控的。費斯廷格總結的上述現象，在人類社會發展歷史上及現實生活中到處存在，對人們的決策產生重大影響。

《春秋左氏傳》〈定公二年〉及〈定公三年〉記載了邾國的邾莊公因為個人認知失調，做出一系列錯誤決策，最終送了性命。

> 邾莊公與夷射姑飲酒，私出。閽乞肉焉。奪之杖以敲之。三年春二月辛卯，邾子在門台，臨廷。閽以瓶水沃廷。邾子望見之，怒。閽曰：「夷射姑旋焉。」命執之，弗得，滋怒。自投於床，廢於爐炭，爛，遂卒。先葬以車五乘，殉五人。莊公卞急而好潔，故及是。

魯定公二年底，邾莊公請大夫夷射姑一起飲酒。夷射姑中間出來小便，閽者（守門人）以為去取肉脯，就向他討肉吃。夷射姑沒有肉脯，閽者乞脯，於禮不合。夷射姑奪其杖（閽者多受刖刑，需要柺杖）敲其頭。

閽者對夷射姑懷恨在心，就製造假象陷害他。

第二年春二月辛卯這天（周以建子之月為正，周曆二月，乃夏曆十二月），邾莊公立於門台，面向廷院。閽者以瓶灌水，沖洗庭院（正值隆冬，灑水結冰，影響走路）。邾莊公見了十分惱火。閽者撒謊說：「夷射姑在此撒尿。」一國大夫竟然在國君庭院撒尿，成何體統！邾莊公就派人去抓夷射姑，夷射姑得到消息逃跑了。人沒抓到，邾莊公就更加憤怒！自己往床上一摺，沒躺好，滾下來掉到炭爐上，被火燒傷，不治而死。

故事的關鍵在於邾莊公「卞急而好潔」，即好潔淨而又性子急。因為好潔淨，聽說夷射姑在此撒尿就發怒;因為性子急，對虛假資訊不假思索就相信，最後，自己不幸身亡。

上述案例中，夷射姑和閽者的行為，屬於邾莊公不能控制的 10%；隨後發生的一切，都屬於邾莊公作為一國之君掌控範圍內的 90%。然而，邾莊公沒有很好地掌控那 90%，導致了大夫逃亡，自己一命嗚呼。

在環境快速變化、資訊急劇膨脹的大數據時代，決策者不得不面對更多認知失調的情境。我們是否準備好了以正確的態度和適當的決策措施應對屬於我們掌控範圍之內的 90%？

個人決策風格

決策風格是指決策者個人在長期管理實踐中形成的決策行為模式。在任何組織，決策者的個性及偏好或多或少都會對決策產生影響。

根據美國密西根大學倫西斯 ‧ 利克特（Rensis Likert）等人對領導方式和決策行為的研究結果[68]，可以將大多數決策風格歸為以下幾類。

■ 個人專斷型

決策過程中，管理者完全依據自己掌握的資訊，憑藉個人積累的經驗與知識做決策。這種風格的決策者屬於極端專制型領導人風格。權力高度集中，獨自決定一切，完全不與同事及相關部屬討論或徵詢意見。對組織中其他人很少信任，或認為部屬沒有能力，或不習慣部屬參與決策。

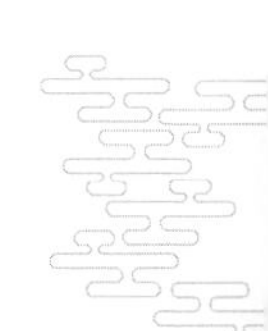

用組織行為學理論衡量，這是一種最差的決策模式。如果管理者不了解待決策事務，個人專斷型的決策風格將會給組織帶來極大風險！

現代社會的各類組織，管理者做決策，必須以組織利益為出發點。如果一個組織竟然允許管理者在制定決策時將個人偏好凌駕於組織利益之上，那就不可能可持續地發展。遇到這樣的組織，趕快「見幾而作」，走人了事。

■ 有限諮詢型

決策過程中，管理者會選擇性地向部屬諮詢對決策問題的看法，但並不會讓部屬知道諮詢目的何在；依據諮詢得來的資訊，憑藉其積累的經驗與知識做決策。這種風格的決策者，屬於溫和專制型領導風格。性格仁慈，對待部屬像父母對子女，權力仍高度集中，由領導者做出決策，允許部屬提出一些看法和意見，但不會動搖自己的決策。

這種類型的決策模式，組織成員對決策管理的參與度較低。如果管理者對需要決策的事務並不了解，有限諮詢得來的資訊對其決策品質並無多大幫助，這種決策風格也會給組織帶來一定風險。

■ 有限協商型

決策過程中，管理者會與核心圈子的部屬進行一定程度的協商，允許指定的部屬參與討論，作為決策的參考。具有這種決策風格的管理者，屬於有限民主型領導風格。這種類型的決策，其團隊成員對決策管理的參與度大概能達到三成到五成。相比前兩種類型，有限協商型決策可能會花較多時間，但如果能夠做出較高品質的決策，犧牲部分效率還是值得的。

■ 充分協商型

決策過程中，管理者在組織或團隊內部進行充分協商，協商結果作為決策的主要依據，但決策權仍然掌握在領導者手中。

具有這種決策風格的管理者，對團隊成員充分信任。需要做決策的時候，通常會先召集相關人員開會，說明決策的目的及困難，請參與者提出建議，讓不同意見激盪出更好的意見，最後綜合大家的意見，加上自己的思考，才做出決策，並向相關提供意見人員說明最終的決定與原因。

這種決策模式雖然很花時間，但是能夠充分溝通交流，對形成團隊合作有很大的幫助。透過腦力激盪法，可以找到較佳的方案。大家參與討論，願意支持這項決策，有利於決策的澈底落實。對於複雜且沒有規範可循的決策問題，這是較好的決策模式。

任正非曾說：人感知自己的渺小，行為才開始偉大。一個人不可能是什麼都懂的全才，只能依靠團隊的力量，充分發揮他人的作用。

員工的每一個想法和建議都值得稱讚——也許不會全部採納，但管理者要耐心傾聽。要讓員工確信，他們能夠對組織的決策產生作用。

■ 全員參與型

決策過程中，管理者將決策權力和責任完全交給團隊，讓團隊成員做出決策併負責實施。這種類型的決策者，對團隊成員有充分信心和完全信任，互相有大量交往和合作。積極徵求和採用團隊成員的看法和意見，成員廣泛參與重大決策過程，領導和下級關係融合、平等友善。

由於是全員共同決策，可能會花比較多的時間，會缺乏效率，但是這種模式最能被大家接受，並願意全力支持。

這種決策模式也存在缺陷。因為決策由團隊做出，如果團隊對組織的向心力與認同度不夠，成員容易只考慮團隊利益，而不顧組織利益；尤其是當決策涉及團隊成員切身利益時，更容易做出有偏見的決策。

客觀環境因素

決策的品質和效率還受客觀環境因素影響。這些因素包括：可用資源約束、資訊可用程度、物理閾值、社會環境等。

可用資源約束

決策制定過程、決策方案實施過程都需要資源支持。決策需要的資源包括：物質資源、人力資源、技術資源、時間資源。

■ 資源不足導致失敗

俗語云：「巧婦難為無米之炊。」如果資源缺乏超過限度，不僅決策過程無法完成，即使勉強做出決策，也無法保證其順利實施。

如果組織「又要馬兒跑，又要馬兒不吃草」，那麼得到的將只可能是挫折和失敗。劉基在《郁離子》〈請舶得葦筏〉篇中就意圖闡明這個道理：

昔者秦始皇帝東巡，使徐市入海求三神蓬萊之山。請舶，弗予，予之葦筏。辭曰：「弗任。」秦皇帝使謁者讓之曰：「人言先生之有道也，寡人聽之。而必求舶也，則不惟人皆可往也，寡人亦能往矣，而焉事先生為哉？」徐市無以應，退而私具舟，載其童男女三千人，宅海島而國焉。

秦始皇帝東巡，命令徐市入海尋找蓬萊、方丈、瀛洲等三神山。徐市請求航海大船，朝廷只給了他蘆葦筏子。徐市推辭說：「難以勝任。」秦始皇派人責問他：「人們都說先生有道術，我也就信了。如果一定要大船，那人人都可以去了，我也能去了，還要先生做什麼？」徐市無言以對，回來後私自準備大船，載了童男童女三千人，在海島上安家並建立了國家。

■ 彌補資源不足的措施

某些資源不足，可以激發人員的主觀能動性或採取其他措施來克服。《韓非子》〈內儲說上〉篇講述了一則孔子採用懲罰措施救火的故事：

魯人燒積澤，天北風，火南倚，恐燒國，哀公懼，自將眾趣救火。左右無人，盡逐獸而火不救。乃召問仲尼，仲尼曰：「夫逐獸者樂而無罰，救火者苦而無賞，此火之所以無救也。」哀公曰：「善。」仲尼曰：「事急，不及以賞，救火者盡賞之，則國不足以賞於人，請徒行罰。」哀公曰：「善。」於是仲尼乃下令曰：「不救火者比降北之罪，逐獸者比入禁之罪。」令下未遍而火已救矣。

魯國有人燒野草。北風大作，野火向南延燒。魯哀公很擔心會燒到國都，準備自己帶人趕去救火，卻找不到人。大家都趁機去追捕野獸，而沒有人救火。魯哀公就召見孔子討教主意，孔子分析說：「追捕野獸的人，樂於得到收穫而沒有懲罰；救火者很辛苦卻沒有獎賞；這是無人救火的原因。」孔子建議：「事情緊迫，來不及賞賜了。況且，所有救火者都賞賜，國家財物也不足。請改用懲罰吧。」哀公說：「就這麼辦。」於是，孔子下令：「不救火者比照戰場投降和逃跑之罪，追捕野獸者比照擅入禁地之罪。」命令下達之後，還沒有傳到所有人，大火已被撲滅了。

在韓非生活的先秦時代，孔子的形象絕不只是思想家兼教育家。他不僅有思想，還有措施和手段。儘管其手段有點陰損，但卻直擊人性弱點。

資訊可用程度

資訊是決策的基礎。任何決策都需要足夠的資訊支撐。充足且真實的資訊，使決策者能夠評估各種備選方案並確定最佳選擇。

■ 資訊超載對決策的影響

所謂資訊超載，是指需要處理的資訊量超過了處理能力。資訊超載影響注意力、思考能力、計劃能力和決策能力。

基於人類生物機體限制，無論多麼聰明的人，處理資訊的能力總會有限度。當資訊量超過限度時，個體會篩選、忽略或忘記部分資訊，或者推遲處理。不僅人類存在資訊超載現象，資訊處理系統也存在資訊超載現象。無論何種情況，結果是造成資訊延誤或丟失，降低決策的有效性。

資訊超載不僅是資訊爆炸的大數據時代存在的嚴重問題。實際上，在資訊相對匱乏的古代，也存在資訊超載現象。資訊超載是導致秦朝崩潰的重要因素之一！秦始皇掃滅六國，建立了郡縣制大一統的中央集權政府。數十個郡、上千個縣的決策，都由朝廷，甚至始皇帝本人做出。這種治理結構太過超前，需要處理的資訊量大大超出了當時的技術水準和資源所能提供的處理能力。據《史記》〈秦始皇本紀〉所載：「天下之事無小大皆決於上，上至以衡石量書，日夜有呈，不中呈不得休息。」

當時的文檔資料都刻在竹簡上，閱讀資料是名副其實的「繁重」工作。秦始皇白天和晚上都要不停地處理文件，用文件重量來規定任務量，處理不完不休息。儘管始皇帝能力超凡，最終還是被資訊超載壓垮了，在四十九歲

盛年去世。繼位的二世胡亥，完全不具備處理資訊超載的能力。

■ 資訊過濾對決策的影響

資訊過濾是指資訊發送者對發送的資訊進行選擇性處理，以使資訊接收者認為該資訊對其有利。資訊過濾包含兩種情況：一是資訊的選擇性透過，二是資訊的選擇性放大。較低級管理者對資訊進行過濾，選擇性透過或放大有利資訊，以使傳送到其上級的資訊是其上級喜歡的。

資訊過濾程度主要受組織的文化影響。在一個正直、誠實的文化氛圍中，資訊過濾的程度就比較輕微。反之，資訊過濾的程度就比較嚴重。另一個主要影響因素是組織的結構。結構層級越多，資訊被過濾的機會就越多。有些過濾是主觀的，更多的資訊過濾則是客觀需要。低級管理人員為了提高資訊傳遞效率，不得不對資訊進行過濾以壓縮資訊量。

過濾造成資訊失真，輕則會影響組織的決策品質和活動效果，重則會影響組織的正常運轉，甚至導致組織的覆滅。

歷史上，資訊過濾直接導致了秦王朝的滅亡。始皇帝去世後，趙高透過資訊過濾，一步步毀滅了這個大一統王朝。首先，趙高篡改了秦始皇的遺詔，逼死了皇位繼承人公子扶蘇及其支持者名將蒙恬，扶植傀儡胡亥為二世皇帝。其次，趙高透過「指鹿為馬」營造「順我者昌，逆我者亡」的局勢，大臣們不敢講真話，過濾了大臣的資訊。再次，過濾掉帝國東部上報的反秦起義軍資訊，中央政府不能根據實際情況進行軍事部署；前方將士立功不能得到獎勵，失敗則必然面臨懲罰；以章邯為首的秦軍將領走投無路，只好投降了項羽。最後，趙高乾脆把秦二世也直接過濾掉了！

資訊過濾忽略了「哥倫比亞號」失事風險。二〇〇三年一月十六日，「哥倫比亞」號太空梭發射升空。在完成了十六天飛行任務後，於二月一日重返地球的過程中解體燃燒，七名太空人魂斷藍天。

太空梭發射過程中，監控發現燃料箱外脫落泡沫碎塊。專案承包商美國波音公司對此進行了分析並撰寫了相關報告，認為：發射後八十二秒，三個泡沫材料碎塊從外部燃料箱與太空梭的連接區域脫落，撞擊後「似乎出現了瓦解」。該報告一月二十七日提交給美國太空總署（NASA）。NASA 在公布這份報告時強調，泡沫碎塊撞擊不會影響太空梭安全，飛行控制部門「同意這一結論」。然而，命運之神並沒有如波音公司和 NASA 所願。

英國作家諾琳娜· 赫茲引述了美國耶魯大學統計學教授、美國恢復和再投資法案獨立諮詢小組成員塔夫特對「哥倫比亞號」太空梭失事原因提出的新觀點：造成事故的潛在因素之一，是工程師們共享資訊的方式。幻燈片演示文稿過濾了關鍵資訊，導致人們忽略了風險〔69〕。

塔夫特分析了工程師們介紹太空梭機翼受損情況的 PPT，發現了一些具有誤導性的資訊。其中有一張標題為「飛船失事可能性的測驗資料綜述」，評估飛船失事的可能性。模擬試驗中所用的保溫材料是實際的 1/640，這一關鍵資訊沒有被突出，而是置於容易被人忽略的位置。接收資訊的 NASA 工程師們將注意力集中在標題上，幾乎沒有人注意到模擬比例。

幻燈片演示文稿的特殊表現形式，只能呈現一些經過精簡的重點句子和強調說明，而過濾掉那些關鍵細節。

■ 資訊品質對決策的影響

我們生活在資訊氾濫的大數據時代。在這個時代，各種資訊洶湧而來，我們被淹沒在資訊海洋裡。這些資訊疲勞著我們的眼球，衝擊著我們的大腦，顛覆著我們的認知！資訊氾濫正在把人們帶入充滿不確定性的世界裡。

面對海量資料，我們應該如何維持清晰的頭腦？如何從看似雜亂無章的資料中識別出有用資訊？我們如何判斷哪些資料是有效資訊？哪些是虛假資訊？決策者要對資訊詳細核查，確保其真實性。

資訊品質決定了基於該資訊的決策品質。錯誤資訊將會誤導決策者，不如沒有資訊。基於錯誤資訊的決策，不如基於經驗的判斷。關於資訊品質的作用，《呂氏春秋》〈慎行論 · 察傳〉篇專門予以論述：

> 夫得言不可以不察。數傳而白為黑，黑為白。故狗似玃，玃似母猴，母猴似人。人之與狗則遠矣！此愚者之所以大過也。聞而審，則為福矣；聞而不審，不若無聞矣。

聽到傳聞不可不審查清楚。多次輾轉相傳，白的就變成了黑的，黑的就變成了白的。狗像玃，玃像獼猴，獼猴像人，但人與狗卻相差甚遠。這是愚昧者犯錯的根本原因。聽到傳聞加以審查，就會從中受益;聽到不進行審查，還不如沒有聽到這種傳聞。

為了闡明上述道理，《呂氏春秋》還以宋國丁氏「穿井得一人」為例。丁氏家裡沒有井，需要一個人經常外出打水。他家挖了井後，原來外出打水的人就可以幹別的事情，相當於多了一個人可用。這件事經過多人轉述，傳到國君耳朵裡，卻成了「丁氏挖井時得到一個人」。

> 宋之丁氏，家無井而出溉汲，常一人居外。及其家穿井，告人曰：「吾穿井得一人。」有聞而傳之者曰：「丁氏穿井得一人。」國人道之，聞之於宋君。宋君令人問之於丁氏，丁氏對曰：「得一人之使，非得一人於井中也。」

《呂氏春秋》還就如何考證資訊真偽提出了建議：

> 辭多類非而是，多類是而非。是非之經，不可不分，此聖人之所慎也。然則何以慎？緣物之情及人之情以為所聞，則得之矣。

有些言辭好像錯誤，其實正確；還有一些好像正確，其實錯誤。正確和錯誤的道理，要弄明白，連聖人都要慎重對待。如何慎重對待？ 應根據事物本身的規律和人情世故的常理來推斷，就可以得到真實情況。

物理閾值限制

宇宙的物理規律，人類已經認識的化學現象，自然界的選擇，人類自身的思維，都對人類的活動構成了限制。無論我們多麼努力，在社會發展和技術進步上已經取得了多麼輝煌的成就，仍然無法打破這些限制。

「閾值」是指一個物體或系統的臨界值。一旦超過這個值，物體或系統就會改變狀態。比如，我們日常使用的彈簧秤，如果承重量超過彈簧的閾值——屈服強度，就會喪失彈性形變能力。

自然生態系統也有閾值。美國科學家一九四四年在阿拉斯加州聖馬太島上放養了二十九隻馴鹿，島上的綠藻是馴鹿的美食。沒有天敵的馴鹿快速繁殖，十年後達到一千隻，一九六三年超過六千隻，嚴重超越了生態系統的閾值。兩年後，島上綠藻耗盡，馴鹿大批餓死，只剩下四隻。

生物體本身也有閾值。《莊子》〈達生〉篇講了一則馬力閾值故事：

> 東野稷以御見莊公，進退中繩，左右旋中規。莊公以為文弗過也，使之鉤百而反。顏闔遇之。入見曰：「稷之馬將敗。」公密而不應。少焉，果敗而反。公曰：「子何以知之？」曰：「其馬力竭矣，而猶求焉，故曰敗。」

東野稷駕車的技術高超，以此獲得了衛莊公的賞識。衛莊公認為其駕車技術就是編織圖案也未必趕得上，於是讓他駕車按原印跑一百次再停。顏闔要見國君，看到了東野稷御馬。顏闔對衛莊公說：「東野稷的馬很快就要失去方寸。」衛莊公默不作聲。過了沒多久，東野稷的馬車果然失去方寸，回來了。衛莊公就問顏闔：「你怎麼會預計到這個結果呢？」顏闔回答：「其馬已經力竭了，還繼續強求其出力，所以我預計要失去方寸。」

作為萬物之靈的人類，體力和精神的承受度也存在閾值。時下，一些組織的領導為了追求效益，不停地給員工施加壓力，要求他們超時工作。這種壓力一旦超過閾值，將會導致嚴重後果。某著名公司就多次發生員工不堪壓力而自殺的事件！問題的複雜性在於，我們沒有顏闔那樣的預測智慧，更不可能像計算材料屈服強度那樣準確計算人的閾值。

並非只有物質系統才有閾值。我們無法看到或感覺到的東西，同樣存在閾值。很多人都有過資訊超載導致電腦崩潰、網路癱瘓的經歷。資訊超載的實質就是資訊量超過系統處理能力的閾值。

人類的大腦存在另一種「閾值」。科學研究表明，大腦是一個受約束的物理網路，成年人大腦平均有一千億個神經元。正是這些神經元及其運行模式，決定了人類的知識記憶能力和認知思維能力的閾值。知識記憶能力的閾值很難突破，因為大腦神經元的總數有限。而認知思維能力的閾值卻有著非常大的提升空間。人類具有創新能力，能夠在前人基礎上不斷發明創造新技術，從語言到文字，從電腦到網路。這些新技術幫助人類拓展知識記憶和邏輯思維，使人類大腦從記憶中解脫出來，從事更為重要的創新思維，推進人類的集體智慧不斷提升到新的程度。

人類的認知和思維領域，還存在「視窗效應」[70]。成長環境和閱歷決定人們的視窗。視窗不同的人，決策出發點和主觀判斷標準也不同。

社會環境及其不確定性

我們這個時代最大的問題是什麼？我們這個時代最大的問題，就是和過去不一樣！

——法國詩人保羅 • 瓦勒里

社會環境對決策的影響，在於社會環境總是處於不斷變化中。

■ 社會環境及其變化

現實生活中，不存在靜止不變的社會環境。

科學技術飛速發展，推動生產組織方式和經濟模式不斷變化，進而改變社會形態；為了適應變化了的社會環境，新法規、新政策不斷頒布實施。有些組織總是能夠適時做出決策，調整自己以適應環境；還有些組織不能適應變化，一個個消失了；而新的組織卻如雨後春筍般不斷湧現。

組織所處的社會環境通常包括以下方面：

- 政治環境，包括政治氣氛，政權集中程度等；
- 經濟環境，包括經濟發展狀況、財政政策、銀行體制、投資水準、消費特徵等；
- 法律環境，包括法律體系、關於組織構成及控制等法律；
- 科技環境，包括與生產相關的技術、工藝等科技力量；
- 人文環境，包括人力資源數量和性質、教育程度、文化傳統、社會倫理、風俗習慣、價值取向等；
- 自然環境，包括自然資源稟賦（種類、數量和可利用性）、環境特徵及容量約束；
- 市場環境，包括市場的需求狀況、發展變化的趨勢等。

透過環境研究，組織不僅能了解現在，更重要的是能預測未來。這對組織的決策和其他各項管理活動是至關重要的。

■ 不確定性對決策的影響

在決策領域，不確定性是指資訊缺乏的狀態。資訊事關對事件、後果及可能性的理解。不確定性影響個人或組織目標的實現，就成為風險。

管理者做決策時，面臨著各種各樣的不確定性。不確定性對決策的影響，取決於待決策問題所具有的不確定性的本質和程度，涉及相關備選方案資訊的品質、數量和完整性。不確定性可能來源於糟糕的資料品質，或者缺乏必要及可靠的資料，也可能是環境狀況所固有的。

關於不確定性及其對決策的影響，我們將在第三部分詳細闡述。

組織管理能力

大數據時代，在經濟全球化、勞動者知識化和生產組織資訊化浪潮中，管理者不得不面對日益複雜和不確定的外部環境，認知難度增加，預測未來的可能性降低。這給實施有效決策提出了前所未有的新挑戰。

管理者做決策的品質和效率相當程度上取決於自身管理能力，包括資訊處理能力、團隊管理能力、溝通協調能力、衝突管理能力等。

資訊處理能力

資訊是事物存在的狀態和發展變化過程中呈現出來的特徵和內容。

資訊是計劃和決策的基礎，是組織和控制的依據，是管理系統各層次相互溝通、形成網路的紐帶。決策需要足夠的資訊，通常用於決策的資料，既包含有用資訊，也包含導致資訊失真的噪音。需要對資訊進行處理，並加強資訊共享、交流和回饋，確保決策依據的資訊更準確、更充分。

電腦普及前，資訊靠人工處理。與機器相比，人是一種不可靠的「工具」。電腦的普及，使得絕大多數資訊不需要經過人工處理，從根本上改變了資訊在即時輸出和即時回收方面的能力。

大數據時代，資訊成長速度遠遠超過處理能力。電腦很難分辨有用信號和干擾噪音，人們便以對自己有利的方式解讀資訊，而這很可能會偏離資訊的本意。決策過程中，電腦不能完全取代人對資訊的判斷和處理。

團隊管理能力

組織的多數決策不是管理者的具體行為，而是一個綜合過程，包括多個環節：收集和分析資訊，預測未來趨勢，制定備選方案並綜合判斷可能效果，選擇決策方案，追蹤實施過程並進行動態調整。

從海量資料中識別有用資訊以提高決策品質，組織需要更高的決策智慧。決策者個人顯然不可能滿足這樣的要求，組織需要組建決策團隊，依靠團隊協作來完成決策所需的所有工作。團隊管理通常涉及兩個方面內容：

- 任務管理，包括建立目標、制定計畫、定義角色、考核績效；
- 過程管理，包括加強溝通、實施激勵、進行領導、過程控制。

目前，團隊已經成為多數組織的主要工作方式。統計表明，《財富》五百強企業約八成企業中，超過一半的員工以團隊方式組織工作〔63〕。

高明的管理者善於發揮團隊作用，駕馭大數據時代的社會變革。決策團隊需要良好管理。因此，團隊管理成為決策者的一項重要的管理能力。

華為公司的創始人任正非正是因為感悟了團隊力量的精髓，才能夠成就其非凡的事業：「在知識爆炸的時代，一個人不管如何努力，永遠也趕不上時代的步伐！只有組織起數十人、數百人、數千人一起奮鬥，你以此為基礎，才能摸得到時代的腳。」

溝通協調能力

溝通是人類的一項基本需要和技能。溝通不良導致人與人產生誤解，組織與成員不能協調一致，政府與民眾發生衝突。

溝通是現代管理基本技能之一。在全球化程度日益加深，組織成員日益多樣化的今天，有效溝通是實現計劃、組織、領導、控制等管理職能的前提。統計表明，管理者約有75%的工作時間用於溝通，高層經理更是高達

80%。但是約有 70%的溝通是無效溝通，沒能達到溝通目的。

良好的溝通協調能力是確保決策品質和效率的關鍵要素。組織的內部溝通為決策者提供所需資訊，使其能夠評估備選方案並確定最佳選擇。沒有溝通就不可能有好的決策。

決策者必須掌握溝通技能和方式，與團隊成員保持順暢的溝通。

有效溝通必須遵循一定的原則，包括真實性原則、準確性原則、完整性原則、及時性原則、策略性原則。

良好的溝通應涉及五個關鍵因素，即溝通目的、溝通對象、溝通內容、溝通方式、時間安排。

常用的溝通方式包括口頭溝通、書面溝通、會議溝通。

決策者還應熟悉談判溝通、危機溝通等特殊的溝通需求。

衝突管理能力

衝突是指人們由於觀念和利益的差異而產生的對立狀態和牴觸情緒。衝突產生的表觀原因可以概括為以下幾個方面：

- 溝通差異，由溝通不暢引起；
- 結構差異，由部門劃分和層次設置造成；
- 人格差異，由生活、教育背景和人性及價值觀不同形成的。

由於個人認知、價值觀、方法、目標、利益等方面的差異，工作中難以避免會產生牴觸情緒和對立狀態，嚴重情況下就會發生衝突。統計表明，管理者平均有兩成左右的時間用於處理衝突。

衝突有兩種極端狀態：受控狀態，表現出微妙的不合作情緒；爆發狀態，表現出公開對立。多數衝突處於兩者的中間狀態。適度的衝突是組織內部創新的重要動力。公開討論對問題的不同認識，能夠帶來創新活力。

第七章
決策常見問題探析

管理者今天擁有「大數據」資訊、充足資源、先進技術條件，然而，做決策的能力並沒有顯著提高，決策品質仍然不能令人滿意。

這種現象讓我們深思：今日決策中常見哪些問題？什麼因素導致這些問題？是物質條件和技術水準？還是人類思維深處的認識論和方法論？

本章將嘗試對這些問題進行探析。

用人決策，關乎組織生存發展

> 千里迎賢，其路遠；致不肖，其路近。是以明君捨近而取遠，故能全功尚人，而下盡力。廢一善，則眾善衰；賞一惡，則眾惡歸。善者得其祐，惡者受其誅，則國安而眾善至。
>
> ——黃石公《三略》

組織是一個抽象的虛擬體，組織的所有工作都需要人來做。組織的使命、願景和戰略目標的實現，最大影響因素就是用人。人才已經成為組織競爭力的核心要素。用人決策影響組織願景和使命的實現。

古代統治者特別重視任用人才成就事業。《孫子兵法》〈謀攻〉篇提出:「夫將者，國之輔也。輔周則國必強，輔隙則國必弱。」《呂氏春秋》〈慎行論・求人〉篇總結了春秋兩百四十二年的用人得失，概括出如下結論：

> 觀於春秋，自魯隱公以至哀公十有二世，其所以得之，所以失之，其術一也。得賢人，國無不安，名無不榮；失賢人，國無不危，名無不辱……虞用宮之奇、吳用伍子胥之言，此二國者，雖至於今存可也。

不僅政府如此，其他組織機構也是這樣。不僅古代如此，在知識化、資訊化的大數據時代，更是如此。

組織的使命、願景和戰略目標確定以後，用人決策就決定一切。然而，很多組織在用人決策上屢屢出現重大失誤，最終導致事業受挫，使命、願景和戰略目標不能實現。所謂「失誤」是針對組織而言的客觀後果，而決策者主觀上肯定不認為，也不承認失誤。

組織的用人決策，反映最高管理者的用人偏好或者利益考量。多數組織機構的高層管理者，在講話、報告、文章中，大談重視人才，實際情況卻大相逕庭！ 人才在不斷地流失。為什麼會出現這樣的情況？

眼睛向外，不能用好現有人才

《科學》（Science）雜誌二〇一一年二月十八日刊登的一篇關於中國「千人計畫」的文章[72]。文章認為，「千人計畫」導致大批投機者回來撈錢，許多入選者在等待更多好處。中國科學院近年來建立了有效的報酬和升遷體系，現在突然從外面引進這些人，拿四到五倍的薪水。這增加了科學工作者們的不滿，加重了長期面臨的缺乏優秀年輕研究人員的問題。「千人計畫」要求入選者有國外終身正教授或同等職位，本質上是告訴那些最佳秀的人在海外度過最富創造力的年華。

任何事物都具有多重性。「千人計畫」政策亦是如此：既引進了像奧地利量子物理學家安東·蔡林格那樣真心幫助中國發展量子物理事業的大師，也招攬了在他國功成名就之後回中國撈取利益的沽名釣譽之徒。

■ 外來和尚，如何唸好真經

某些單位急功近利，熱衷於高薪招聘外部人才，而非培養和用好已有人才。就如同看到鄰家園圃裡鮮花甚好，就去剪來插在自家花園裡，而不是努力耕耘好自家的園圃、培植自己的花卉。這種現象副作用極大。

首先，引進的「和尚」未必真是人才；其次，即便是真的人才，也未必適應環境要求。不講能力、業績和對組織的忠誠與貢獻，而給予引進人才特殊的待遇，將極大地挫傷現有人員的積極性。大學和研究公司經常發生「招來了女婿，氣走了兒子」現象，甚至上演「招來了小女婿，氣走了老女婿」的滑稽戲！這種問題屢屢發生，難道不值得反思嗎？

古人在兩千六百年前就對這一現象進行了深度解析。據《春秋左氏傳》僖公十五年記載，發生在西元前六四五年的秦晉「韓之戰」，晉惠公因為喜歡用來自鄭國的馬為自己拉車，馬匹不熟悉本國地理環境和人員習性，戰車陷入泥濘，導致自己被秦國擒獲。

> 步揚御戎，家僕徒為右。乘小駟，鄭入也。慶鄭曰：「古者大事，必乘其產，生其水土，而知其人心；安其教訓，而服習其道；唯所納之，無不如志。今乘異產，以從戎事，及懼而變，將與人易。

亂氣狡憤，陰血周作，張脈僨興，外強中乾。進退不可，周旋不能，君必悔之。」弗聽……壬戌，戰於韓原，晉戎馬還濘而止……秦獲晉侯以歸。

這個故事是對「外來的和尚會唸經」錯誤的最好詮釋。

晉惠公還以自己被俘虜為代價，留下了「外強中乾」的成語給我們。

建議各級人事部門和研究者們，認真地做深入調查研究：高薪聘來的「外來和尚」，有多少是在認真「唸經」？又有多少是在「濫竽充數」？研究結果可用於優化在地的人才使用和激勵的政策與機制。

鄰家園圃鮮花雖好，終是他人努力培植的。剪來插在自家花園，又能開上幾多時日？無根之物，凋謝必速。與其羨慕人家鮮花，不如勤耕自家園圃！只要辛勤耕耘，努力培植，認真呵護，終將百花齊放、名卉滿園！

■　能者求去，另覓用武之地

組織頻頻出現用人決策失誤，人才危機悄然而至！優秀管理者和員工往往最先離去，因為他們更追求事業發展平台，並且有更多的選擇機會！

優秀管理者和員工的離去，並不是突如其來。他們的工作激情和對組織的期望，被慢慢消磨殆盡。他們基於自身職業品德，直至離去前仍然會努力工作，高效完成其承擔的任務。他們的工作表現和業績無可挑剔！

組織把這一切都認為理所當然，把更多的資源和精力都用於那些「華而不實」的外來和尚。優秀管理者和員工倍感挫折，承受著精神打擊，他們唯有離去，另覓事業發展平台。

讀者諸君還記得引言中提到的那位「A 先生」嗎？作為其所在組織的中層管理者，承擔著重要工作，做出了不可替代的貢獻，業績和能力被公認為優秀。然而，在一個「外來和尚會唸經」的氛圍裡，兢兢業業、踏踏實實奉獻的人，沒有更好的發展平台，能力得不到施展，價值得不到體現。似乎理所當然地被選擇性忽視或「遺忘」了！最終，「A 先生」還是決定接過了同業內另一家公司的「橄欖枝」，尋求更能發揮才能的事業平台。

其主管得知「A 先生」要離開，極力挽留，真誠地表示：組織很重視「A

先生」，希望他能留下來，會考慮為其提供更好的發展空間。然而，一切都晚了！「A 先生」告訴主管：「我不自量力，想學韓信；承蒙您的錯愛，願作蕭何；然而，我們公司的『劉邦』在哪裡？ 我加盟這家公司已經八年了，時間足夠長了！ 很抱歉，到了我離開的時候了。」

■ 決策悖論，用人錯誤循環

「A 先生」離開後，組織才猛然「發現」其重要性和價值。其承擔的工作，既需要深厚的專業知識，又需要很強的組織協調能力。「A 先生」的離開，使相關工作陷入被動境界。公司需要馬上招聘新的管理者頂替這一職位。

於是，該組織決定提高「A 先生」原職位事業平台和相應待遇，面向公司內部和社會招聘選拔新的管理者。一時間，該組織的人力資源部門和「A 先生」所在部門把注意力集中在招聘新人接替其職位這項工作上。

這似乎陷入了一個悖論。該公司一提高事業平台和待遇，就很快找到了繼任者。繼任者是否比「A 先生」更優秀？ 這只有讓時間證明了。

換一種思維模式考慮：如果該組織根據「A 先生」的能力和貢獻，適時地提高其待遇，或者為其提供一個更高的事業平台，他還會離開嗎？

該組織沒有人考慮是什麼原因，原來哪些決策導致了人才流失，更沒有人提出新的決策去彌補以往用人決策的失誤。這件事情的處理，導致該組織面臨更大的危機！ 其他職位的管理者看到，原來組織並不重視他們的貢獻，更不考慮他們的發展。組織關注的只是工作是否有人做這職位，如果已經有人在做，無論做得好壞，就這麼苟且地維持著；如果沒人做，就提高該職位的待遇招聘人。於是，其他人也躍躍欲試，尋找發展空間。

■ 以史為鑑，唐太宗人才觀

中國歷史上的明君唐太宗李世民就十分重視發現人才並委以重任。正是這些人才與唐太宗一起，共同開創了中國歷史上的盛世「貞觀之治」。據《資治通鑑》〈唐紀八〉記載：

上令封德彝舉賢，久無所舉。上詰之，對曰：「非不盡心，但於今未有奇才耳！」上曰：「君子用人如器，各取所長。古之致治者，豈借才於異代乎？正患己不能知，安可誣一世之人！」德彝慚而退。

唐太宗讓封德彝舉薦人才，過了好久也不見動靜。唐太宗詢問時，封德彝回答說：「不是我不盡心，只是當今沒有傑出人才！」唐太宗就責備他：「人才如器物，各有所長。古代那些能使國家達到大治的帝王，難道是向別的朝代去借人才來用的嗎？我們只是擔心自己不能識人，怎麼可以冤枉當今一世的人呢！」唐太宗的話使得封德彝很羞愧。

那些眼光向外一心盯著「外來和尚」的領導者，讀了上述唐太宗的論述會做何感想？感到羞愧嗎？難道自己的組織中真的都是庸才、蠢貨？就沒有人才嗎？借用唐太宗的話：「正患己不能知，安可誣一世之人！」

拙於知人，組織難用真正人才

任何組織，都不可能有孤立的用人決策。用人決策的基礎是「知人」，「知人用人」一直是不可分割的兩個環節。

■ 知人之難，自古及今皆然

所謂「知人善任」，知人是善任的前提條件。無數事實表明，組織即便能夠知人，也不一定能夠善任，更何況連「知人」都做不到呢？

如何準確識別各類人才，從來都不是一件簡單的事情。《呂氏春秋》〈季春紀 · 論人〉篇提出「八觀六驗」、「六戚四隱」的人才考查方法：

凡論人，通則觀其所禮，貴則觀其所進，富則觀其所養，聽則觀其所行，止則觀其所好，習則觀其所言，窮則觀其所不受，賤則觀其所不為。喜之以驗其守，樂之以驗其僻，怒之以驗其節，懼之以驗其特，哀之以驗其人，苦之以驗其志。八觀六驗，此賢主之所以論人也。論人者，又必以六戚四隱。何謂六戚。父、母、兄、弟、妻、子。何為四隱。交友、故舊、邑里、門郭。內則用六戚四隱，外則用八觀六驗，人之情偽、貪鄙、美惡無所失矣。譬之若逃雨汙，無之而非是。此聖王之所以知人也。

上述方法也未必能夠適用於所有情況。《呂氏春秋》〈慎行覽 · 疑似〉

篇就提出了這方面的困惑：

使人大迷惑者，必物之相似也。玉人之所患，患石之似玉者。相劍者之所患，患劍之似吳干者。賢主之所患，患人之博聞辯言而似通者。亡國之主似智，亡國之臣似忠。相似之物，此愚者之所大惑，而聖人之所加慮也。

讓人大為困惑的，一定是那些非常相似的事物。最讓玉工傷腦筋的，是看起來像玉的石頭。最讓鑑別劍的人傷腦筋的，是看起來像「干將」那樣的劍。最讓領導者傷腦筋的，是看起來知識廣博又能言善辯、通達事理的人。有些亡國之君似乎很有智慧，有些亡國之臣像是忠臣。相似的事物，能夠使一般人大為困惑，也是聖人要深入考慮的問題。

多麼精闢的警示！領導者用人決策，不可不慎。

■ 唯出身論，忽視能力貢獻

《郁離子》〈千里馬〉篇講了一個以產地論馬之等級的寓言故事：

郁離子之馬孳，得駃騠焉。人曰：是千里馬也，必致諸內廄。郁離子說，從之。至京師，天子使太僕閱方貢，曰：「馬則良矣，然非冀產也。」置之於外牧。

郁離子的馬生了一匹駃騠那樣的小馬駒。有人說：這是千里馬，要進獻給朝廷，養在皇室的馬廄裡。郁離子很高興，就把那匹馬送到了京城。天子派太僕檢視各地方進獻的貢品，對郁離子說：「馬是好馬，但卻不是冀州產的。」就趕到了皇宮之外的一般養馬場。

現實生活中，這種情況不乏其例。

古代也有一些明智的國君，用人唯其賢能，而不論出身。秦穆公任用五張羊皮買回來的奴隸百里奚，「謀無不當，舉必有功」，內修國政，外圖霸業，開地千里，稱霸西戎。

《春秋左氏傳》〈哀公十七年〉記載了楚國大師子穀的用人觀：

楚子問帥於大師子穀與葉公諸梁，子穀曰：「右領差車與左史老皆相令尹、司馬以伐陳，其可使也。」子高曰：「率賤，民慢之，懼不用命焉。」子穀曰：「觀丁父，鄀俘也，武王以為軍率，是以克州、蓼，服隨、唐，大啟羣蠻。彭仲爽，申俘也，文王以為令尹，實縣申、息，朝陳、蔡，封畛於汝。唯其任也，何賤之有？」

楚國白公勝作亂的時候，陳國趁火打劫。楚國平定內亂後，要報復陳國，關於元帥任命，楚王諮詢大師子穀與葉公諸梁（字子高）。子穀說：「右領差車與左史老都跟著令尹、司馬討伐過陳國，可以派他們去。」子高說：「如果元帥出身低賤，士兵會輕視，恐怕不能完成使命。」子穀用楚國的歷史事實批駁了子高的觀點。只要能夠勝任，有什麼貴賤之分？

今天各類組織中的袞袞諸公，是否都有兩千年前古人的用人智慧？

我們當然不能指望所有組織中都有伯樂！在當今社會大環境中，能夠做到用人不唯私、唯親，尚能只看出身選拔人才，也算是勉為其難了。

■ 苛察細過，難覓可用之人

人類社會的複雜性決定了人才的多面性，不能用「好」和「壞」「黑」與「白」簡單地判斷。俗語說，「金無足赤，人無完人」，每個人都會有自己的長處，也難免會有弱項。組織用人，應充分發揮每個人的長處。苛察人之缺點，普世難覓可用之人。

據《資治通鑑》〈周紀一・安王二十五年（西元前三七七年）〉所述：

> 子思言苟變於衛侯曰：「其才可將五百乘。」公曰：「吾知其可將。然變也嘗為吏，賦於民而食人二雞子，故弗用也。」子思曰：「夫聖人之官人，猶匠之用木也，取其所長，棄其所短。故杞梓連抱而有數尺之朽，良工不棄。今君處戰國之世，選爪牙之士，而以二卵棄干城之將，此不可使聞於鄰國也。」公再拜曰：「謹受教矣！」

子思向衛侯推薦苟變：「其才能可以指揮五百輛兵車。」衛侯說：「我知道苟變是個將才。然而，他以前做過小吏，徵稅的時候曾經吃了老百姓兩個雞蛋，所以我不用他。」子思說：「聖人選人任官，就好比木匠使用木料，取其所長，棄其所短。現在您處在列強環伺的戰國之世，遴選保衛國家的人才，卻因為兩個雞蛋而捨棄了干城大將，這種事可千萬不能讓鄰國知道啊！」衛侯再三拜謝說：「我接受你的指教。」

衛侯到底「受教」與否？歷史沒有記載，我們也不得而知。終戰國之世，也沒有人才幫助衛國創造過輝煌業績。就連衛國自己的庶族公子衛鞅，也跑到魏國、秦國去施展才華。

過多考慮人的短處，不僅難以發現真正的人才，甚至已有的人員也難免離心離德。組織最終能留下的，只能是沒有稜角、也幹不了事的庸才。

任人唯親，嚴重損害組織利益

任人唯親，不一定是自己的親屬。親屬迴避是現代社會的共識。任人唯親，更常見的是各種「圈子」、裙帶關係。

任人唯親，在中國有很深的歷史淵源。記錄孔子施政理念與倫理道德觀念的儒家經典《論語》中，有如下一段對話：

仲弓為季氏宰，問政。子曰：「先有司，赦小過，舉賢才。」曰：「焉知賢才而舉之？」曰：「舉爾所知。爾所不知，人其舍諸？」

上述對話中，孔子關於為政的總體原則得到一致肯定。但關於「舉爾所知」，兩千多年來引起諸多質疑！「舉爾所知」的原則，很容易走上任人唯親、構建關係網的邪路。古往今來，多少黨派紛爭、勢力集團，都是打著「舉爾所知」冠冕堂皇的旗號，幹著任人唯親、拉幫結派的勾當！

■ 提拔用人，只憑領導好惡

時下，某些組織選人用人理念還處於「提拔」的程度。

所謂「提拔」，顧名思義，是要上面有人把某人「提」上去，或者從底層中「拔」出來。給人的直覺是：拔苗助長！

為什麼要提拔？如果能力和水平足以勝任更高的管理職位，直接升遷或競聘都可以！還需要提拔嗎？提拔能力和水平不足以勝任的人，放在更高的職位上，只能敗壞組織的利益。如此是對組織的嚴重不負責任！

實際上，中國古代形成了完整的官員評鑑、升遷制度和流程，包括「選舉」。古代「選」和「舉」是兩種完全不同的識人用人措施。

「選」，是指上級政府（主要是中央政府）派人到地方考察、遴選人才，是一種自上而下的行為。史書常見，某皇帝下詔書「選賢良」。

「舉」，是指由地方向上級推舉道德品質堪為楷模的人出仕做官。史書常見，中央政府要求地方「舉孝廉」、「舉秀才」;所謂孝廉，是指那些既孝且廉、品德超群，得到鄉里共同稱讚的人士;所謂秀才，是指那些能力和品德優秀，超出常人的人士。

在隋唐推行科舉考試之前，「選」和「舉」是選拔官員的主要措施。也有「大老闆」破格用人的特例，漢王劉邦就破格直接任命韓信為大將軍。

即便是科舉考試盛行的年代，「選」和「舉」也是選拔官員的輔助措施。近代史上滿清政府破格任用左宗棠，就是「選舉」具有特殊能力人才的案例。左宗棠不善八股文，科舉考試一直未能考取進士。但他作為湖南巡撫的幕僚，在抵抗太平軍的過程中表現出傑出的組織能力和軍事才華。官員們就向朝廷舉薦左宗棠。咸豐皇帝親自下令「讓左某人出來做事」，左宗棠由幕僚直接被任命為浙江巡撫。這給了他更大的施展才華的自由空間，極大地激發了他建功立業的動機，在鎮壓太平天國、西北回民起義以及收復新疆的過程中發揮了至關重要的作用。

除了特殊歷史條件下發生在特殊環境中的特例，大多數官員都是按照常規，定期接受考核，績優者記名獎勵，一般者留學教訓，績劣者黜退。

■ 「寡人有疾」，喜用聽話順從

某些組織的領導特別喜歡用聽話者和順從者。因為，有能力者多數有個性和稜角，往往不怎麼聽話和順從。聽話和順從者要麼能力不足，要麼不敢堅持原則，其後果必然導致組織的整體能力下降。

劉基在《郁離子》〈規執政〉篇對這種情況進行了辛辣諷刺：

> 郁離子曰：「僕聞農夫之為田也，不以羊負軛；賈子之治車也，不以豕驂服。知其不可以集事，恐為其所敗也。是故三代之取士也，必學而後入官，必試之事而能，然後用之。不問其系族，惟其賢，不鄙其側陋。今風紀之司，耳目所寄，非常之選也。儀服云乎哉，言語云乎哉，乃不公天下之賢，而悉取諸世胄、暱近之都那豎為之，

是愛國家不如農夫之田、賈子之車也。」

農夫種田時，不用羊拉犁耕地；商人趕車做生意，不用豬駕車。因為他們知道羊和豬不能勝任，擔心自己的事業被其敗壞。這本來都是常識！國家（組織）的領導人，不是選拔任用賢才，而是任用貴族後裔、寵信近臣，說明他們愛其國家（組織）反而不如農夫愛其田地、商人愛其貨車！

有些主管聽了奉承話就高興，聽到直言就厭煩。所用之人多為諂諛佞人。諂諛之人善言「一切順利，成就很大」，就會得到提拔；忠直之人常說「還有很多難題沒解決，要把困難估計足」，主管不高興，就不被重用。實事求是、腳踏實地做事的人，還會在這樣的公司待下去嗎？

組織的高層管理者，做出用人決策時，是否真正考慮組織的利益？組織用人，目的是要發揮其才能，成就組織的事業，而不是投領導所好。只用聽話者和順從者，不能實現目標，最終將損害組織利益！

■　排斥異己，難容忠直之士

有些組織機構中的領導者，「以諛佞為愛己，謂忠諫為妖言」，即視忠直之士為異己，極力排斥甚至打擊。劉基在《郁離子》中講了一個「鵋鵙好音」的寓言故事，值得今日的領導者們警醒和借鑑：

> 吳王夫差與群臣夜飲，有鵋鵙鳴於庭，王惡，使彈之。子胥曰：「是好音也，弗可彈也。」王怪而問之。子胥曰：「王何為而惡是也？夫有口則有鳴，物之常也，王何惡焉？」王曰：「是妖鳥也，鳴則不祥，是以惡之。」子胥曰：「王果以為不祥而惡之與？則有口而為不祥之鳴者，非直一鳥矣。王之左右皆能鳴者也，故王有過，則鳴以文之：王有欲，則鳴以道之；王有事，則鳴以持之；王有聞，則鳴以蔽之；王臣之順己者，則鳴以譽之；其不順己者，則鳴以毀之。凡有鳴必有為。故其鳴也，能使王喜，能使王怒，能使王聽之而不疑。是故王國之吉凶惟其鳴，王弗知也，則其不祥孰大焉，王胡不此之虞而鳥鳴是虞？」

吳王夫差與群臣夜裡飲酒，有一隻鵋鵙鳥在庭外鳴叫，夫差非常厭惡，讓人彈射它。伍子胥說：「這是好聲音，不要彈射。」夫差奇怪地問為什麼。

伍子胥反問：「大王為什麼厭惡這隻鳥叫呢？有嘴就會鳴叫，這是動物的常態，大王為什麼要厭惡呢？」夫差說：「這是隻妖鳥，鳴聲不祥，招人厭惡。」伍子胥說：「您果真因為不吉祥而厭惡牠嗎？那麼口中發出不吉祥聲音的就不只是鳥了。大王的左右都能發出這種聲音，大王有了過錯，他們就加以掩飾；大王有了慾念，他們就誘導您；大王想什麼事，他們就高調支持；大王欲有所聞，他們就掩蔽大王的視聽；大臣中順從他們的，他們就讚譽；不順從的，他們就詆毀。凡有鳴叫就必定有目的……大王為什麼不憂慮此事，而只憂慮鳥鳴呢？」

吳王夫差聽不進忠言，最終厭煩了伍子胥的勸諫，賜劍令其自盡。沒有了忠言直諫，夫差做出了一系列錯誤決策，最終導致身死國滅。

組織文化，最終左右用人決策

用不才之士，才臣不來；賞無功之人，功臣不勸。

——王維〈責躬薦弟表〉

人類已經進入資訊化和智慧化的大數據時代。但在管理上，認識論和方法論是否突破了古人曾經達到的高度？在管理實踐中，很多領域甚至還頗有不如，比如，如何評價和使用人才。

文化導向，影響人才團隊

管理者在用人決策中，其組織文化深處的要素起關鍵作用。

時下很多組織機構中，組織文化實際上就是「一把手文化」。「一把手」的思維認知、道德水準和精神境界直接決定著組織文化的優劣。

組織為其管理者和員工確立了什麼樣的價值觀？建立了什麼樣的文化？營造了什麼樣的環境？樹立了什麼樣的行為規範和評價標準？

■ 人才良窳，誰來評價

每個組織都有自己識人用人的標準或準則。這些標準或準則，可能是有形的，可以用文字描述，寫進組織的規章制度中；也可能是無形的、潛移默

化的，與組織的文化相關聯。管理者用人偏好受組織文化的影響。

如果為組織利益默默無聞埋頭苦幹的人長期得不到重用，而慣於揣摩領導的喜好、表現自己的人卻快速升遷，這樣的組織會有什麼前途？

■ 善御自安，福禍自招

《論語》〈顏淵〉篇記載了孔子與魯國執政者季康子的一段對話：

> 季康子問政於孔子曰：「如殺無道，以就有道，何如？」孔子對曰：「子為政，焉用殺？子欲善，而民善矣。君子之德風，小人之德草。草上之風，必偃。」

春秋末期魯國有一位能臣陽虎，又名陽貨。《論語》〈陽貨〉篇記載他曾力邀孔子入仕做官。這個人能力超強，想幹成一番事業，但為了目的不擇手段。他以季孫家臣之身，躋身魯國卿大夫行列，開創魯國「陪臣執國政」的先例。西元前五〇二年，陽虎策劃了一場顛覆魯國三桓貴族專權的政變，失敗後逃到齊國。陽虎在齊國仍然想幹一番事業，提了很多建議，其中之一是趁亂攻打魯國。據《春秋左氏傳》〈定公九年〉記載：

> 請師以伐魯，曰：「三加必取之。」齊侯將許之。鮑文子諫曰：「臣嘗為隸於施氏矣，魯未可取也。上下猶和，眾庶猶睦，能事大國，而無天災，若之何取之？陽虎欲勤齊師也，齊師罷，大臣必多死亡，己於是乎奮其詐謀。夫陽虎有寵於季氏，而將殺季孫，以不利魯國，而求容焉。親富不親仁，君焉用之？君富於季氏，而大於魯國，茲陽虎所欲傾覆也。魯免其疾，而君又收之，無乃害乎！」齊侯執陽虎，將東之。陽虎願東，乃囚諸西鄙。盡借邑人之車，鍥其軸，麻約而歸之。載蔥靈，寢於其中而逃。追而得之，囚於齊。又以蔥靈逃，奔晉，適趙氏。仲尼曰：「趙氏其世有亂乎！」

可惜，齊國名相晏子已經去世，齊景公也已垂垂老矣！眾臣無進取之意，反而誣陷陽虎，把他囚禁起來，準備流放到齊國東部。陽虎施展其才智，用「聲東擊西」之計逃離齊國，投奔了晉國權臣趙鞅（簡主）。趙鞅素聞陽虎之才幹，就委任他管理趙氏家族政務。

陽虎在魯國和齊國的表現，被守舊人物視為亂臣賊子。在魯國做中都宰的孔子聽說趙鞅收留陽虎，就預測：「趙氏其世有亂乎！」趙鞅的左右也勸諫：「陽虎此人很善於竊取他人權力，怎能讓他管理趙氏家政呢？」

據《韓非子》〈外儲說左下〉篇記載：

> 陽虎議曰：「主賢明則悉心以事之，不肖則飾姦而試之。」逐於魯，疑於齊，走而之趙，趙簡主迎而相之。左右曰：「虎善竊人國政，何故相也？」簡主曰：「陽虎務取之，我務守之。」遂執術而御之，陽虎不敢為非，以善事簡主，興主之強，幾至於霸也。

然而，趙鞅卻有著與常人不同的用人觀！他從容地告訴大家：「陽虎只是竊取他能夠竊取的，我一定守好我該固守的。」趙鞅以過人的權術駕馭陽虎，放手讓其施展才能。亂臣遇到強主，也算得其所哉！陽虎悉心輔佐趙鞅，趙氏家族實力日益增強，幾乎到了稱霸諸侯的程度。

陽虎在《春秋左氏傳》中的記錄，最晚至魯哀公九年（西元前四八六年）。其個人壽命和政治生命都很長。孔子預言陽虎將會禍亂趙氏，結果趙氏因陽虎之才而得以強盛，最終奠定了趙氏與韓氏、魏氏三家分晉的基礎。

不同的組織文化，不同的人才觀，人才發揮的作用截然不同！

■ 嫉賢妒能，酒酸不售

有些組織的領導者，把受委託的事業當作自家私產。大權獨攬，嫉賢妒能，不容他人染指。自身才能又不足，最終敗壞了組織的事業。《韓非子》〈外儲說右上〉講了一則「酒酸不售」的寓言故事諷刺這種情況：

> 宋人有酤酒者，升概甚平，遇客甚謹，為酒甚美，縣幟甚高，然而不售，酒酸。怪其故，問其所知閭長者楊倩，倩曰：「汝狗猛耶？」曰：「狗猛則酒何故而不售？」曰：「人畏焉。或令孺子懷錢挈壺甕而往酤，而狗迓而齕之，此酒所以酸而不售也。」

宋國有家賣酒人，量酒器具很公平，對待顧客甚殷勤，家釀好酒味道美，招牌幌子掛得高。然而，好酒無人買，味道發了酸！賣酒人甚覺奇怪，便請教鄉里智慧老人楊倩。楊倩問他：「你家的狗很兇猛吧？」賣酒者說：「狗是挺兇猛，但這和酒賣不出去有何關係？」楊倩告訴他：「因為人們害怕狗

呀！有人讓小孩子懷裡揣著錢、手裡提著酒壺去你家買酒，你們家狗齜牙咧嘴、狂吠亂叫。這就是你的酒放酸了都賣不出去的原因！」

韓非說完了寓言故事，話鋒一轉：國家也有這樣的狗！

> 夫國亦有狗。有道之士懷其術而欲以明萬乘之主，大臣為猛狗，迎而齧之，此人主之所以蔽脅，而有道之士所以不用也。

《韓非子》還給出了具體案例：秦國大臣樗里疾使用譎詐手段，趕跑了名將犀首，保住了自己的權位。

> 犀首，天下之善將也，梁王之臣也。……犀首抵罪於梁王，逃而入秦，秦王甚善之。樗里疾，秦之將也，恐犀首之代之將也，鑿穴於王之所常隱語者。俄而王果與犀首計曰：「吾欲攻韓，奚如？」犀首曰：「秋可矣。」王曰：「吾欲以國累子，子必勿洩也。」犀首反走再拜曰：「受命。」於是樗里疾已道穴聽之矣。見郎中皆曰：「兵秋起攻韓，犀首為將。」於是日也，郎中盡知之；於是月也，境內盡知之。王召樗里疾曰：「是何匈匈也，何道出？」樗里疾曰：「似犀首也。」王曰：「吾無與犀首言也，其犀首何哉？」樗里疾曰：「犀首也羈旅，新抵罪，其心孤，是言自嫁於眾。」王曰：「然。」使人召犀首，已逃諸侯矣。

犀首（公孫衍）是當時天下最好的將軍，本來是魏國的大臣，後來得罪了魏王，逃到秦國，秦惠王很看重他。樗里疾是秦國的將軍，擔心犀首取代自己的地位，就買通能聽到秦惠王私密談話的侍臣，陷害犀首洩露與秦王談話祕密。於是，犀首就被迫逃到其他諸侯國去了。

韓非本人也死於李斯這隻「國狗」！

佞倖文化，敗壞組織事業

有些領導者喜歡用兩種人：一種是「佞人」，另一種是「倖人」。

■ 佞人善諛，倖人專伺

所謂佞人，就是孔子討厭的「巧言令色，鮮矣仁」那種人。官場上稱為「諛臣」。唐人趙蕤在《長短經》〈臣行〉篇中對「諛臣」進行了刻劃：

主所言皆曰「善」，主所為皆曰「可」，隱而求主之所好而進之，以快主之耳目。偷合苟容，與主為樂，不顧後害。如此者，諛臣也。

這種人特別會察言觀色，沒有什麼原則；只要在上位者愛聽，什麼阿諛奉承話都可以說。這種人也許本身並沒有什麼惡意，本質也許不壞，沒有害人之心。但這種人不會有什麼真知灼見，更關鍵的是，這種人對組織絕對不會有責任心！不能指望這種人會為了組織利益而堅持原則。

所謂倖人，專門揣摩上司的心理和喜好，投其所好，努力表現以達到「倖進」之個人目的。什麼國家利益，什麼組織事業，這種人基本不考慮。所以《春秋左氏傳》〈宣公十六年〉說：「民之多倖，國之不幸也。」

佞人和倖人有點能耐，能做點事情。他們做事情的目的，不是為了組織的利益，而是揣摩上司所好，為了討上司喜歡，獲取個人利益。

有位朋友曾經告訴我，他們公司的一位管理者公開宣揚：「要做長官看得見的工作，長官看不見，做再多也沒用。」值得思考的是，什麼樣的環境，什麼樣的組織文化，竟然培養出有如此心得的管理者？

■ 上有所好，下必甚焉

如果領導者好大喜功，所用多半是吹牛拍馬者。這些人「聞臭而至」，主動投上門來；那些做事踏實、求真務實的管理者，不會選擇這樣的組織；組織中原來的實幹者，也會主動走人，或者以各種藉口被趕走。

多數佞人和倖人，本性上也不見得是什麼大奸大惡的壞人，也未必故意把公司的事情搞砸，畢竟他們端的是公司的飯碗。他們只不過是把個人利益置於公司利益之上而已！

問題的關鍵是：組織為其管理者和員工樹立了什麼樣的價值觀？建立了什麼樣的文化？營造了什麼樣的環境？能夠讓「佞人」和「倖人」惡的一面肆意發揮？領導者如何以身作則？形成了什麼樣的風氣？

在中國歷史上屹立八百年的楚國，最初不過是被周天子分封在荒蠻之地的「子爵」國家，完全沒有條件與中原諸侯國比擬。楚國的崛起，始於春秋早期楚武王和楚文王父子。楚國崛起的關鍵因素，是其領導者睿智的用人見識。據《呂氏春秋》〈仲冬紀・長見〉篇記述：

> 荊文王曰：「莧嘻數犯我以義，違我以禮，與處則不安，曠之而不谷得焉。不以吾身爵之，後世有聖人，將以非不谷。」於是爵之五大夫。「申侯伯善持養吾意，吾所欲則先我為之，與處則安，曠之而不谷喪焉。不以吾身遠之，後世有聖人，將以非不谷。」於是送而行之。申侯伯如鄭，阿鄭君之心，先為其所欲，三年而知鄭國之政也，五月而鄭人殺之。

楚文王說：「莧嘻多次以義冒犯我，以禮拂我心意；與他在一起就感到不舒服，但時日久了，我就會有所收穫。如果我不親自授予他爵位，後世聖人將會非議我。」於是授予莧嘻五大夫爵位。楚文王接著說：「申侯伯善於迎合我的心意，我想要什麼，他就在我之前準備好；與他在一起就感到安逸，但時日久了，我就會失去好品德。如果我不疏遠他，後世聖人將會責難我。」於是就把申侯伯打發走了。申侯伯到了鄭國，曲從鄭君的心意，事先準備好鄭君想要的一切；三年之後就執掌了鄭國的國政，但僅僅五個月之後就被鄭國人殺掉了。

■ 兼聽則明，偏信則暗

古人云：「兼聽則明，偏信則暗。」這句話用現代管理學原理來解釋，就是對資訊掌握的程度決定對事物理解的正確與否[13]。

世界是紛繁多彩的，事物是錯綜複雜的，而人的時間和精力有限。領導者不可能掌握所有第一手資訊，必然有相當一部分是間接資訊。「兼聽」能夠擴大資訊收集管道，並對資訊的真實性進行比較分析。這對於了解事物和人、進而做出相關決策，都是有幫助的。「偏聽」則約束了資訊管道，導致資訊來源受限，甚至是缺失重要資訊。

孔子在教育弟子時特別重視要掌握全面資訊，避免偏聽導致錯誤判斷和決策。《論語》〈衛靈公〉篇記載了孔子對此的解釋：「眾惡之，必察焉；眾好之，必察焉」，即「大家都討厭一個人，一定要詳細考察原因；大家都喜歡一個人，也一定要詳細考察原因」。

戰國中期的齊威王，就是孔子上述觀點的踐行者。《史記》〈田敬仲完世家〉記載了齊威王對即墨大夫和阿大夫的賞罰：

威王召即墨大夫而語之曰：「自子之居即墨也，毀言日至。然吾使人視即墨，田野辟，民人給，官無留事，東方以寧。是子不事吾左右以求譽也。」封之萬家。召阿大夫語曰：「自子之守阿，譽言日聞。然使使視阿，田野不辟，民貧苦。昔日趙攻甄，子弗能救。衛取薛陵，子弗知。是子以幣厚吾左右以求譽也。」是日，烹阿大夫，及左右嘗譽者皆並烹之……於是齊國震懼，人人不敢飾非，務盡其誠。齊國大治。

古人云：「知易行難。」有些領導者並不是不知道「兼聽則明」的道理，只是難於做出「聽」的合理判斷。在此，與大家一起剖析《韓非子》〈內儲說上〉篇所述秦惠王不懂兼聽的故事：

張儀欲以秦、韓與魏之勢伐齊、荊，而惠施欲以齊、荊偃兵。二人爭之，群臣左右皆為張子言，而以攻齊、荊為利，而莫為惠子言。王果聽張子，而以惠子言為不可。

張儀和惠施各自提出方案。群臣都為張儀說話，贊成張儀的主張，沒有人為惠施說話。秦惠王果然採納了張儀的主張，認為惠施說的不對。

攻齊、荊事已定，惠子入見，王言曰：「先生毋言矣。攻齊、荊之事果利矣，一國盡以為然。」惠子因說：「不可不察也。夫齊、荊之事也誠利，一國盡以為利，是何智者之眾也？攻齊、荊之事誠不利，一國盡以為利，何愚者之眾也？凡謀者，疑也。疑也者，誠疑，以為可者半，以為不可者半。今一國盡以為可，是王亡半也。劫主者固亡其半者也。」

秦惠王決策的依據是「一國盡以為然」。而惠施提出：做決策要聽不同意見，「一國盡以為然」則失去了一半人的質疑意見。

領導者要特別注意，不能只聽好消息。一旦出現這種情況，必然會有人投其所好，壅蔽其資訊來源和傳遞管道。在資訊缺失的情況下做出決策，很有可能偏離實際情況。久而久之，失誤和失敗就必然相伴而至。

大家都知道，直言人是出於忠誠，而聽多了也不能不厭煩；諛言人是為

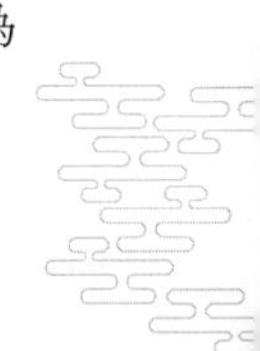

了達到個人目的，而聽多了也不能不受其蠱惑。喜歡聽什麼樣的話，聽與不聽，實際上，都是基於對利害關係的判斷。只有那些對利害關係有真知灼見的領導者，才能辨別忠言和佞言。

領導者要慎重對待不同意見。真理往往掌握在少數人手中。杜拉克在《杜拉克談高效能的五個習慣》中提出，領導者要善於聽取反面意見，理由如下。

- 唯有反面意見，才能保護決策者不致淪為眾意的俘虜。決策的利益相關方都各有所求，都希望決策對自己有利。關鍵在於能夠聽取那些引起爭辯但卻是深思熟慮並有充分證據的不同意見。
- 反面意見本身，也是決策者需要的一種方案。如果決策只有一種方案，那與賭博無異！其實質甚至不如擲硬幣。這已被無數事實證明。
- 反面意見可以激發想像力。不同意見，特別是那些經過縝密推斷和反覆思考的不同意見，是激發想像力的最為有效的要素。

見幾而作，遠離職場風險

對於任何人來說，關於職業的決策都是人生最重大的決策之一。

古代人職業比較簡單，人一旦選定了職業，很少有改變的機會。俗語云：「男怕入錯行，女怕嫁錯郎。」

現實生活中，很多人懷才不遇，總覺得自己的才能沒有得到很好發揮，但請不要自暴自棄！擇業本來就是有風險的。要堅信，是金子總會發光的。《論語》〈學而〉篇第一段就勸勉世人：「人不知而不慍，不亦君子乎？」《周易》〈繫辭下傳〉要求我們：「君子藏器於身，待時而動，何不利之有？」

這並不是要人們消極接受命運的安排。如果發現更好的機會，或者面臨迫切的風險，就要抓住機會，果斷行動。也就是《周易》〈繫辭下傳〉提出的「見幾而作，不俟終日」原則：

> 子曰：「知幾其神乎！君子上交不諂，下交不瀆，其知幾乎？幾者動之微，吉凶之先見者也。君子見幾而作，不俟終日。」

《漢書》[73]〈楚元王傳〉講了一則「見幾而作」的故事。故事的主角穆生對職業風險具有敏銳的洞察力和決斷力，主動遠離風險：

楚元王交字游，高祖同父少弟也。好書，多才藝。少時嘗與魯穆生、白生、申公具受《詩》於浮丘伯。伯者，孫卿門人也。及秦焚書，各別去。……元王既至楚，以穆生、白生、申公為中大夫。……元王立二十三年薨……子郢客嗣，是為夷王。……立四年薨……子戊嗣。初，元王敬禮申公等，穆生不嗜酒，元王每置酒，常為穆生設醴。及王戊即位，常設，後忘設焉。

楚元王劉交是漢高祖劉邦的同父異母小兄弟。年輕時曾經與魯國穆生、白生和申公一起向浮丘伯學詩經。劉交受封楚王后，就讓穆生、白生和申公這三位年輕時的同學做了楚國中大夫，並且對他們以禮相敬。穆生不能喝酒，楚元王每次設酒宴時，特別為穆生準備醴酒（一種甜水）。

劉交的孫子劉戊繼承楚王之位，最初也為穆生準備醴酒，後來就忘了。

穆生退曰：「可以逝矣！醴酒不設，王之意怠，不去，楚人將鉗我於市。」稱疾臥。申公、白生強起之曰：「獨不念先王之德與？今王一旦失小禮，何足至此！」穆生曰：「易稱『知幾其神乎！幾者動之微，吉凶之先見者也。君子見機而作，不俟終日。』先王之所以禮吾三人者，為道之存故也。今而忽之，是忘道也。忘道之人，胡可與久處！豈為區區之禮哉？」遂謝病去。申公、白生獨留。王戊稍淫暴，二十年，為薄太后服私姦，削東海、薛郡，乃與吳通謀。二人諫，不聽，胥靡之，衣之赭衣，使杵臼雅舂於市。

穆生說：「我們可以走了。不特設醴酒，楚王的心已經懈怠了。再不離開，我們將會被戴上刑具在街市上示眾。」於是，穆生就稱病臥床。申公和白生極力勸他顧念先王的恩德，不要計較楚王的失禮。穆生就引用《周易》〈繫辭下傳〉中孔子的話來回答兩位同學。穆生以病為由離開了楚國。申公和白生留任。後來，楚王劉戊與吳王劉濞通謀準備造反。申公和白生勸諫，劉戊不僅不聽，還懲罰他們：穿著紅褐色囚衣在街市上舂米。

故事中，穆生可謂深刻領會了孔子「見機而作，不俟終日」的精神！從忘設醴酒這一細微變化中，洞察到了風險，於是「見機而作」，立刻行動，

離開楚國，遠離風險。而其同學兼同事申公和白生就缺乏這種洞察力和決斷力，最終承受了穆生預測的風險後果。

《韓非子》〈說林下〉篇講了一個「惡貫滿盈」的故事，闡述的也是察覺風險後要當機立斷、「見機而作」的道理：

有與悍者鄰，欲賣宅而避之。人曰：「是其貫將滿矣，子姑待之。」答曰：「吾恐其以我滿貫也。」遂去之。故曰：「物之幾者，非所靡也。」

有家人的鄰居特別蠻橫，就想賣掉住宅避開他。別人勸說：「這人將惡貫滿盈了，你不妨等待一下。」想賣住宅的人說：「我倒害怕他會用我來填滿罪惡。」於是就賣掉住宅離開了。所以說：「事情既然已經顯現出『幾微』的徵兆，就不應該再浪費時間了。」

隨意決策，嚴重損害組織利益

無論組織還是個人，決策都不能隨心所欲，而應遵循一定原則。

不擇手段、唯利是圖的機會主義，必然導致管理者喪失原則和道德。決策沒有邊界，行為沒有紅線，最終滑向犯罪的深淵。

沒有原則底線，隨意決策

組織的價值觀或個人堅持的行事規則為決策劃定了邊界。明顯違背價值觀的事情，不管有多大的誘惑，也要堅持拒絕。

《美國軍官榮譽準則》為美國軍人規定了行為邊界：第一，絕不說謊；第二，絕不欺騙；第三，絕不偷竊；第四，絕不允許當中任何人這樣做。

有些組織沒有樹立正確的價值觀，沒有培養健康的組織文化。組織的決策沒有約束和界限，隨意性很強，結果往往嚴重損害組織利益。

■ 飯桌溝通，洩露決策資訊

時下，很多公司都設有員工餐廳，不僅提供了生活便利，而且也便於交流。高層管理者為了展示其親民現象，也會到員工餐廳就餐。於是，一些公司便出現了一道特殊的「風景線」：每到就餐時間，總有那麼一些人「湊巧」

和高層管理者保持相同的節奏來到餐廳用餐，並和領導坐在一起。是匯報工作、匯報想法，還是其他什麼？ 總之，很多問題在餐桌上得到「解決」，很多決策在餐桌上定調，很多資訊也這麼提前洩露了出去。

《周易》〈繫辭上傳〉講：

> 子曰：「亂之所生也，則言語以為階。君不密，則失臣；臣不密，則失身；幾事不密則害成。是以君子慎密而不出也。」

高層管理者也許「說者無意」，但圍著他（她）們轉的人卻「聽者有心」，飯桌交談也許就成了「長官指示」。更為嚴重者，飯桌上隨意談話，被別有用心者添油加醋、挑撥是非，在管理階層中製造矛盾，影響團結。

■ 無視風險，隨意做出決策

有些管理者，隨著職位提升，自信心也隨之膨脹。在不健康的企業文化氛圍中，被諛人和佞人包圍，整日裡聽到的都是歌功頌德、逢迎拍馬，於是就以為自己的見識、能力甚至智商都隨職位一樣提升。聽不到，也不願聽真話和實話。在這種狀態下做決策，多數無視風險，隨意性強。

歷史上有很多這樣的例子。漢高祖劉邦就有過這樣的決策錯誤。劉邦在楚漢戰爭中戰勝項羽，做了皇帝。於是，自信心膨脹，以為自己很有軍事才能。在面對匈奴入侵時，不能正確判斷形勢，做出錯誤決策，差點命喪北國。據《史記》〈劉敬叔孫通列傳〉記載：

> 漢七年，韓王信反，高帝自往擊之。至晉陽，聞信與匈奴欲共擊漢，上大怒，使人使匈奴。匈奴匿其壯士肥牛馬，但見老弱及羸畜。使者十輩來，皆言匈奴可擊。上使劉敬復往使匈奴，還報曰：「兩國相擊，此宜誇矜見所長。今臣往，徒見羸瘠老弱，此必欲見短，伏奇兵以爭利。愚以為匈奴不可擊也。」是時漢兵已逾句注，二十餘萬兵已業行。上怒，罵劉敬曰：「齊虜！以口舌得官，今乃妄言沮吾軍。」械系敬廣武。遂往，至平城，匈奴果出奇兵圍高帝白登，七日然後得解。高帝至廣武，赦敬，曰：「吾不用公言，以困平城。吾皆已斬前使十輩言可擊者矣。」乃封敬二千戶，為關內侯，號為建信侯。

畢竟劉邦具有較強的認知能力和自我調整能力，認識到錯誤後，能夠很快做出調整和彌補：赦免並封賞提出真知灼見的劉敬，懲罰那些敷衍塞責、提供虛假資訊者。劉邦知錯能改，在群雄逐鹿的亂局中最終勝出。

四百年後，東漢末年的袁紹卻是相反的例子。袁紹憑藉祖上「四世三公」的政治資本，戰勝公孫瓚，盡有幽、冀、青、並諸州，意欲南向以爭天下。與曹操軍事集團之間的決戰勢所難免。建安五年（西元二〇〇年），雙方在黃河中游的官渡相持並展開戰略決戰。

袁紹集團中人才濟濟，謀士有田豐、沮授、審配、逢紀、荀諶、許攸等，戰將有顏良、文醜、淳于瓊、將奇、高覽、張郃、高幹等。但袁紹本人志大才疏、外寬內忌、剛愎自用；決戰前優柔寡斷，不能採納正確意見；做出一系列錯誤決策，導致官渡之戰中慘敗。一次失敗本不足以決定最終結局，所謂「勝敗乃兵家常事」。然而，袁紹不僅未吸取教訓，反而殺掉了觀點與己不合的謀士田豐。一系列糟糕決策導致袁紹集團最終滅亡。

所以，裴松之在《三國志》〈袁紹傳〉評註中感慨：

> 觀田豐、沮授之謀，雖良、平何以過之？故君貴審才，臣尚量主；君用忠良，則伯王之業隆；臣奉暗後，則覆亡之禍至；存亡榮辱，常必由茲！

大數據時代的決策者都比袁紹高明嗎？也許他們自以為自己很高明，但無情的事實證明，他們關於決策的認識論和方法論並不比古人高明！

缺乏戰略判斷，草率決策

古人云：「不謀全局者，不足以謀一隅；不謀萬世者，不足以謀一時。」組織的戰略決策，要兼顧全局和局部、長遠和短期。制定戰略決策必須為了更長遠的未來。戰略一旦確定，就沒有什麼變動的彈性。如果戰略決策失誤，就需要長期努力去扭轉，並且必須消耗更多的資源才能改變。不僅代價可能非常大，還可能喪失發展機遇。

■ 戰略決策思路

統計顯示，大多數經營性組織的戰略決策可以歸納為以下幾種。

- 資源導向型：根據擁有的資源，分析發展機遇，做出戰略決策。
- 機會導向型：分析判斷外部機會，努力尋求資源，做出戰略決策。
- 攀比跟風型：這種類型的決策思路，實際上是沒有思路。缺乏或不會利用資源，又不能分析把握機會，而是投機式跟風決策。
- 被逼無奈型：長期漠視外部變化，當陷入困境時才被逼找出路；受非市場因素限制，難以獨立進行決策；對外部機會把握不準，執行過程中發現前期決策失誤，只好被迫轉型。

■ 只顧眼前，不顧長遠

管理者所做的決策，必須兼顧現在和未來。

政府機構、事業公司及國有企業普遍實行任期制。沒有形成科學合理的評鑑考核機制，錯誤的「政績觀」導致短期決策行為盛行。管理者只考慮其任期內短期效益，不考慮平衡現在和未來。諺語云:「十年樹木，百年樹人。」「樹人」和「樹木」的事，任期內看不到政績，急功近利的管理者基本不會考慮。他們更關心政績工程和形象工程，而甚少問津關係國計民生的長效事業，為當地長遠發展埋下隱患。

管理者的思維最終降低到農夫種地的認知水準：要想一年內見效，那就種糧食；如欲幾個月見效，那就種蔬菜吧！還有更快的方法，剪了別人家的鮮花插在自家院子裡。

缺乏有效管理，決策混亂

決策混亂的原因多種多樣。決策通常都帶有不確定性。管理者不可能等掌握所有需要的資訊後再決策，決策時總是存在這樣那樣的不確定因素。在不確定情況下做出決策，直至今日仍然是一個尚未完全解決的管理問題。

組織缺乏有效管理，導致決策混亂，主要體現在以下幾個方面。

■ 沒有管理好決策需求

決策管理者首先要處理好決策需求。所謂決策需求，就是要弄清楚：組織為什麼需要做決策？需要做哪些決策？

決策需求管理不善通常表現在以下兩個方面。

（1）需要決策時，沒有人做出決策

出現這一問題，主要是組織內部對於決策需求的漠視。尤其是大型組織，管理者們通常習慣於沒有壓力、沒有競爭，甚至缺少規則的環境。但決策的需求不會因為漠視而消失，而是日積月累，變得更加迫切，直到不得不對決策需求做出反應時，才匆忙做出決策。這樣的決策，針對性和品質是無法保證的，也很難期望其具有有效性。

面對突發性災難，漠視決策需求將直接造成重大損失。面臨發展機遇，漠視決策需求將導致發展機遇喪失。漠視背後的動因主要是：決策需要成本，無法判斷成本收益；預期的收益不能滿足個人要求。

大多數組織都是被動反應，當有人提出決策需求時，決策活動才會開始啟動。負責任的決策者應主動「掃描」並篩選決策需求。對潛在的機會或災難進行積極的、有前瞻性的調查，從中辨識出真正有意義的資訊，並作為決策需求，啟動決策活動。

（2）不需要決策時，卻有人做出決策

很多組織中存在這種情況。在沒有真正需求的情況下，某些部門或個人為了滿足自己的需求，或者為了證明自己的存在價值而做出決策。殊不知，每一個決策的做出和付諸實施都要耗費資源並產生影響。

■ 決策過遲

所有決策都有時限要求。如果決策團隊不能在規定的時間內達成一致的決策意見，遲遲無法做出決策，管理者就要停止反覆思考，聚焦於如何消除分歧。可以嘗試以下方法，以幫助決策團隊達成一致：

- 重新審視評估以前的觀點；
- 回到最初設定的目標，確保目標與將要做的決策相關聯；
- 設定最後期限；

- 事先達成共識。如果無法消除分歧，就由上司決定，或者採取不記名投票的方式少數服從多數。

■ 匆忙決策

決策時機的把握很重要。《周易》〈艮〉卦彖傳講：「時止則止，時行則行，動靜不失其時，其道光明。」即便是好決策，實施時機不合適也會造成損失。杜拉克講過福特公司關於「汽車安全帶」決策的故事〔74〕：

> 一九四〇年代晚期至一九五〇年代早期，福特汽車公司生產出一種汽車，該種汽車在座位上配有安全帶，但該種汽車的銷售卻一落千丈。福特公司不得不停止銷售這種配備安全帶的汽車，並放棄這種想法。而在十五年之後，當美國駕駛汽車的大眾已經注意到安全問題的時候，卻大肆攻擊汽車製造商「完全不注意安全問題」，是送命商。

福特公司的決策，從技術角度看是好決策。但是，從決策時機看卻是壞決策：沒有進行市場調查，決策依據不充分，將導致組織利益受損。

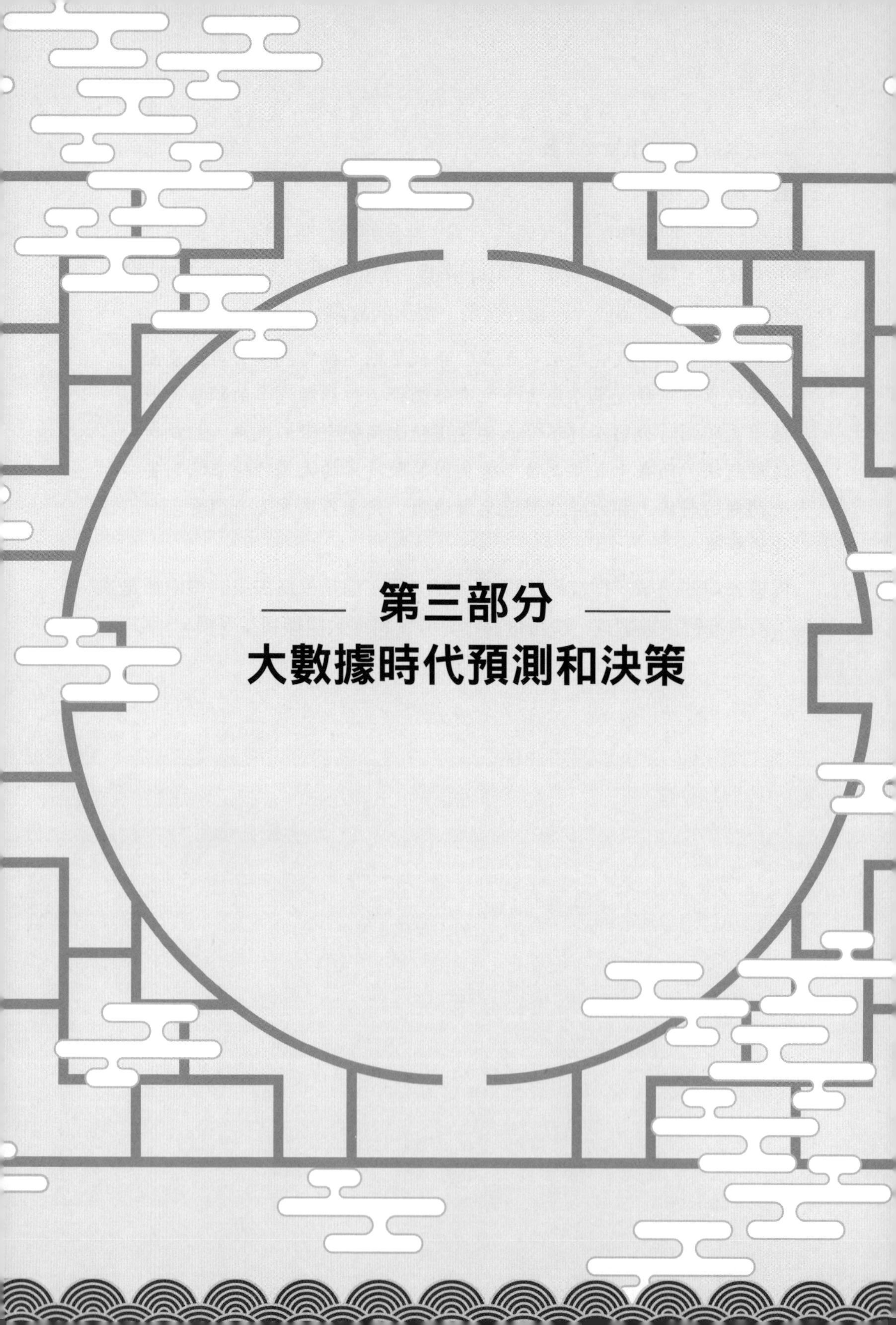

第三部分
大數據時代預測和決策

大數據時代正呼嘯而來！

能夠稱為一個時代，是因為大數據開啟了又一次社會轉型：不僅提供了一種新的技術方法，而且正在成為重要的基礎性戰略資源，將推進社會轉型和治理創新。大數據對人類社會的影響深入而廣泛，從生產與生活形態到理解世界的方式和行為，包括決策——決策依據、決策思維和決策模式。決策理論面臨著創新發展的迫切需要，將從管理學科演化為管理藝術。

大數據時代充滿了更多的不確定性，社會發展隨時可能改變軌道。我們別無選擇，只能努力學習，掌握大數據技術；運用人類智慧，駕馭大數據時代。利用大數據進行準確預測，做出優秀決策，勇敢擁抱未來。

本部分圍繞大數據時代的預測和決策，安排以下章節。

第八章〈大數據特徵及其影響〉；

第九章〈大數據具體應用領域〉；

第十章〈人類預測未來的智慧〉；

第十一章〈大數據時代決策智慧〉。

第八章
大數據特徵及其影響

作為這個星球上的萬物之靈——人類，總會創造出一些超出自己想像力、難以駕馭的事物。這些事物最終改變了人類社會的發展方向。兩百多年前的工業革命，二十世紀的核武器，今日之大數據，都屬於這個範疇。

大數據技術前所未有地拓展了人類的能力。當我們掌握越來越多的資料，沉浸於大數據給我們帶來的便利時，大數據卻在悄然改變著我們。

本章將概括大數據時代的特徵及其影響。

大數據概念及其特徵

大數據概念是在實踐應用中形成的。

隨著電腦和數位化技術的發展，人類記錄的資料越來越多。這些資料創造更多商機，更好地落實政府目標，使生產更高效，使生活更方便。

進入新世紀，社會數位化、網路寬頻化、設備互聯化，資料的產生與儲存量開始以幾何級數成長。面對這種以前從沒有遇到過的情況，全球著名的諮詢公司麥肯錫最早提出「大數據」概念：大小超過標準資料庫工具軟體能夠收集、儲存、管理和分析的資料集。人們對大數據概念較為一致的共識是：「大數據」是收集、整理大容量資料集合，進行適當處理，從中獲得所需見解的非傳統方法和技術的總稱。大數據表現出的特徵包括[75]更大量（Volume）、更多種類（Variety）和更高速（Velocity）。

資料量大、形式多樣、快速更新

大數據最突出的特徵表現為資料量大、形式多樣、快速更新。

■ 資料量大

資料集合達到何種規模才符合大數據標準？我們不妨進行對比。

西元前三世紀，埃及的托勒密二世收集了當時可能找到的大約五萬卷書寫作品，建立了亞歷山大圖書館，儲存了當時「他們那個世界」幾乎所有資訊[2]。同一時代，在歐亞大陸東方，華夏大地正值戰國時期；文字鑄在青銅器上、刻在竹簡上，散布於十幾個諸侯國的祖廟和「國家檔案館」、貴族們的私家書庫以及行人（外交官）和說客們的行囊裡；雖然沒有準確的統計，大致估計也不會比亞歷山大圖書館儲存的資訊高出一個數量級。

二十世紀後半葉，隨著電腦和數位儲存設備全面融入工業生產和社會生活，人類社會產生和儲存的資訊量以幾何級數成長，這種趨勢被形象地稱為「資訊爆炸」。今天，《紐約時報》一週的資訊量比生活在工業革命以前的人一生獲得的資訊還要多；每個地球人獲得的資料資訊比亞歷山大圖書館加上當時華夏大地儲存的資訊總和還要多。

現在，絕大部分資料用數位化方式儲存和傳輸，儲存基本單元為字節（Byte），以 2 的 10 次方（=1024）進階：分別以字母 K（Kilo- 千）、M（Meg-兆）、G（Giga- 吉）、T（Tera- 太）、P（Peta- 拍）、E（Exa- 艾）、Z（Zetta- 澤）、Y（Yotta- 堯）標示。

最先經歷資訊爆炸的學科是天文學，緊隨之後的是人類基因學。正是這兩個學科率先創造了「大數據」[2]：

> 大數據是指需要處理的資訊量過大，已經超出了當時的電腦在處理資料時所能使用的內存，因此工程師們必須改進處理資料的工具。

美國「Sloan Digital Sky Survey」專案於二○○○年啟動時，位於新墨西哥州的望遠鏡在幾週內收集的資料比天文學史上收集的資料總和還多。該專案的資訊庫二○一○年已高達 140TB——美國國會圖書館二○一一年四月藏書約一億五千萬冊，資料量約 235TB。二○一六年九月二十五日，中國國家天文台五百米口徑射電望遠鏡（FAST）專案在貴州省平塘縣建成啟用，接收面積相當於三十個標準足球場，能夠接收到一百三十七億光年以外的電磁信號，觀測範圍可達宇宙邊緣；能夠發現外星傳來的信號，獲悉星際之間互動的資訊。FAST 能夠將資料量進一步擴展到什麼程度，目前尚無法準確估計。

天文領域的這種變化也正在其他領域發生。二○○三年第一次破譯人類基因密碼時，用了十年時間才完成了三十億對「鹼基對」排序。十年之後，世界範圍內的基因儀完成同樣工作僅需十五分鐘。二○一六年九月二十二日，世界最大基因庫在中國深圳建成，使命是「留存現在，締造未來」。就像「生命銀行」，根據個人意願留存關鍵階段的標本，以便需要時提取使用。

大數據概念幾乎被應用於人類社會所有領域：從科學研究到政府管理、從銀行業到醫療保健、從工商業到農業，各個領域都在講述著類似的故事：爆發式成長的資料量。二○○五年，全球可用數量約為 150EB；二○一○ 2010 年，這一數字已經達到 1.2ZB；年平均成長約為 40%。二○二○年儲存的數字資料預計將是二○○七年的四十四倍，意味著每兩年多翻一番[75]。

現在，人類每兩年產生的資料量比以往數萬年歷史上產生的資料總和還要多。對大數據的儲存和處理需求，將會導致新技術的誕生。是否會突破技術和物理的極限？ 我們目前尚不得而知。

■ 形式多樣

大數據之「大」還反映在資料形式多樣化方面。既有結構化資料，也有半結構化資料，還有更多的非結構化資料。

大數據形態包括文本、數值、圖像、音訊、影片等，產生管道包括交易資料、交互資料、處理資料等。便於儲存和存入關係型資料庫或面向對象資料庫、以二維表結構來邏輯表達的結構化資料的種類與數量仍然在繼續成長；而圖像、音訊、地理位置資訊等新型非結構化資料成長更快，年成長率達到80%。虛擬實境（Vitual Reality, VR）、擴增實境（Augmented Reality, AR）等新技術的不斷出現使得資料種類持續成長。

大數據來源可以歸為以下管道。

（1）公開的資料庫，包括：來源於政府的資料（人口資料、地理資料、政府服務資料），政府主導的行業統計資料（經濟運行資料、行業統計資料），其他公共資料（公共服務資料、安全監控資料）。

（2）來自於互聯網（以及行動互聯網、車聯網）的資料，包括：社交媒體資料（Facebook、LinkedIn、YouTube、Pandora、騰訊等），搜尋平台資料（Google、百度等），交易平台資料（亞馬遜、阿里巴巴、博客來），行動通訊資料，交通領域互聯網資料。

（3）地理資訊資料，來源於全球四大衛星定位系統（美國GPS、中國北斗、俄羅斯格洛納斯、歐盟伽利略）資料，地面採集的地理資訊資料。

（4）對原有世界的資料再採集，先進技術手段可以幫助人們採集到更多資料，諸如物聯網，感應器時刻在回傳資料，極大地豐富了資料。

（5）生物體的資訊，包括人類基因組資訊（已經收集全球二十七個族群兩千五百人全部基因組資訊，資料量達到50TB），人類大腦本身的資訊（一千億神經元及其連接模式，決定了我們的知識記憶和思維能力）。

事實證明，大數據的多樣性勝於絕對數量。任何單一種類的資料，無論其方式、數量以及來源，都無法滿足人們對資料的多樣性需求。

今天，大數據充斥於我們生活的每時每刻和社會的各個角落。真正演繹好大數據「故事」並使其產生價值，就必須將人物、時間、地點和事物有機地連接起來。這樣的「故事」以前無法想像，無論如何都無法實現。

■ 快速更新

大數據時代，海量資料有規律地從不同來源、透過不同管道如期生成和流動。一方面，資料發送和傳播的速度及頻率持續加快；另一方面，資料來源的種類和數量繼續成長；兩者共同構成了「資料洪流」。

伴隨社會媒體的興起和透過手機提供服務的普及，資訊的性質快速變化。新資料不僅實時生成，而且實時可用。在任何時間和地點，這樣的資料可供成千上萬的人使用。可用資料越來越新，存量資料快速「變舊」。這一刻採集和處理的資料，很快就會成為歷史資料。

某些資料的核心價值也會隨著時間流逝而快速下降。必須以盡可能快的速度處理資料並產生價值，才能真正實現大數據的意義。

相對於處理能力

大數據之「大」還表現為：需要處理的資料量超過了「資訊處理系統」的處理能力，呈現出「資訊超載」狀態。

大數據之「大」是相對概念。大數據本質上是需要使用新技術處理的資料集合。今日之「小資料」，相對於以前較低的處理能力則為「大數據」；今日之「大數據」，隨著處理能力的提高，未來可能只是「小資料」。

人類歷史上多次遇到「大數據」引發的資訊超載問題，每次資訊超載都催生了資料儲存和處理的「資訊技術革命」。最初的資訊技術革命並非始於微型晶片的發明，而是以文字的發明為開端。

■ 第一次資訊技術革命：發明文字

人類歷史上第一次「資訊超載」發生在上古時代。

那個時代，人類大腦是唯一的資訊處理和儲存「設備」。人們掌握的知識、積累的經驗和智慧「大數據」，透過「話語」口耳相傳。但話語說出即逝，不能留存，只能靠人類大腦有限的記憶來處理和儲存。

隨著人類社會的發展，積累的知識和經驗越來越多，需要處理和儲存的資料量也越來越大。語言口耳相傳的資訊傳遞方式以及人類大腦處理和儲存能力，已經不能適應社會發展的需要，出現了「資訊超載」。正是資訊超載催生了人類文明史上第一次資訊技術革命：發明文字。

文字是人類文明史上最偉大的發明！它使得人類記錄和處理資訊的模式出現了革命性突破。世界上不同文明分別獨立發明了不同文字，並結合自然條件找到了易於取材的文字載體。美索不達米亞平原上古代蘇美爾人將楔形文字刻印在泥板上，古代埃及人利用尼羅河的紙草書寫文字，古代歐洲人利用動物皮書寫文字，華夏大地則將文字雕刻在竹簡及龜甲獸骨上、銘鑄在青銅器上或者書寫在絹帛上。

■ 第二次資訊技術革命：發明造紙術

隨著人類掌握的資訊繼續不斷積累，再次超出了上古那些稀缺且笨重的文字載體的負載能力。即便是易於取材的竹簡，其承載資訊的密度也太低。傳遞資訊、閱讀資料、處理公務成為名副其實的「繁重」工作。行人出使他國，都要專門配備馬車運載「國書」及其他文件資料。古人所謂「學富五車」，今天可能也就幾本書的知識容量。

社會發展對資訊傳遞和文化傳播提出了更高要求。人類文明史上再次出現資訊超載現象，於是催生了第二次資訊技術革命：發明造紙術。

造紙術是中國古代人民經過長期經驗的積累和智慧的結晶，是人類文明史上的一項傑出的發明創造。造紙術的發明，把人們從沉重的竹簡和繁重的鐫刻工作中解放出來，極大地促進了中國文化和教育的普及。在資訊傳遞、處理和儲存歷史上，是一次劃時代的技術飛躍。

造紙術後來傳向世界，在人類文化的傳播和發展上，發揮了不可替代的重要作用。即便在資訊化時代，沒有紙張的生活也是無法想像的。

■ 第三次資訊技術革命：發明印刷術

造紙術的發明使人們有了容量密度大、相對便宜又容易攜帶的新資訊載體。以紙張書寫的方式複製資訊，要比在竹簡上書寫並刻劃更便捷。

以手工抄寫方式複製資訊，無論是竹簡還是紙張，仍然存在很多局限。首先，只有會寫的人才能複製，限制了「複製工」選擇範圍。其次，手工抄寫一次只能複製一份，速度慢，成本高；在歐洲中世紀，複製費用大約是每五頁一個弗羅林金幣（約合兩百美元）[76]。再次，多數紙質書籍因長期使用或保存不善而腐爛。最後，抄寫過程中難免會出現疏漏和錯誤；錯誤代代相傳，不斷積累，最終可能與原文意思毫不相干。

《呂氏春秋》〈慎行論 · 察傳〉篇就記載了「晉師三豕涉河」的故事：

> 子夏之晉，過衛，有讀史記者曰：「晉師三豕涉河。」子夏曰：「非也，是己亥也。夫己與三相近，豕與亥相似。」至於晉而問之，則曰「晉師己亥涉河」也。

子夏途經衛國，聽人讀史書：「晉師三豕涉河（晉國軍隊的三頭豬過了黃河）。」子夏說：「不對，不是『三豕』，應該是『己亥』。『己』與『三』相近，『豕』與『亥』相似。」子夏到了晉國後詢問這段歷史，史書記錄的是「晉師己亥涉河」。這明顯是傳抄過程中出現的錯誤。

上述局限制約了資訊傳播和文化發展。人們對文化和資訊的渴望，要求大規模複製資訊。於是第三次資訊技術革命應運而生：發明印刷術。

中國最早的印刷術是雕版印刷。雕版一旦製成，就可以多次複印，效率遠高於手工抄寫；只要在製版時糾正可能的錯漏，複製過程中就不會出現錯誤，這樣就避免了傳抄過程可能發生的錯漏。北宋中葉，畢昇在雕版印刷的基礎上發明了活字印刷術，再次推動知識廣泛傳播和交流。

西方世界直到一四三九年才由德國人約翰尼斯· 谷騰堡（Johannes Gutenberg）發明印刷機，使用活字印刷術。據粗略統計，整個歐洲一四五三至一五〇三年的五十年間共印刷了八百萬本書籍。比此前一千五百年整個歐洲所有手抄書還要多，相當於人類儲存的資訊量五十年成長了一倍。

印刷術的發明——尤其是谷騰堡的機器印刷，加速了知識和資訊的複製與傳播，助長了人們對知識和資訊的渴求，促進了歐洲文藝復興，點燃了工業革命之火，推動人類文明迅猛發展。

■　第四次資訊技術革命：電腦及數位儲存技術

十八世紀起源於英國的工業革命，澈底改變了人類數千年的發展軌跡。人類改造自然、創造歷史的激情高漲，新知識和新技術不斷湧現。以蒸汽機為代表的機械化加快了知識和資訊的傳播速度。狂熱的宗教思想傳播洪流和資本家為商品尋求市場的嗜血衝動，跨越了廣袤的大陸與浩渺的大洋，把人類資訊溝通與知識交流的深度和廣度推向了新的水平。工業文明反過來推進科學技術進步，新學科、新技術、新工業領域接連出現。現代科技發展日新月異，隨之而來的是全球範圍內的知識大爆炸。

人類社會發展到二十世紀上半葉，知識的積累規模已經到了傳統技術難以處理和儲存的程度。以紙張作為物質載體已經難以承載快速膨脹的知識總量，也難以滿足飛速成長的資訊處理和傳遞需求。整個社會再次呈現嚴重的「資訊超載」狀態。於是，人類社會第四次資訊技術革命悄然而至。

以電腦和數位儲存技術為基礎，新的通訊技術、互聯網技術相繼出現並快速普及，順理成章地導致了大數據時代的到來。資訊技術是大數據時代的主要動力，包括感測技術、儲存技術、傳輸技術和處理技術。

資料應用的思維方法

資訊總量的變化還導致了資訊形態的變化，再次印證了「量變引發質變」的哲理。資訊爆炸已經積累到了開始引發變革的程度。於是，大數據的第三個概念〔2〕——新的資料應用思維方法——應運而生。

> 大數據是人們在大規模資料基礎上可以做到的事情，這些事情在小規模資料的基礎上是無法完成的。

■　大數據理念

傳統思維存在一些固有觀念：默認無法使用更多資料，所以就不去使用

更多資料；盡可能追求資料的精確性。對於小資料而言，要求盡可能減少錯誤以保證資料品質，具有一定的合理性。資料有限意味著錯誤會被放大，可能影響整個結果的精確性，所以必須確保資料盡量精確。

大數據理念建立在擁有所有資料（至少是盡可能多的資料）基礎之上。很多情況需要全面而完整的資料。快速獲得一個大概的輪廓和發展脈絡，要比嚴格的精確性重要得多。互聯網透過添加通訊功能給電腦，導致資料量以幾何級數成長。人們開始具備收集盡可能多資料（最好是所有資料）的技術條件。資料量大幅度增加，從兩個方面帶來不精確：大數據中相當一部分資料品質較差；較差的資料品質必然導致不準確的結果。

相比於小資料時代對資料精確性的要求，大數據因為更強調資料的完整性和混雜性，能夠幫助我們進一步接近事實的真相。擁有全部或幾乎全部資料，我們可以從不同角度更細緻地觀察資料的方方面面，也可以正確地考察細節並進行新的分析。這些資料還可以用於做更多的事情，這就不僅僅是資料量大小的差別了。大量資料能夠創造更好的結果。

大數據引導資料處理理念發生轉變，主要體現在三個方面[2]。

- 首先，要分析與事物相關的所有的資料，而不再是少量資料樣本。大數據讓我們更加清晰地看到了樣本無法揭示的細節資訊。
- 其次，要承認並接受資料的多樣化，不再追求精確性。可用資訊量如此之大，以至於我們沒有時間和精力追求精確度。
- 最後，不再執著於探求因果關係，轉而關注相關關係。大數據試圖發現資訊內容之相關性，告訴我們「是什麼」，而不是「為什麼」。

大數據是人們獲取新認知、創造新價值的源泉。不僅為改變市場、組織機構以及政府與公民的關係提供服務，也將改變我們生活中的重要方面。

實際上，人類遠在電腦和數位化技術出現之前，就開始運用大數據思維方式，大數據已經產生並付諸實踐。

■ 航海大數據思維

龐大的資料庫有著小資料庫所沒有的價值。一個多世紀之前，美國海軍

的馬修 · 莫里（Matthew Maury）就成為大數據技術的早期拓荒者[2]。莫里一方面向老船長們學習航海經驗知識，另一方面整理海軍庫房裡的航海日誌，收集特定日期、特定地點的風向、水流、天氣情況記錄。他把這些資訊整合到一起，將整個大西洋按照經緯度劃分成五塊，按照月份分別標出了溫度、風速、風向，製成了全新的航海圖。

莫里透過創新思維，從通常認為沒有意義的資料中挖掘出新的價值。

大數據時代的來臨，使人類有更多的機會和條件，在眾多領域和深入層面獲得和使用全面、完整、系統的資料，深入探索現實世界的規律，獲取過去不可能獲得的知識。關鍵是轉換思維方式。

■ 古人的大數據思維

（一）上古「卜筮」之大數據思維

上古時代人們利用卜筮進行預測，實際上就體現了大數據思維。占卜兆紋種類繁多，可能的預測結果數量更加龐大。如何找到占卜兆紋和預測結果之間的「相關關係」？必須對過往已經被驗證的大量占卜資料進行歸納分析，從海量的資訊中總結出規律。用《周易》占筮進行預測更需要大數據思維。《周易》有六十四卦，每卦六爻，共三百八十四爻，占卜時可能涉及總共一萬一千五百二十策。結合每種卦象表徵的十數種或數十種物理意義，預測結果的可能性幾乎是天文數字！如何將卦象與預測結果「聯繫起來」？找到它們之間的相關關係？只有大數據思維才能做到。

（二）古中醫之大數據思維

中國上古時代探索、總結形成的中醫診療系統，是另一個典型的大數據思維領域。病人的症狀形形色色，可能的病因多種多樣。有經驗的醫師，善於透過「望、聞、問、切」收集全面資料，建立「症狀——病因」相關關係。再結合以往大量案例，根據經驗從數百種中草藥中挑出幾種進行適當組合，最終建立「症狀——治療方案」之相關關係。

（三）文學創作之大數據思維

優秀的文章和詩詞作者都具有大數據思維。漢字是世界上最為完備的文字系統。迄今發現的甲骨文字共有五千多個，其中已被識讀兩千多個。《說文解字》收錄篆字九千三百五十三個。《康熙字典》收錄漢字四萬七千零三十五個。

文學創作需要圍繞主體思想，按照韻律格式和審美要求，從數千上萬漢字中挑選出合適的字，組合成句，連綴成篇，形成優美的文學作品。

創作優秀文學作品絕非易事！沒有大數據思維，很難駕馭數千文字及其多重含義共同構成的天文數量的組合方式。所以南宋詩人陸游有「文章本天成，妙手偶得之；粹然無疵瑕，豈復須人為」之嘆。優秀文學作品並不是上天賜予的，都是作者嘔心瀝血創作的！南朝劉勰在《文心雕龍》[77]〈練字〉篇中總結：「故善為文者，富於萬篇，貧於一字，一字非少，相避為難也。」如何相避？劉勰提出了「四項原則」：

> 是以綴字屬篇，必須揀擇：一避詭異，二省聯邊，三權重出，四調單復。詭異者，字體瑰怪者也。聯邊者，半字同文者也。重出者，同字相犯者也。單復者，字形肥瘠者也。

文學創作不僅需要知識積累、生活閱歷，更需要想像力，還需要勤奮。盛唐詩人孟郊在〈夜感自遣〉自述：「夜學曉未休，苦吟鬼神愁。如何不自閒，心與身為仇。」中唐詩人賈島感嘆：「為求一字穩，苦吟鬼神愁。」晚唐詩人皮日休提出：「百煉成字，千煉成句。」清代曹雪芹創作《紅樓夢》，更是「字字看來皆是血，十年辛苦不尋常」。

資料處理方法

大數據的第四個概念是[2]：

> 大數據是指不用隨機抽樣分析的捷徑，而將與所分析的事情相關的所有資料納入分析的一種方法。

在人類發展歷程中很長一段時間，受限於技術條件，只能收集少量資料進行分析，主要依賴局部資料或者抽樣資料。特殊情況下，在無法獲得實證資料的時候，只能依賴經驗、假設和直覺。為了讓分析簡單可行，人們只好盡可能縮減資料需求。鑑於可用資料不足，人們必須把分析工作建立在模型假設基礎上。在資訊匱乏的條件下，人們發展出使用盡可能少資訊的成熟技術。隨機抽樣就是這樣的技術。

抽樣之目的，就是要用最少的資料得到最多的資訊。每次採樣之前，就已經為改採集的資料樣本預先設定了用途；這樣得到的樣本資料缺少其預設用途之外的資訊。只研究樣本而不研究整體，有利有弊。好處是，能夠更快捷、更容易地發現問題；但不能回答事先未考慮到的問題。

很多情況下，抽樣不能反映詳細資訊。而生活中真正有趣的事情往往隱藏在細節中。例如：把一張數位相機的照片或一段音樂分成若干個樣本，對其進行抽樣，從抽樣資料中得不到任何有意義的資訊！這種情況下，我們需要完整的資料，只能放棄樣本分析這條捷徑。

大數據分析不是關注隨機樣本，而是以全體資料為分析對象。「大」是相對的，全體資料相對於抽樣資料。

在資料產生階段，人們習慣於用自己的方式創造和使用標籤，沒有標準，沒有預先設定的排列和分類，因此也沒有必須遵守的類別。大數據讓人們無法實現精確性。通常只有5%的數字資料是結構化的，能夠適用於傳統資料庫。要想獲得大數據的好處，就必須接受其混亂。如果不接受混亂，資料庫中95%的非結構化資料都無法為我所用。

大數據分析更關注資料與現象之間的相關關係，透過識別有用的關聯物來幫助我們分析現象、捕捉現在和預測未來。絕大多數情況下，我們知道是什麼就足夠了。實際上，在大數據時代之前，人們就重視相關關係。

大數據影響個人生活

無論喜歡與否，我們已經生活在大數據時代，受著大數據的影響。一方面，大數據幫助我們解決了大量問題，提高了效率，取得了更大成就。另一方面，大數據正在改變我們的生活方式和思維模式，重塑我們的社會，並將

朝向我們無法預知的方向發展。

互聯網模式與大數據時代

一九九〇年代初，「互聯網」技術出現，快速將人類社會帶入互聯網和大數據時代。網路作為資訊製造、發布、互動的最大平台，為資訊的快速傳播提供了可能。同時，虛假資訊也借助互聯網迅速傳播並氾濫成災。

■ 互聯網：虛擬世界帶來現實影響

互聯網又稱因特網（Internet），一九六九年始於美國國防部高級研究專案局（Advanced Research Projects Agency-ARPA）內部的 ARPANET——「阿帕網」。最初將四台電腦用約定的通訊協議聯起來，驗證電腦聯網方式。傳輸能力只有每秒 50Kb。隨著加入阿帕網的主機數量增加，這個電腦網路開始過渡為互聯網。越來越多的人把互聯網作為通訊和交流工具，一些使用者陸續在互聯網上開展商業活動。互聯網在通訊、資訊檢索、客戶服務等方面的巨大潛力逐步被挖掘出來，用途發生了質的飛躍。

今天，互聯網已經成為覆蓋全世界幾乎所有地方的全球性網路。

在過去二十多年裡，隨著衛星通訊技術的發展，移動終端快速普及，形成了移動互聯網，成為整個互聯網的一個組成部分。

互聯網透過替電腦添加通訊功能，給行動終端賦予資訊處理能力，從而改變了世界，成為資訊社會的技術基礎。互聯網可以將文字、圖片、音訊、影片等各種資訊瞬間發送給萬里之外的人們，真正成為「千里眼」和「順風耳」，實現了人類千百年來的夢幻。

互聯網開啟了大數據時代，以改變一切的態勢，在全球掀起了一場影響人類所有層面的深刻變革。人類正在進入一個未知多於已知的時代。

今天，世界上很多國家提出了「互聯網＋」規劃，將互聯網與傳統行業融合，利用互聯網技術改造傳統生產模式、商業模式和服務模式。

■ 互聯網帶來的便利

互聯網（包括行動互聯網）給人們帶來的便利是顯而易見的。

今天，很多組織都有自己的局域網，上班一族離不開桌上型電腦和筆記型電腦，而這些終端設備都與互聯網連接。幾乎每個人都用手機通訊，處理個人生活事務甚至商務，手機通訊的基礎條件是行動互聯網。我們每天會收到上百封電子郵件以及更多的網路群組、朋友圈訊息。這些互聯網資訊，有些純粹屬於個人生活範疇，而另一些則與工作相關。透過互聯網便捷購物，今天輕輕點擊購書單，明天就可以閱讀自己精選的圖書。我們在互聯網上幾乎可以查找到任何資訊，如餐飲、交通、旅遊、學術、娛樂等。

跨國公司的管理者，透過互聯網與遍布於世界各地的利益相關方即時聯繫，共享資訊。互聯網極大地拓寬了管理者的資訊來源，使得他們能夠管理全球範圍內的事務。管理者只要把握住互聯網帶來的變化，就可以打造出更具競爭力、發展更迅速的創新型組織。

互聯網使得人類第一次真正同時生活在兩個「空間」裡。

- 實體空間：構成真實世界的各類要素和活動在這些要素之中的個體，包括環境、設備、系統、人員。
- 網路空間：透過對構成實體空間的上述要素和個體之間的精確同步與建模，模擬個體之間及個體與環境之間的關係。記錄實體空間隨時間的變化，還可以對實體空間進行模擬和預測。

借助於互聯網和電腦模擬技術，人類創造了一個新的技術領域：虛擬實境。這個名稱本身就是一個矛盾體：對「現實」進行「虛擬」，存在於人類想像中的虛擬世界成為現實。這個虛擬世界似夢非夢、亦幻亦真！現在，互聯網和大數據技術使得虛擬實境進一步發展為「擴增實境」，將虛擬空間與實體空間有機融合起來，正在創造人間仙境！

■ 互聯網帶來的困擾

然而，事物往往具有兩面性，甚至多面性。以互聯網為主要載體的資訊社會，在給人們帶來便利的同時，也帶來了新的困擾。

互聯網存在於虛擬空間中，脫離現實生活，至今還屬於沒有規矩、不夠友善的地方。絕大多數人都有受垃圾郵件和虛假資訊困擾的經歷。有人惡意製造垃圾郵件和虛假資訊，來自互聯網的資訊需要格外注意。

人們在虛擬網路中構建一個個群體，如同生活中的社區。人們在實體社區中面對面交流，共同遵守人類社會的行為規範，重視自我定位和影響。在網路虛擬世界中，人們彼此素未謀面，也不在乎互相看法；心理上解除了矜持和自律，「網路體」語言大行其道，毒化著人類的語言，侵蝕著人類的靈魂。我們必須小心翼翼，不要把虛擬社區與實體社區混為一談。

面對面交流，做出判斷和決策，是管理工作的重要內容。組織機構是實體社區，員工的交往基於組織健全的內部關係；相互信任與尊重，是組織成功運行的基礎。在虛擬網路中，人們很難做出理性判斷。透過網路溝通，基本上喪失了溝通者在情感上複雜而微妙的互動功能。我們的溝通對象並非軟體或機器，而是情感豐富、個性鮮明的人！

管理溝通需要準確、真實地傳遞資訊，互聯網卻把資訊變成了簡單模式。依賴互聯網進行管理存在一定程度的風險，會給管理者造成錯覺：自己時刻在和外界保持接觸，一切盡在掌控中。而事實上，管理者接觸和掌控的只不過是電腦鍵盤！自以為「掌控一切」，實際上不知不覺中被新科技遮蔽了思維視窗。

更嚴重的是，互聯網詐騙已經成為產值達千億元的「產業」，多少人上當受騙，蒙受慘重損失！花朵一樣的年輕生命因學費被騙在開始大學生活之前凋謝了！誰之罪？難道這個社會只會將罪責歸於互聯網嗎？我們的電信系統、我們的銀行系統，我們的監管機構、我們的政府，缺失了什麼？

資料顯示：54%的網友認為個人資訊洩露情況嚴重，84%的網友曾經親身感受到因為個人資訊洩露而帶來的不利影響。

資訊超載與工作壓力

我們生活的這個時代，各種資訊疲勞著我們的眼球，衝擊著我們的大腦，顛覆著我們的認知，把我們帶入更加不確定性的世界裡！

■ 節奏與壓力

資訊爆炸總是迫使管理者採取更多行動。現在很多組織不僅習慣於透過互聯網進行管理，還幫管理者安裝了手機 App 進行遠程辦公，甚至建立公務網路群組，要求其管理者隨時隨處接收資訊、處理事務。所有這些，都在加快管理者的節奏，提高管理者的壓力。

互聯網正在影響管理者的注意力、思考能力、計劃能力、決策能力。大部分人在做決策時，都無法避開這個喧鬧的世界。環境干擾人們正常的思維和決策。資訊超載使得某些管理工作和管理者陷入狂亂狀態。國外學者研究顯示：電話和電子郵件干擾會導致智力暫時下降，甚至會達到十個百分點。開放式辦公室中，電子設備和辦公設備的干擾，將導致工作效率降低 66%！管理者忍受著無盡的煎熬，精神和健康備受摧殘。很多人已經習慣於成批處理電子郵件，沒有時間和耐心，不再區分其重要程度。未被閱讀就刪除的電子郵件中，難免會錯失重要資訊。

面對海量資料，我們應該如何維持清晰頭腦？如何從看似雜亂無章的資料中識別出有用資訊？部分學者已經開始探討[76]。

■ 管理者的時間分配

西方文化宣傳的所謂「人人生而平等」普世價值觀，似乎只在一件事情上真實存在，那就是時間。無論是富有還是貧窮，無論是高貴還是低賤，時間對於所有人都是公平的，既慷慨無私，又吝嗇無情。

今天，人們的生活已經被互聯網控制和顛覆，或者至少被干擾。管理者除了互聯網之外，還有其他重要事務需要處理，包括口頭溝通，還要留出足夠的時間用於陪伴家人、吃飯、睡覺。花在互聯網上的時間越多，花在其他事情上的時間就越少。

透過互聯網交流，更加隨意，不成系統，沒有邏輯，雜亂無章，流於形式。每天面對海量資訊，首先要判斷：哪些有價值，必須處理？哪些還可以提供有用資訊？又有哪些純屬垃圾，可以直接丟進電子垃圾桶？

我們不能屈從於互聯網，要保持人類最起碼的自主判斷。管理者尤其如此，必須處理好管理工作中的時間分配。

■ 對工作的控制力

互聯網是增強還是削弱了管理者對工作的控制力？這是一個「仁者見仁，智者見智」的問題。和大多數新技術一樣，互聯網也只不過是另一項新技術。在給人們帶來好處的同時，也必然會帶來壞處，就像硬幣的兩面。所謂「禍兮福所倚，福兮禍所伏」。處理不當，可能會導致盲目依賴互聯網，而受制於互聯網。我們應該清醒認識到互聯網之利弊，合理利用互聯網進行管理，降低管理成本，提高管理效率。

毫無疑問，互聯網增強了管理者的控制力。互聯網使得人們更加方便地結識「新朋友」，與老朋友的聯繫也更加便捷。管理者必須與組織外的利益相關方交往。互聯網使得管理者更加關注外部關係的拓展。管理者的實際交際圈子可以很大，必須借助於互聯網新技術提高工作的控制力。

管理者必須注意，在提高外部控制力時，不要忽視組織內部的交流與溝通。如前所述，一個人的時間是有限的，不僅時間有限，精力也有限。用於外部聯繫的時間和精力過多，就必然沒有時間和精力處理好組織內部事務。這在所難免會削弱管理者與其直接管理的員工之間的關係。

互聯網可能使管理者產生「一切盡在掌控之中」的錯覺。無形之中削弱了管理者的思維判斷能力和做決策的能力。

個人隱私受到威脅

在大數據時代，人們驀然發現，自己的隱私受到了威脅。我們幾乎不再有隱私！亞馬遜監視著我們的購物習慣，Google 監視著我們的網頁瀏覽習慣，Twitter 正在竊聽我們的心聲，Facebook 似乎無所不知。

大數據帶來更多威脅，只不過多數人沒有察覺而已。目前，互聯網公司採集的大部分資料包都包含有個人資訊。有些資料表面上看似乎並不是個人資料，但是經過大數據技術處理之後就可以追溯到個人。

當人們了解到：眾多公司在我們毫不知情的狀態下，採集了我們日常生活方方面面的資料，用於我們無法預知的領域。是否會不寒而慄？

看過美國電影《神鬼認證》之讀者，對大數據帶來的威脅就會有直觀而深刻的認識。影片故事背景設定在後史諾登時代，故事情節圍繞大數據環境下隱私監控與爭取自由之鬥爭而展開。美國中央情報局打著「國家利益」的幌子，利用大數據技術，對所有他們定義的「可疑分子」（包括「自己人」）進行全時段、全範圍監控。影片男主角傑森·查爾斯·包恩希望透過大數據尋找自己的身世，卻發現一系列驚天祕密！而中央情報局官員羅伯特 · 杜威則是幕後主使者。特務妮琪 · 帕森斯駭掉中情局系統，希望幫助昔日搭檔包恩尋找身份。為了維護中央情報局不可告人的祕密，杜威策劃了剿滅計畫。杜威依靠大數據系統，幾乎可以隨時隨地掌握包恩的行蹤。

支撐中央情報局大數據系統的是一家名為「深夢科技」的高科技公司。公司高管亞倫 · 凱勒的介紹讓觀眾見識了資料技術的強大：資料平台擁有十五億使用者，能夠將使用者的資料和喜好整合起來，為使用者提供獨特的體驗服務。凱勒與杜威的會談卻讓我們看到了大數據恐怖的一面：中央情報局強大的追蹤資料來源於亞倫出賣客戶的資料資料！這一見不得人的交易，使得杜威在追蹤包恩的過程中能夠隨時掌握其資訊，凱勒也靠著這一交易獲得巨額黑色收入。在大數據環境中，中央情報局與互聯網公司之間，究竟還有多少不為人知的祕密？我們可能永遠無法了解。

我們今天面臨越來越嚴重的電信詐騙，背後又有什麼樣的骯髒交易？

《神鬼認證》利用虛構故事，向我們揭示了一個現象：我們每個人的隱私在毫不知情的情況下被嚴密監控，違背我們的意願，應用於我們不知道的領域。強大的互聯網技術讓社會中人們的距離越來越近。互聯網背後是大數據的支持。資料收集越完善，個人隱私被洩露的可能性越大。

大數據引發社會變革

資訊技術創新和數字設備的普及帶來了「資料產業革命」。

大數據技術再次開啟了社會轉型，將重新塑造人類社會，帶來全方位變革，包括思維變革、商業變革和管理變革，正在改變我們的社會形態、生活方式、工作模式和思維習慣。

大數據對社會治理的影響

隨著大數據的應用不斷擴展，我們已經明顯感受到，人類社會幾乎所有領域正在受到影響。有些領域，大數據的影響將是突變式的;另外一些領域，這種影響將是潛移默化的，很難判斷影響的確切性質和強度。

影響的不確定性來自於多個方面。首先，未來產生的新資料類型是未知的；其次，人類能夠擁有的計算能力不確定；最後，影響還將取決於人類的戰略決策。運用得當，大數據將幫助改善社會治理水平、提高社會治理能力;運用不當，將會侵犯公民自由、激化社會矛盾、傷害人身安全。

■ 大數據的有利影響

大數據將賦予人類新的能力。雖然大數據並不會明顯取代人們日常生活和工作中各種方法、工具和系統，但卻帶來了歷史性機遇，讓人們能夠深入理解數位化資訊，提升支持和保護人類社會的公共能力。

大數據正在被用於發展經濟、解決問題和預防衝突。大數據已經成為解決環境和氣候問題的有力工具。遍布各地的感測設備獲取的資訊，使得人們能夠更準確地監測環境並更詳細地模擬氣候變化。大數據分析可以幫助我們理解和預測風險，提前採取相應的防範措施。美國國土安全部研發的「未來行為檢測科技」系統，透過監控個人的生命體徵，發現潛在的恐怖分子。大數據預測可以幫助我們建立一個更安全、更高效的社會。

大數據有助於組織對目標資訊進行精準分析，提高對未來的預見性和決策前瞻性，最終降低成本、有效管控風險、改善營運效率。對大數據的分析將揭示關於集體行為的潛在聯繫，並有可能改進決策方式。

大數據的成功取決於兩個主要因素。一是來自政府的政策和財政支持水準，以及私營機構和學術團隊與政府合作的意願，包括分享資料、技術和分析工具。二是制定和完善新的規則，以及透過新的機制結構和夥伴關係來保障大家能負責任地使用大數據。

可以肯定的是，大數據必將因其巨大潛力而實現更大利益。

■ 大數據的不利影響

大數據在給人類帶來便利的同時，也必然會帶來我們不希望看到的影響。隨著大數據能夠越來越精確地監測人們所處的位置以及預測世界的事情，我們可能還沒有準備好接受它對我們的隱私和決策過程帶來的影響。我們面臨的危險，不僅僅是隱私的洩露，更為危險的是被預知的可能性，以及利用大數據預測來判斷和處罰人類的潛在行為。

對大數據在隱私和預測方面管理不當，或者出現資料分析錯誤，將會導致什麼樣的不良後果？我們目前尚無法預測其嚴重程度。我們已經知道的是：一九四三年，美國人口普查局的地址資料幫助美國政府拘留日裔美國人；第二次世界大戰期間，荷蘭綜合民事記錄資料被納粹用於拘捕猶太人〔2〕。

二〇一一年《科學》雜誌刊登了一項關於人類行為的研究，該研究基於對八十四個國家兩百四十萬人的五億零九百萬條推文的資料分析。研究結果顯示，來自於世界上不同文化背景的人們每天、每週的心情都遵循相似的模式。人類的情緒被資料化了。資料化不僅能夠將人類的態度和情緒轉化為可分析的形式，還有可能影響人類的行為本身。

■ 大數據時代的三個世界

一九七〇年代，中國領導人毛澤東根據第二次世界大戰後國際局勢演變，提出了著名的「三個世界」劃分戰略思想：第一世界，美國和蘇聯兩個超級大國；第二世界，歐洲諸國、日本、澳洲、加拿大等先進國家；第三世界，廣大開發中國家。三個世界劃分的戰略思想，成為其後中國制定對外政策的重要依據，也為廣大不先進國家和被壓迫民族建立統一戰線、反對蘇美兩霸及其戰爭政策，提供了強大的思想武器。

當歷史車輪滾滾輾入二十一世紀，世界卻存在著被技術割裂的危險。大數據技術強化國家競爭力，加劇優勝劣汰。以美國為首的西方先進國家，率先掌握並壟斷大數據技術，仍然在全球競爭中占據優勢。開發中國家依然處於資料依附和從屬狀態。大數據技術將會把世界再次割裂為新版本的「三個世界」，即大數據世界、小資料世界、無資料世界。

■　大數據時代的挑戰與變革要求

大數據伴隨大問題，必然帶來大挑戰！

首先是安全挑戰。互聯網大數據領域的公民隱私保護，是大數據時代面臨的資料安全威脅。資料及個人隱私洩露等安全問題，嚴重制約大數據產業健康發展，甚至對國家安全構成威脅。二〇一六年十月二十一日，美國網路遭到大範圍攻擊，眾多網站處於癱瘓狀態，已經為我們敲響了警鐘！

其次是資料品質挑戰。如果一個社會缺乏誠信，資料中很多虛假成分，我們如何利用？比如，入口網站的收費推薦、網上電影賣座率的投票、電商的評分。網路作為資訊製造、發布、交互的最大平台，為資訊的快速傳播提供了極大的便利，卻也成了虛假資訊迅速傳播並氾濫成災的淵藪。

大數據時代對社會治理提出了變革要求。政府和社會在控制和處理資料的方法上必須有全方位的改變。很多資料為專門用途而收集，而最終卻被用於其他很多方面。據美國《華盛頓郵報》二〇一〇年調查結果，美國國家安全局每天攔截並儲存的電子郵件、電話和其他通訊記錄多達十七億條。美國政府監控採集本國及他國公民的通訊互動記錄有兩千兆條之多。這些攔截和監控，最初打著「反恐」的幌子，而後來卻威脅到個人自由。

大數據在改變人類基本生活與思考方式的同時，也在推動人類資訊管理準則重新定位。工業革命以來，人類總是先創造出可能危害自身的工具，然後才著手建立保護自己、防範危險的安全機制。大數據到表著資訊社會已經名副其實，可以嘗試新的事物、新的價值形式和新的思維方式。

聯合國的評價和建議

聯合國祕書長執行辦公室於二〇〇九年倡議啟動了「全球脈動」（Global Pulse）計畫（http://www.unglobalpulse.org/），希望大數據能對全球的發展發揮槓桿作用。關於「全球脈動」，我們將在下一章詳細介紹。

二〇一二年五月二十九日，「全球脈動」計畫發布了由資深發展經濟學家艾瑪紐爾・勒圖（Emmanuel Letouzé）牽頭撰寫的《大數據開發：機遇與挑戰》

[75] 報告，闡述了開發中國家在運用大數據促進社會發展方面所面臨的機遇和挑戰，並為正確運用大數據提出了策略建議。我們在此概括介紹。

■ 大數據帶來的機遇

勒圖的報告認為，大數據帶來的機遇主要體現在兩個方面。

第一，大數據提供了發展意圖和能力。

世界正在經歷一場資料革命，面臨海量資料（見圖 8.1）。大量資料有規律地從不同來源、透過不同管道生成和流動。資料發送和傳播的速度及頻率持續增加，來源種類和數量增加，共同構成「資料洪流」。

大數據革命具有多種特徵和影響。可用資料存量越來越新，新資料實時生成而且實時可用。社群媒體興起和行動通訊服務普及，導致資訊的性質發生變化。人們日常生活中產生的反映其行動、選擇和偏好的資料，可數位化追蹤或儲存，供其他人使用，提供了把握社會脈搏的機會。這場大數據革命具有當代性（在十年之內），非常快速，對社會極其重要。

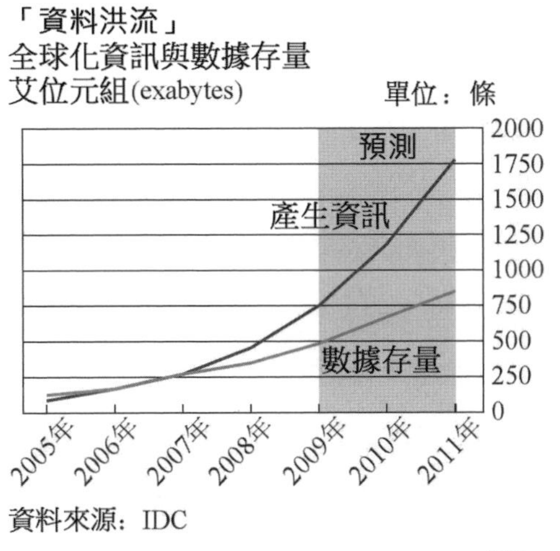

圖 8.1　資料革命的早期階段（圖片來源[75]）

資料革命的全球覆蓋趨勢越來越明顯。大數據革命在世界各地正以不同方式和不同速度發展，甚至比許多人幾年前預期的速度還要快。行動電話普及到數十億人，成為影響開發中國家的最重要的變化。在政府能力薄弱、傳統資料不可靠的國家，大數據革命能夠提供至關重要的補充。

世界正變得越來越不穩定。二〇〇八年金融風暴引起了一連串危機。世界經濟受到頻繁衝擊，導致更大的經濟和社會困難。政策制定者認識到，預防損失發生比損失發生後再補救代價更小。資料革命為此提供了機會。

私營部門成功利用大數據的案例展示了應用前景。世界經濟論壇、麥肯錫、《紐約時報》等努力促進「大數據驅動的決策」。民間社會組織也渴望用更靈活的方式利用實時資料。各國政府逐漸意識到大數據的作用和能力。一些政府透過支持開放資料等舉措，以提高公共服務能力。社會科學領域也提供了「發展大數據」案例。「發展大數據」具有以下特點：

- 數位化生成，透過各種微處理晶片生成數位化資料，以數位化形式儲存，可以用電腦處理；
- 被動生成，透過日常生活用品或者與數位化服務交互生成；
- 自動收集，很多系統自動提取和儲存其正在生成的相關資料；
- 位置追蹤，地理資訊系統生成位置追蹤資料，如手機定位；
- 持續分析，資訊與人類健康和發展相關，可以進行實時分析。

除了原始資料的可用性和使用意圖之外，需要有能力理解和有效地使用資料。用史丹佛大學教授韋思岸的話說，「資料是新的石油，就像石油一樣，必須進行提煉才能使用」。

第二，已經在社會科學和政治領域得到應用。

在社會科學和公共政策領域，資料的預測能力吸引了最多的關注，世界各地的學術團隊發現，可以從這些資料中收集到關於人類行為的洞察。

美國東北大學的物理學家進行了一項研究，他們能夠預測一個人在任何給定的時間所在的物理位置，主要基於他們過去的運動生成的手機資訊，準確率超過93%。研究發現可以透過遙感測量夜間光強度來實時估計一個國家的GDP。另一個知名的例子是「Google流感趨勢」，二〇〇八年推出的基於Google關於流感症狀查詢的一個工具。我們將在後面介紹。

Twitter也具有類似的用途。美國約翰・霍普金斯大學的電腦科學家使用複雜的專有算法，分析了二〇〇九年五月至二〇一〇年十月美國張貼的超過一百六十萬健康相關推文（總量超過二十億），他們基於大數據建模得出的流感率與官方公布的流感率之間的相關度為 0.958（見圖 8.2）。

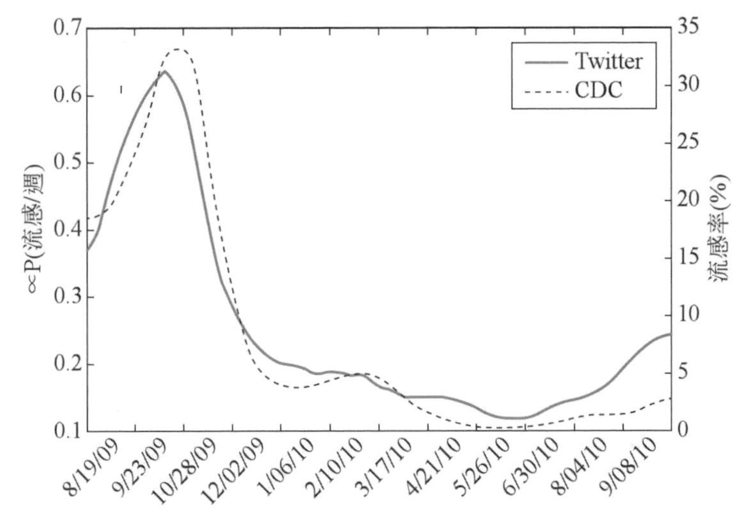

圖 8.2　大數據預測流感率與官方公布資料比較（圖片來源[75]）

社區中其他類型健康狀況和疾病的流行和蔓延，包括肥胖和癌症，也可以透過 Twitter 資料進行分析。公開的 Twitter 使用者位置資訊可以用於研究疾病或病毒的地理傳播，美國 A 型 H1N1 疫情研究就是例證。

其他資料流也可以被導入或對社群媒體資料分層，特別是提供地理資訊：健康地圖專案，編輯來自於在線新聞、目擊者報告和專家策劃討論以及經過驗證的官方報告等不同資料，以獲得統一和綜合角度的傳染性疾病的全球現狀，並在地圖上可視化。

新資料應用的另一個例子是，在地震摧毀海地之後，Ushahidi（一家非營利科技公司）使用「眾包」方式，設立了一個聚合文本消息系統，允許手機使用者報告被困在損毀建築物裡的人員。對資料的分析發現，聚合文本消息的集中度與建築物損毀集中地區高度相關。這些結果以高得驚人的準確性和統計顯著性預測地震後結構損傷的位置和程度。

■ 大數據帶來的挑戰

大數據分析應用於發展，還面臨諸多挑戰。

（1）資料本身的挑戰

首先是個人隱私問題。隱私是最為敏感的問題，可能會因新技術而受到影響，應有必要的保障措施。個人隱私可能在許多情況下被洩露，而人們並沒有完全意識到個人資料如何被使用或濫用。

其次是訪問和共享問題。儘管大部分公開可獲取的線上資料具備開發的潛在價值，但是企業掌握著更多有價值的資料。私人企業和其他機構出於保護自身競爭力、保密文化等考慮，不願意共享自身業務資料。從公共或私人部門獲取非公開資料，需要特定的法律許可。

（2）資料分析方面的挑戰

利用新的資料源帶來了大量的分析挑戰。這些挑戰的相關性和嚴重程度將取決於正在進行的分析類型，以及最終確定的資料類型。

「資料真正告訴我們什麼？」這一問題是任何社會科學研究和基於證據決策研究的核心。普遍的共識認為「新」資料源提出了更為具體和嚴峻的挑戰。這些挑戰可分為三種不同的類別：形成大數據的總體輪廓，亦即總結資料；透過推斷更好地理解資料；定義和檢測異常。

（1）形成大數據的總體輪廓

資料是所有分析師都看到的，就像經過火焰前面的物體之影。但資料映像的準確性如何？有些資料可能只是簡單錯誤。例如，未經驗證的公民報告或博客的虛假資訊。大數據很大一部分來自人們的知覺——從健康熱線對話和線上疾病症狀搜索中提取的資訊，但知覺很可能不準確。

（2）理解資料

對比使用者生成的文本，部分數字資料源非常接近於無可爭議的實際資料，諸如：小額信貸貸款違約數量的交易記錄，發送文本消息的數量，或者手機被使用的食物打折券數量。但是，正在審議的資料無論被認為準確與否，解釋起來從來都不那麼簡單。

（3）定義和檢測人類生態系統中的異常

在試圖測量或檢測人類生態系統中的異常時，首要的挑戰是正常或異常的特徵。構成社會經濟異常的性質與檢測不同於其他類型的動態系統，疾病暴發探測不同於汽車引擎故障診斷。

很多例子顯示了監測系統的敏感性相對於其專一性的挑戰。敏感性是指一個監測系統探測所有情況的能力，而專一性是指只探測相關情況的能力。但是，錯誤的漏報是否比錯誤的多報存在更多或更少的問題，取決於監測什麼以及為什麼要監測。

這些挑戰限制了大數據在全球發展領域的具體應用。

第九章
大數據具體應用領域

隨著資料技術快速發展，大數據應用正在融入人類社會活動幾乎所有領域：利用資料技術，改進生產方式，創新產品服務，提高營運效率；基於資料分析，做出正確決策，創新商業模式，改善社會治理。

工業領域大數據應用

進入新世紀，由於電腦和互聯網技術高度發展，大數據已經滲入工業領域的方方面面。工業先進國家先後提出基於互聯網和大數據技術的工業智慧化策略規劃。美國提出《先進製造業國家戰略計畫》，明確了先進製造對確保經濟優勢和國家安全的重要作用，分析了先進製造的現有模式、未來走勢以及所面臨的機遇和挑戰，提出了五個戰略目標；德國為了應對激烈的全球競爭，穩固其製造業領先地位，開始實施《工業 4.0 策略》，旨在支持工業領域新一代革命性技術的研發與創新。中國也發布了《中國製造 2025》戰略規劃。

工業革命與大數據

按照德國人的邏輯，十八世紀製造業機械化是「工業 1.0」，十九世紀末製造業電氣化是「工業 2.0」，一九七〇年代製造業資訊化是「工業 3.0」，現在正在進入製造業智慧化的「工業 4.0」模式。這分別對應於幾次工業革命。

■ 已經完成的三次工業革命

自十八世紀至二十世紀下半葉，人類社會的生產方式經歷了三次大的變革，通常稱為三次工業革命。

第一次工業革命：十八世紀從英國發起的生產技術革命，以蒸汽機被廣泛使用為標誌，開創了以機器代替手工勞動的機械化時代。

第二次工業革命：十九世紀後半期至二十世紀初，工業化國家進行電氣化和自動化改造的產業技術革命。

第三次工業革命：二十世紀下半葉推動生產方式數位化和資訊化的科技領域重大變革，又稱為「第三次科技革命」。科學技術在多個領域取得突破，以原子能、電腦、空間技術和生物工程為主要標誌，涉及資訊、新能源、先進材料、生物、空間和海洋等領域，促進經濟社會生產形態發生重大變化。

■ 第四次工業革命

第四次工業革命是指電腦和互聯網技術與工業系統深度融合過程中引發的生產力、生產關係、生產技術、商業模式以及創新模式等方面的深刻變革，是整個工業系統邁向全面智慧化的革命性轉變。

第四次工業革命又稱為「綠色工業革命」。前三次工業革命使得人類社會物質文化空前繁榮，但也造成資源和能源過度消耗，付出了生態和環境代價。人類面臨能源與資源危機、生態與環境危機、全球氣候異常變化等多重挑戰，被迫轉變發展方式，改變生產和生活理念。第四次工業革命以互聯網產業化、製造業智慧化、工業一體化為代表，以人工智慧、清潔能源、無人控制、量子資訊、虛擬實境技術為主，核心在於智慧化，最終目的在於實現生產活動的高度整合，使系統像人一樣思考和協同工作。

為了達成上述目的，需要有效地將資料轉化成決策需要的資訊，實現從資訊到決策，從決策到控制系統的回饋。生產力水準大幅度提高，導致生產過程和商業活動的複雜性和動態性已經超越了依靠人腦進行分析和優化的能力。需要依靠智慧化技術，代替人的智慧進行複雜過程的管理。

德國的「工業 4.0 戰略」體現了以智慧製造為主導的第四次產業變革。「工業 4.0 戰略」將建立一個高度靈活的個性化和數位化的產品及服務的生產模式，重組產業鏈，改變創造新價值的過程。

工業大數據應用

大數據技術、互聯網技術和人工智慧技術正在與工業系統深度融合，將推進整個工業領域邁向全面智慧化。工業大數據具體應用如下。

■ 智慧診斷與檢修

大數據在工業領域中最早的應用實踐，是智慧診斷與檢修。

工業設備和基礎設施的功能性故障不會瞬間形成，必然要經歷演化過程，問題逐步積累，一旦超過「閾值」就表現為故障。透過對故障進行分析、計算和實驗研究，就能夠掌握其發生發展的機理。在靜止設備、運動部件和橋梁等設施的適當位置布置感應器，記錄並收集其散發的熱量、振動幅度、承受的壓力及發出的噪音等資料，進行分析診斷，可以預先捕捉故障前的異常信號。將異常信號與正常信號對比，就可以推測什麼地方出了問題。透過信號診斷，盡早地發現異常，預測其發生損壞的機率及時間，提醒人們在故障真正發生之前進行修復或者更換。

■ 客製化生產

在漫長的農耕文明階段，手工業最常見的生產模式是「單件生產」。

中國三千多年前的商周時期，已經能夠製造複雜而精美的青銅器、貴族們出行和征戰用的車輛。《周禮》〈冬官・考工記〉[78]詳細記述了三千年前中國手工業組織體制及有關工藝。

人類社會手工業單件生產模式持續了數千年，直到第一次工業革命出現「工廠制」批量化生產，才逐漸退出歷史舞台。

批量化生產的特徵主要有：制式化、流程化、標準化。批量化生產的優勢體現在很多方面：提高效率，降低成本，確保品質。這種生產方式經過兩個多世紀的發展，已經成為全世界工業生產的主流。

進入二十一世紀，產品生產方式又逐漸回歸「單件生產」——客製化生產。現在的單件生產與工業革命前有著本質區別。以前的單件生產由生產者主導，以什麼方式、達到什麼標準、需要多長時間，使用者不容置喙。今天的客製化生產，生產什麼、交貨時間、具體要求，都由使用者決定。

工業革命從單件生產到批量化生產，是為了降低成本；大數據時代從批量化生產回歸客製化生產，則是為了提升價值。

隨著中國勞動力成本上升，服裝生產商紛紛向國外轉移或向其他領域轉型。在這樣的大環境下，「紅領集團」卻能夠利用大數據技術，轉危為機，異軍突起。二〇一四年，紅領集團以大規模客製化生產模式，每天完成兩千多種完全不同的個性化客製產品，以零庫存實現業績成長150%。

紅領集團借助於大數據技術，走了一條極具特色的客製化路線。其生產的每一件襯衫，在生成訂單前就已經銷售出去，每一件襯衫都由使用者親自「設計」。成本僅比批量化生產高一成，獲得的收益卻成倍增加[15]。

大工業時代的典型產品——汽車也已經實現客製化生產。傳統汽車製造廠在機械化流水線上按照設計大批量生產以降低成本，其控制技術聚焦於精確性、快速性、穩定性，無法滿足客製化生產的柔性需求。如果顧客根據自己的愛好購買特定產品，成本將會相當高昂。

大數據時代，特斯拉汽車以智慧機器人柔性製造代替流水線生產，已經能夠實現客製化生產。在特斯拉看來，汽車只不過是承載著特斯拉 IT 技術的平台。透過設定產品參數，智慧機器人就可以根據使用者的需求製造出個性化的產品，其成本並不會比大規模批量化生產高太多。

特斯拉將汽車作為一個大型智慧終端，透過這個智慧終端，特斯拉把它的各種技術服務提供給大家，同時也參與到消費者的日常生活中。

■ 智慧化生產和服務

複雜流程的管理、龐大數據的分析、決策過程的優化和快速執行，都需要依靠以智慧分析為核心的資訊化技術。

「資訊物理系統」(Cyber Physical Systems, CPS) 正是滿足上述需求的技術。CBS 是一個綜合計算、網路和物理環境的多維複雜系統。透過 3C (Computation、Communication、Control) 技術的有機融合與深度協作，注重計算資源與物理資源的緊密結合與協調，能夠實現大型工程系統的實時感知、動態控制和資訊服務。CPS 是智慧化生產和服務的技術基礎，正在成為第四次工業革命的突破口。

二〇〇七年七月，美國總統科學技術顧問委員會 (PCAST) 在《挑戰下的領先：競爭世界中的資訊技術研發》報告中提出了八大關鍵資訊技術，將 CPS 技術位列首位。美國政府推進「製造業回歸」，在產業工人成本居高不下的情況下，必須依靠基於 CPS 的智慧化生產和服務提高其產品競爭力。

世界其他先進製造業國家紛紛將 CPS 應用於製造業。歐盟從二〇〇七至二〇一三年在嵌入智慧與系統的先進研究與技術 (ARTMEIS) 領域投入五十四億歐元，旨在二〇一六年成為智慧電子系統的世界領袖。

如同互聯網改變了人與人的互動，CPS 將改變人與物理世界的互動。CPS 與互聯網、物聯網及移動終端融合，將會實現「萬物交互，人機互聯，天地一體」，將讓整個世界互聯起來。基於 CPS 的新一代製造業，其突出特徵將會是網路化、智慧化、服務化、協同化。

開展 CPS 研究與應用對推進中國工業化與資訊化融合具有重要意義。

製造業發展方向

製造業是一個國家經濟實力和綜合國力的核心，是實體經濟的主體。沒有強大的製造業，就沒有國家和民族的強盛。

美國總統歐巴馬二〇一〇年簽署了《美國製造業促進法案》，提出運用數字製造和人工智慧等新科技重構美國的製造業競爭優勢。德國政府實施「工業 4.0 戰略」，將建立高度靈活的個性化和數位化的產品與服務的生產模式，改變創造新價值的過程，應對全球競爭。英國也提出《工業 2050 戰略》，旨在保證高價值製造成為英國經濟發展的主要推動力。

中國政府發布《中國製造 2025》戰略規劃，從國家戰略層面描繪建設製造強國的宏偉藍圖，力爭到二〇二五年進入製造業強國行列。

先進製造業離不開大數據支撐，大數據正在成為製造業的創新驅動力。大數據分析有助於在製造業轉型中實現科學決策。大數據實時感知和分析預測功能，能夠優化製造業各環節流程和決策、降低成本、提高效率，將顯著縮短技術創新和產品升級週期。大數據應用於製造業，將使用者價值需求作為整個產業鏈的出發點，改變商業模式，提供客製化的產品和服務，預測可能性，提高競爭力，對決策者提出更高的要求。

大數據將從以下幾個方面影響製造業的發展方向。

■　無憂生產

工業領域的問題，通常分為「可見」與「不可見」兩種形態[15]。人們習慣於可見問題，能夠對大部分可見問題進行分析和處理，而不善於發現和處理不可見問題。不可見問題往往會演變為不可見的風險。時下流行的「精益化生產」注重解決可見問題，卻無法預測和管理不可見問題。

可見問題大都是由不可見因素積累到一定程度後產生的。有些問題看似輕微，但長期累積，由量變到質變，最終會導致嚴重後果。為了預防問題發生，應該找出問題的根本原因是什麼，提前預測，提高處理問題的預見性和前瞻性。大數據分析成為連接可見問題與不可見問題的橋樑。

第四次工業革命以綠色為特徵，追求製造過程中零故障、零意外、零汙染，對決策者提出了更高的要求：基於更多資訊，根據實際情況進行動態決策；重視不可見問題，降低不確定性，將風險控制在最低程度。

大數據提供了這樣的機會給我們。無憂生產就是要在大數據分析的基礎上，利用故障檢測與管理技術，使用先進預測分析方法，在早期階段發現故障致因，以避免問題的出現，控制不可見風險。

基於 CPS 的大數據技術，使設備具備「自我意識（Self-Aware）」「自我預測（Self-Predict）」「自我比較（Self-Compare）」和「自我配置（Self-Configure）」能力，使得「無憂生產」成為可能。

「無憂生產」的基本宗旨，就是要避免不可見問題顯性化，將之解決在「萌芽」甚至「未萌」狀態中。這種思維類似於中國兩千四百年前的古中醫理論《黃帝內經》〈四氣調神大論篇〉提出的哲學思想：

> 是故，聖人不治已病治未病，不治已亂治未亂。夫病已成而後藥之，亂已成而後治之，譬猶渴而穿井、鬥而鑄錐，不亦晚乎？

■ 增材製造與「3D 列印」

「3D 列印」技術最早是為了解決傳統生產方式難以加工的複雜形狀。所謂 3D 列印，就是利用 3D「列印機」逐漸增加材料，精密地製造預先設計的物體。所以，3D 列印又稱為「增材製造」（Additive Manufaturing）。

傳統的切削製造稱為「減材製造」（Subtractive Manufaturing），造成大量資源和能源浪費。增材製造不僅不會造成浪費，還可以快速成型和測試，不需要在工廠組裝以完成產品，將加快產品進入市場的時間。

目前已經有製造商根據使用者的需要，使用 3D 列印機更快、更精確、更便宜地製造產品。3D 列印在建築業領域已經得到成功應用。中國盈創公司（Winsun）一天之內就可以製造十所住宅。面對靈活、快速實現生產的 3D 列印製造技術，傳統的密集生產方式將失去競爭力。

製造業正在經歷從減材製造到增材製造的轉變。我們有理由相信，大數據技術將推動 3D 列印機應用於越來越多的領域。

■ 服務型製造

「服務型製造」是製造與服務融合發展的新型產業形態。製造業向服務延伸，將拓展價值鏈和市場空間，提升製造業競爭力。服務型製造提供的不僅僅是產品，更多的價值在於依託產品的服務。

在服務型製造中，透過大數據分析和決策，能夠為產品服務，為運行管理提供智慧化決策和服務。服務型製造系統不僅涉及物質產品的製造管理，還涉及與產品相關的服務管理。服務型製造需要大數據技術提供支持。

■ 為使用者挖掘和創造價值

產品和服務只是手段，其根本目的是創造價值。商家賣的是產品，使用者看重的是產品帶來的價值。未來組織的核心競爭力，不再僅僅是可銷售的產品和提供的服務，而是為使用者提供價值的能力。

大數據在工業領域的應用有其自身的特殊性。不同於互聯網大數據僅從資料端出發看問題，工業大數據必須從價值端思考問題[15]，必須從縱向和橫向兩個維度進行資料價值挖掘。

- 縱向價值挖掘。從面嚮應用價值的功能與目標出發，反推需要分析和利用的資料要求，進而設計滿足要求的物聯網資料環境和資料標準。
- 橫向價值挖掘。從資料端出發，利用資料的統計特性挖掘關聯特徵，發現業務領域之外的新價值。

「引言」中引述的「不龜手之藥」故事就是典型的橫向價值挖掘案例：途經宋國的客人，偶然發現「不龜手之藥」的神奇功效，立即將其與吳越戰場聯繫起來。於是就抓住機遇，用重金購得其祕方，幫助吳國戰勝越國。借助於「不龜手之藥」，獲得了「裂地而封」的巨大收益！

價值創造是無邊界的，未來整個創新和價值創造的觀念，取決於組織怎樣看待產品或服務的價值。發展機會存在於以下幾個方面[15]：

- 滿足使用者可見需求並幫其解決可見問題；

- 避免可見問題，從資料中挖掘新知識，為原有產品增加價值；
- 利用創新的方法和技術解決未知的問題；
- 為使用者尋找和滿足不可見的價值缺口。

大數據時代，市場競爭將從滿足客戶可見需求向尋找使用者需求缺口轉變。發現使用者的價值缺口，發現和管理不可見的問題，實現無憂生產環境，為使用者提供客製化的產品和服務，都離不開對資料的分析和挖掘。

將用戶端的價值需求作為整個產業鏈的出發點，透過大數據分析預測需求，利用大數據整合產業鏈和價值鏈，改變商業模式，提供客製化產品和服務。這一切對決策者提出了更高的要求。決策者需要拓展「思維視窗」，從使用者價值端尋找潛在需求，提供增值服務，贏得超額利潤。

預測使用者的價值缺口是一項高風險任務，預測可能準確，也可能出現偏差。有時候使用者根本不知道自己想要什麼。一九五〇年代福特汽車公司率先配置汽車安全帶卻沒能從中獲利就是典型案例。所以賈伯斯認為：「許多時候，消費者不知道自己想要什麼，直到你把產品放到他們面前。」

商業領域大數據應用

哈佛大學一九七〇年提出了關於資源三角形的論述——材料、能源、資訊，是推動社會發展的三種基本資源。

現在，土地和人員也成了資源。作為萬物之靈的人是否可以被物化為「資源」，尚有不同認識。而資訊作為一種資源，其真正價值在於：在正確時間，為正確目的，提供正確的資訊給正確的人。

資料是資訊的載體。資料只有經過分析處理，轉化為有意義的資訊，及時流向決策鏈中需要資訊的環節，才能成為創造價值的「資源」。

資料分析是商業決策的參考。傳統上資料分析只在事後發生作用。大數據技術強大的功能之一體現在實時或近實時資料分析，這為商業決策提供了預測性分析和快速決策的可能。大數據在商業領域的應用通常包括：產品選擇和定價、當前市場分析、開發新的定價模式、獲得客戶資料、預測客戶接受度、預測並規劃市場發展趨勢[79]。

商業模式創新

所謂「商業模式」，就是組織透過什麼樣的途徑和方法創造價值（獲取收益）。我們回想一下管理大師杜拉克提出的幾個經典問題：

- 誰是我們的客戶？
- 客戶認為什麼對他們最有價值？
- 我們如何才能以合適的成本為客戶提供價值？
- 我們在這個生意中如何賺錢？

設計一個好的商業模式，就是要回答上述問題。商業模式創新，就是要圍繞上述問題，改變現有商業模式的要素，在為客戶提供價值方面取得更好業績。商業模式創新的目標就是要能夠創造出新的價值。

大數據應用於商業模式創新，一九九〇年代就有人開始嘗試：希望透過收集整合資料，進行資料挖掘，發現存在問題，預測未來趨勢，指導商業決策。今天，大數據技術已經對商業模式產生了不可逆轉的影響。

■ 創新業務流程

傳統上，資料收集是為了預設目的，目的達到之後，資料就失去價值。

在大數據時代，資料不再被認為是靜態的和過時的。大數據可以展示正在發生的事情，揭示最新出現的威脅和機遇，推動創新和商業模式變革。

大多數商業機構利用大數據分析改進業務以提高營運業績。借助於大數據工具，更容易找到內部營運的問題和不足，使得業務流程效率更高。

沃爾瑪是零售業大數據應用的先驅和典型。沃爾瑪透過把零售鏈每一個產品記錄為資料而徹底改變了零售業，並使用大數據制定採購計畫。

美國第一資本銀行首次將大數據應用於銀行業務。利用大數據改變其固有業務、創新服務模式。更多的銀行和金融服務機構正在部署大數據應用。銀行業和金融服務業用以提高收入、控製成本、降低風險的幾乎每一個重大決策，都可以充分利用大數據分析。

人壽保險公司透過大數據分析，根據人均壽命、個人身體狀況及行為習慣，計算保費和回報率。汽車保險公司提供給消費者資料採集設備，用於追蹤駕駛習慣，從而在保險費率上追求相應的溢價。

商業領域這些第一批「吃螃蟹者」利用大數據改變了所在的行業。

當很多企業仍然熱衷於花大價錢請明星代言做廣告時，有些公司已經悄然轉向利用互聯網大數據向客戶推銷產品和服務。戴爾公司利用互聯網大數據，實施訂單式銷售及供應鏈管理，並以此為基礎創立了銷售個人電腦新的商業模式。戴爾公司的商業模式改變了整個行業。

大數據時代，請天價明星代言以促進銷售的模式已經一去不復返！消費者不再是互相隔絕的個體，而是處於互聯互通的網路中。資訊在網路中快速傳播，消費者自然形成一股無形的力量，逐漸在「企業——消費者」相互關係中占據優勢地位。他們對產品和服務的判斷，可以直接來自於消費者自身的感受，而不是來自於代言的明星。他們只為自己享受的產品和服務價值付費，拒絕為天價明星代言廣告付費。

以客戶為中心，為客戶挖掘價值、創造價值，正在並終將贏得未來。

■ 電子商務

一九九〇年代，伴隨互聯網的飛速發展，一些人嘗試把商業「搬上」互聯網。成立於一九九五年的美國亞馬遜公司，業務範圍從書籍網路銷售，擴展為商品種類最多的全球網上零售商。世紀之交成立的中國噹噹網公司，從銷售圖書、音像製品開始，逐步發展到小家電、玩具、百貨銷售。

很多生產商也在網上賣起了自己的產品。基於互聯網開展業務的新型公司更是如雨後春筍般湧現。於是，商業領域出現了一個新業態——「電子商務」：透過網上商城選購、網上資金結算、物流全國配送，完成整個交易過程。買賣雙方不再需要面對面交易。阿里巴巴進一步拓展電子商務領域，不僅直接開展網上銷售業務，還為眾多小型電子商務公司以及消費者個人提供交易平台和支付服務。目前，電子商務主要有三種模式。

- B2B（Business to Business）：企業間網上交易。

- B2C（Business to Customs）：企業與消費者之間交易。
- C2C（Customs to Customs）：消費者與消費者之間的交易。

除了依靠互聯網、電腦、行動終端外，電子商務離不開大數據技術的支撐。電子商務的旗艦阿里巴巴就擁有自己的大數據體系。

■ 基於大數據的創新服務

大數據一旦得以有效利用，就可以改變贏利模式。基於大數據的創新服務，在航空動力領域尤為突出。

發動機作為飛機的心臟，是飛機的核心技術和關鍵部件。發動機性能直接影響飛機的性能、可靠性及經濟性，是一個國家科技、工業和國防實力的重要體現。世界民用航空發動機被三大生產商壟斷：美國奇異（General Electrical, GE）、英國勞斯萊斯控股（Rolls-Royce）、美國普惠公司（Pratt & Whitney Group）。

奇異的飛機發動機公司（GE Aircraft Engine）占有四成的市場占有率，處於市場絕對老大地位，但其並不滿足於其目前的市場地位，最早向大數據技術轉型。二〇〇五年，這家公司更名為「奇異航空（GE Aviation）」，開始其華麗的服務模式轉型。新公司除了繼續原有的發動機及其運維管理業務，還提供能力保障、營運優化、財物計畫等一整套解決方案，以及安全控制項、航管控制項、排程優化、飛航資訊預測等服務〔15〕。

在過去十年裡，勞斯萊斯透過分析產品使用過程中收集到的資料，實現了商業模式的轉型。勞斯萊斯營運中心監控著全球超過三千七百架飛機的發動機運行情況，目的是在故障出現前發現問題。大數據幫助勞斯萊斯把商業模式從單純製造轉變為高附加價值的商業行為：不僅出售航空發動機，還同時提供按時計費方式的有償監控服務。

中國製造企業積累了龐大數據。多數企業沒有意識到自己擁有大數據資產，更沒有將大數據潛在價值轉化為顯性利潤。現在，變化正在悄然發生。二〇一六年九月十三日，東網科技與源訊、新駿、德國中德工業 4.0 聯盟簽署戰略合作協議，共同打造工業智慧製造領域大數據服務平台。借助工業大

數據、工業雲端、工業互聯網等新興資訊技術，充分挖掘和使用東北工業製造資料，打造面向工業企業服務的大數據協同創新平台，支撐東北工業向智慧製造轉型升級〔80〕。

資料本身成為商品

使用大數據技術的優點之一就是能夠方便地利用外部資料源。

所有資料都有價值。傳統上，技術環境限制人們考慮生產要素時忽視資料。大數據時代，資料的價值從其基本用途擴展到潛在用途。大數據將成為商業競爭的重要資源，誰能更好地使用大數據，誰就將領導商業潮流。

■ 資料的直接價值與潛在價值

大部分資料的直接價值對收集者而言顯而易見。資料通常都是為了某一特定目的而被收集。資料的基本用途為資訊的收集和處理提供依據。

資料不同於物質，其價值不會隨著使用而減少，可以持續處理和利用。資料的價值不限於特定用途，其全部價值遠大於其最初的使用價值。

資料的大部分價值都是潛在的，只有透過創新性分析才會釋放出來。資料的真實價值就像漂浮在海洋中的冰山，其直接價值就如露出海面的一角，絕大部分隱藏在海面以下。那些創新型企業之所以能夠取得巨大成功，就是因為能夠挖掘資料的潛在價值而獲得巨大收益。資料的潛在價值還沒有被充分認識。以氣象資料為例，天氣預報只是其顯性價值；保險公司可以利用氣象資料預測自然災害，調整相關保險費率，實現潛在價值。

判斷資料的價值需要考慮到未來可能被使用的方式。

■ 如何給資料估值

資料的價值很難衡量。如何替資料估值，至今仍然是一個難題。無法估量資料的真正價值時，可行的方法就是讓市場去估計其商業價值。

二〇一二年五月十八日，Facebook 在那斯達克上市。每股三十八美元，總市值一千零四十億美元。然而，Facebook 可測量的實物資產只有六十六億美元。其絕大部分價值——近千億美元，是市場對其擁有的資料及資料處理能力的估值。

在大數據時代，公司有形資產的帳面價值已經不能反映其真正價值。通常，公司帳面價值和市場價值之間的差額被作為無形資產。現在，公司所擁有和使用的資料也逐漸納入了無形資產範疇。但是，目前還沒有一個有效的方法來計算資料的價值。

收集資料固然至關重要，但大部分資料的價值在於使用。今天，很多組織都擁有非常之多的資料，並認識到這些資料的戰略重要性，但大多數組織真正缺少的是從資料中提取價值的能力。

■ 大數據價值鏈構成

一個人如果想成功，就應該努力成為稀缺而不可替代者。組織亦然。

根據所提供價值的不同來源，資料公司可以分為三類。

第一類，基於資料的公司。擁有大量資料，卻不一定有從資料中提取價值或者用資料催生創新思想的能力。

第二類，基於技能的公司。掌握專業技能，但並不一定擁有資料或提出資料創新性用途的能力。這一類通常是諮詢公司、技術服務公司。

第三類，基於思維的公司。其創始人和員工屬於創新性思維型，具有怎樣挖掘資料新價值的獨特想法，透過想法獲得價值。

在大數據價值鏈中獲益最大的，最終應是那些擁有大數據思維的組織和個人。所謂大數據思維，是指一種意識、一種能力，能夠適當地處理和運用公開資料，找到解決問題的答案。大數據思維屬於創新思維範疇。

具有大數據思維能力的組織或個人，精明地把自己置於大數據價值鏈的核心位置，能夠先人一步發現機遇。或許並不擁有資料也不具備專業技能，但他們的思維不受限制，只考慮可能性，而不考慮專業可行性。

「資料中間商」，從各種管道收集資料並進行整合，提取有用的資訊加以利用。中間商在大數據價值鏈中站在了收益豐厚的位置上。

在大數據交易過程中，以下事項值得注意〔79〕：

- 購買資料之前，必須清楚自己需要何種資料；
- 大量資料是免費的，購買之前要核實資料是否可以免費獲取；
- 資料買家必須檢驗資料的來源、準確度、可信度和可靠性；
- 資料交易前應該評估資料賣家的信譽及其提供資料的能力。

其他產業大數據應用

互聯網和大數據將人類從事的幾乎所有產業推向了變革之路。產業鏈上各種要素碰撞融合，將極大地拓展未來產業形態的存在空間。

農業領域大數據應用

「民以食為天」。對於任何國家來說，糧食都是不可替代的戰略物資。農業是很多國家的支柱產業和維護國家穩定的基石。技術先進國家將其掌握的先進技術應用於農業領域，促進這個傳統產業發生革命性變化。

■ 糧食產量預估

很多國家都很重視糧食產量預估和統計。美國、加拿大、澳洲等技術先進國家，通常使用衛星遙感技術對當年糧食產量進行預估。

中國政府每年都會試圖弄清楚當年的糧食產量，作為制定國家政策的重要依據。中國每年糧食種植面積數十億畝，遍布多個區域；氣候災害多發，極大影響產量。糧食產量預估和統計一直是一個老大難問題。

在中國的計畫經濟年代，糧食播種面積和品種都按照國家計畫執行。糧食收穫後，由農村生產隊稱量統計，再經過大隊、公社、縣、省等逐級彙總，統計上報，國家的統計資料較為準確。

實行聯產承包以後，農村土地分散經營。種多少、種什麼，農民自己說了算；每年生產多少糧食，農民沒有義務上報；國家很難掌握數億農戶的生產經營活動。中央政府統計資料依靠省級統計進行彙總，省級統計依靠市縣統計進行彙總，層層下探直至最小經營單元——農戶。鑑於源頭（農戶）資料有很大不確定性，國家統計資料的準確性自然令人質疑。

近年來，中國也逐步將遙感技術和大數據技術應用於糧食產量預估和統計，中央政府基本上能夠得到相對準確的糧食產量資料。那麼，中國國家統計局現在如何利用衛星遙感技術較為準確地預估糧食產量？

中國利用自己發射的遙感衛星，開發出了各種模型和軟體，結合大數據技術，為人民經濟提供服務。對糧食產量的預估，主要透過估算糧食平均單產和糧食作物種植面積來完成。用遙感衛星覆蓋糧食產區，透過圖像識別，把中國所有的耕地都計算出來並進行標識；對國土面積網格化，對每個網格的耕地進行抽樣追蹤、調查和統計；選擇作物收割前一個月時間內的遙感資料，對作物種植面積做出最直接的判斷和分析。使用遙感衛星、採樣系統和地理資訊系統相結合的採樣技術進行採樣調查。採用大數據建模方式，按照設定的統計模型，估算出整體糧食產量資料。

■ 農業生產技術創新

談到大數據在農業生產中的應用，就繞不開中東沙漠裡的一個「地理小國」和「高科技大國」——以色列。以色列位於沙漠地帶邊緣，實際管轄面積兩萬五千七百四十平方公里，絕大部分土地為沙漠。自然環境十分惡劣，可耕種面積不到國土面積 20%，土層貧瘠，水資源嚴重匱乏。

以色列在自然條件惡劣的狹小地方，利用高科技建立起精準農業，創造了奇蹟！許多農產品的單產量領先於世界先進水準。奶牛單產奶量居世界第一，平均每頭牛產奶一萬零五百公斤；每隻雞年均下蛋兩百八十個；棉花單產居世界之首，畝產近五百公斤……以色列居然成為農產品出口大國，每年向歐洲出口大量蔬菜和水果，贏得了「歐洲廚房」之譽。

讀者不禁會問，沙漠之國以色列是如何做到的？取得這樣的成就，根本原因在於科技。作為嚴重缺水的國度，以色列人發明了滴灌技術，裝有滴頭的管線直接將水和肥料送達植物根系，節約了水和肥料。所有灌溉都採用電腦控制，感應器透過檢測植物莖果的直徑變化和地下溼度，自動決定灌溉量，以節省人力和水資源。由於有大量的感應器在採集資料，這種自動滴灌系統可以對用水量和產量的關係進行學習，改進灌溉量。

半個多世紀以來，以色列農業生產成長了十多倍，每畝地用水量仍保持不變。依靠高科技，以色列為傳統農業帶來了革命，第二次世界大戰前還是一片荒漠的內蓋夫地區，現在已經出現了大片綠洲。

■ 汙染土壤修復

過去數十年，中國經濟缺乏科學指導的粗放式發展，小工業近乎失控地向環境排放汙染物，小農經濟缺乏監管地掠奪式利用，共同導致土壤嚴重汙染。汙染物或其分解物在土壤中積累，透過植物或水體間接被人體吸收，最終危害人體健康。中國環保部二〇一四年公布的《全國土壤汙染狀況調查報告》顯示，全國土壤總超標率為16.1％，耕地土壤點位超標率為19.4％。

土壤汙染已經為中國人民造成嚴重傷害。為了億萬人民的身體健康，被汙染的土壤必須進行治理。中國國務院於二〇一六年五月二十八日印發了《土壤汙染防治行動計畫》，力爭二〇二〇年中國土壤環境狀況得到改善。

汙染土壤治理的迫切需要，催生了土壤修復技術。汙染物檢測是土壤修復的第一關。基於檢測結果，針對重要汙染物循環的生物化學因素，根據對沉積體系中重要汙染物循環的解析和預測，制定汙染土地修復措施。

中國國土資源系統、環境保護系統、土地工程企業積累了有關土地及相關汙染物的海量資料。這些資料還沒有很好地發揮作用。運用大數據技術能夠快速準確地判定汙染物構成，為選取修復技術路線提供依據。大數據還可以提升資料採集能力、要素整合能力、計算仿真能力、決策支撐能力，為土壤修復技術提供快速解決方案。

■ 智慧農業

以色列將農業這一人類歷史上最古老的職業推向了變革之路。變革的動力是資訊技術——感應器、物聯網、雲端計算、大數據及互聯網。這次變革正在澈底顛覆日出而作、日落而息的手工勞作方式，也將打破粗放式的傳統生產模式，推動農業走上一條集約化、精準化、智慧化、資料化之路。這次變革，將導致農業生產模式與工業生產模式之間的差異逐漸消失。

互聯網電子商務及現代物流，使得產業鏈各要素碰撞融合，將極大地拓展未來農業形態的存在空間。這種趨勢已經初露端倪。一些智慧農業物聯網雲端平台開始了有益的探索和嘗試，其解決方案結合了最先進的物聯網、雲端計算、感應器、自動控制等。新一代農業生產者，可以在瀏覽器或手機用戶端實時顯示生產場所的溫度、溼度、pH 值、光強度、CO2 濃度，並透過自動控制系統，保證農作物有一個良好的、適宜的生長環境。

交通運輸大數據應用

出行是人類社會的基本活動。隨著經濟社會的發展，交通堵塞、空氣汙染、交通事故等問題日益嚴重，而民眾對於交通品質要求卻越來越高。

大數據技術將為緩解交通問題提供有效支撐。大數據應用於交通運輸已有很多年。以下是一些具體應用領域。

■ 車載應用系統大數據

資訊系統及大數據技術已成功應用於汽車領域，提高了交通安全性。

現在生產的汽車，內置很多晶片、感應器和各種軟體，用於監控汽車運行狀況，並及時把資訊發送到製造商的資訊系統中。這些資訊不僅能夠為駕駛者提供參考，更能夠用於提高汽車製造品質。汽車運行資料有利於製造商診斷日益複雜的發動機和控制系統問題。

車載應用系統最早只是一種促銷手段。現在，車載電話和倒車雷達逐漸成為新車的標準配置。所有的車載應用系統都會產生大數據，這些資料可以帶來額外的價值，不僅為汽車製造商提供診斷問題的新途徑，也為汽車經銷商帶來豐厚的回報。經銷商大部分利潤來自售後服務。車載應用系統大數據分析，可以幫助經銷商降低維修成本，提高維護能力，服務更多客戶；可以幫助保險公司獲得駕駛行為模式，更準確地評估單個駕駛員的風險駕駛以及按區域和人口分布的整體駕駛風險[79]。

政府交通管理部門也開始關注車載應用系統產生的大數據，用以預測交通流量、改善道路環境和交通安全狀況，並最終用於交通基礎設施。

■ 車聯網

車聯網通常是指借助於無線技術實現車輛和道路基礎設施之間的連接。車聯網的核心在「連接」：連接不同車輛，連接車輛和基礎設施，連接車輛、基礎設施和無線設備。其主要作用是：協助停放，無人駕駛停車，自動制動避免碰撞，變道警報。每種連接都生成並收集大量資料。

管理部門透過交通路口監測的大數據分析，預測交通堵塞情況，提前進行疏導。汽車可以透過大數據分析，預測將要透過道路的堵塞情況，推薦最佳行車路線，並提供駕駛習慣改善建議。

運輸和快遞公司嚴重依賴車聯網大數據，用以提高業務運轉，保持競爭力；分析並重塑業務模式和產品結構，在變化的市場中務求生存發展。

■ 聯網駕駛

「聯網駕駛」是透過車輛、交通基礎設施和其他交通運輸模式之間的互聯互通，透過智慧交通決策系統分享交通資訊的一種新興技術。聯網駕駛能夠提高駕駛安全可靠性，盡可能防止交通事故。

聯網駕駛需要更精確的車輛定位資訊。為此，歐盟五個成員國組建研發團隊進行攻關[81]，成員包括德國（總協調）、法國、荷蘭、瑞典和盧森堡的智慧交通系統科技人員，專案期限三年（二〇一五至二〇一八年）。歐盟「二〇二〇地平線」科研計畫為此提供六百萬歐元全額資助。

鑑於衛星定位系統無法為特殊環境（如隧道）提供車輛位置資訊，上述研發目標之一是道路交通合作型自適應巡航控制系統（C-ACC）。目前，研發團隊已基於衛星定位與車載感測技術的結合、交通基礎設施與無線通訊技術的結合，制定出了清晰的聯網駕駛技術開發路線圖。技術融合將產生車輛高精度定位技術及聯網駕駛技術，廣泛應用於都市道路、高速公路和多交通運輸模式的智慧交通系統。研究團隊還將開發歐盟相關標準。

很多都市透過安裝拍照頭和感應器，道路交通正在實現數位化，不間斷地生成交通大數據。政府相關部門選擇性使用交通大數據，或用於提高執法，或用於改善交通模式，或用於改進交通規劃。大數據已經用於都市交通智慧化改造，結合「虛擬實境」技術，驗證改造方案的有效性。

能源領域大數據應用

能源是現代文明的物質基礎。

人類自從學會了用火，便從茹毛飲血的蒙昧時代大踏步跨入文明的門檻。隨著社會發展和生活水準提高，能源消費強度越來越大。現在面臨嚴重問題：能源利用效率不高，提高效率面臨技術障礙和高昂成本；傳統礦物質能源帶來的溫室氣體排放和汙染越來越嚴重。能源成為人類社會進一步發展的瓶頸。能源領域的生產和消費需要創新和革命。

■ 能源互聯網與大數據

無論是政府還是能源使用者，都在努力提高能源使用效率、降低使用量和成本，並致力於使用更多的清潔能源。能源生產商也試圖了解能源發展趨勢並預測未來方向。上述需求推進互聯網技術與傳統能源產業深度融合，為「互聯網＋能源」奠定基礎。「互聯網＋能源」將打破行業邊界，促進價值共享，提高能源利用效率，實現真正意義上的能源資源共享。

能源互聯網是一種互聯網與能源生產、傳輸、儲存、消費以及能源市場深度融合的能源產業發展新形態，是一個涉及諸多行業、跨越眾多學科的系統工程。未來的能源管理應以能源互聯網為基礎，建立合理的能源分配與節能策略，保障能源的持續可靠供應。以電能為支撐，綜合冷、熱、電、熱水等多種分布式能源，構建「源——網——荷」互動的區域型能源互聯網路，實現區域多種能源協調控制和綜合能效管理。

能源互聯網真正發揮作用離不開大數據支撐。能源大數據理念應運而生。大數據及分析技術成為能源領域各類參與者實現目標的有力工具。

能源大數據理念是將電力、石油、燃氣等能源領域資料及人口、地理、氣象等其他領域資料進行綜合採集、處理、分析與應用的相關技術與思想。能源大數據不僅是大數據技術在能源領域的深入應用，也是能源生產、消費及相關技術革命與大數據理念的深度融合。能源大數據將加速推進能源產業

發展及商業模式創新。能源大數據在產業結構中處於基礎地位。

能源產業本身的發展變革必然面對大數據的採集、管理和資訊處理的挑戰。大數據技術不僅是能源產業某個技術環節所需要的專門技術，更是組成整個能源互聯網的技術基石。

■ 電力大數據

電力在能源供應中具有特殊重要的地位。電力占能源供應的百分比是衡量一個國家（地區）發展程度的重要指標。

電力大數據是大數據技術在電力行業的應用，是能源大數據的重要組成部分。電力大數據涉及電力生產端、傳輸端、消費端三個環節以及發電設備製造、氣象、環保等領域。使用感應器、控制設備和軟體，可以將電力生產端、傳輸端、消費端數以億計的設備、機器、系統連接起來，形成了巨大的電力「物聯網」。透過電力「物聯網」資料採集和分析，整合運行資料、氣象資料、電網資料、電力市場資料，形成電力大數據。

運用大數據技術對電力資料進行分析挖掘，將資料轉化為知識，進行負荷預測、發電預測、設備狀態監測，實現智慧檢修、多能（火、水、光、風、核）協同與區域協調，提高運行可靠性、資源利用率和能源利用效率。電力大數據一方面可以與宏觀經濟、人民生活、社會保障、道路交通等資訊融合，促進經濟社會發展;另一方面可以促進電力行業或企業內部資料融合，提升行業、企業管理水準和經濟效益。

■ 能源大數據應用模式

目前，能源大數據形成了三類應用模式[82]。

（1）面向企業內部的管理決策支持

該模式將能源生產、消費資料與內部智慧設備、客戶資訊、電力運行等資料結合，充分挖掘客戶行為特徵，提高能源需求預測準確性。發現電力消費規律，提升企業營運效率和效益。

電網企業可以利用大數據分析，為經營決策提供所需資料，增強對企業經營發展趨勢的洞察力和前瞻性，有效支撐決策管理。電力生產企業可以利用大數據分析進行用電負荷預測，獲得電力市場競爭優勢；進行設備故障診斷和預防性檢修，防止計畫外停機，節省修理費用；進行能源成本分析和可用性影響分析，確保能源供應的可靠性。

該模式的典型案例是法國電力公司智慧電表大數據應用。法國電力選擇使用者負荷曲線為突破口，將電網運行資料與氣象、電力消費資料、用電合同資訊等進行實時分析，更為準確地預測電力需求變化，透過優化需求側管理改進投資管理與設備檢修管理，提升營運效益；將電網日負荷率提高至85%左右，相當於減少發電裝機一千九百萬千瓦。

（2）能源資料綜合服務平台

該模式集成能源供給、消費、相關技術的各類資料，建設分析與應用平台，為包括政府、企業、學校、居民等不同類型參與方提供大數據分析和資訊服務。部分國家的政府機構已經開始提供能源資料。電力供應公司也已經開始使用智慧電表更新整個網路並獲得資料。

該模式典型案例是美國德克薩斯州柯士甸市實施的以電力為核心的智慧城市計畫。以智慧電網設備為基礎，採集智慧家電、電動汽車、太陽能光電等電力資料以及燃氣、供水資料，形成能源資料綜合服務平台。其已在節能環保、新技術推廣、研發測試等方面發揮了重要的服務支撐作用。

（3）支撐智慧化節能產品研發

該模式將能源大數據、資訊通訊與工業製造相結合，透過對能源供給、消費、行動終端等不同資料源的資料進行綜合分析，設計開發節能環保產品，為使用者提供付費低、能效高的能源產品與生活方式，實現產品製造商、電網企業、電力企業、使用者多方共贏。

該模式典型案例是美國 NEST 公司研發的智慧恆溫器產品的商業模式。透過記錄使用者的室內溫度資料，智慧識別使用者習慣，將室溫調整到最舒適狀態。NEST 公司免費獲得電力資料，用以完善預測算法；電網企業利用電力資料採集與分析方面的優勢，既可以與設備製造商合作改進使用者需求側管理，也可以共同參與產品研發並獲取收益；電力企業改進需求側管理，

節約發電裝機與尖峰負載成本；使用者可以自動控制房間溫度，節省電費。

該商業模式得到 Google 公司的高度關注和認可。谷歌公司收購了 NEST 公司，力圖借該模式推動其在新能源領域的戰略布局。

地理資訊大數據應用

人類及其生存的地球環境構成了最基礎的資訊，包括地理位置資訊。但在人類歷史長河中，這些資訊絕大多數時間內沒有被量化和資料化。

■ 地理資訊大數據

衛星定位系統正在實現地理位置資訊資料化。

目前，世界上已有四套衛星定位系統投入使用：美國的 GPS 系統、中國的北斗系統、俄羅斯的 Glonass 系統、歐洲的伽利略系統。這些衛星定位系統輔以地面接收設備，每時每刻都在產生地理位置資訊大數據。這些資料與地圖資訊結合，已經成功進行商業化應用，形成地理資訊產業。

互聯網服務中廣泛使用地理資訊大數據，已經融入人們的生活。行動互聯網地圖更是發展迅猛，隨著智慧手機快速普及，手機地圖作為移動生活資訊的重要入口，其相關服務業務呈現爆發式發展態勢[83]。

中國地理資訊產業被中國國務院確定為戰略性新興產業。基於地理資訊的新型應用和服務成為「大眾創業、萬眾創新」的重要領域。

■ 中國開發的 GlobeLand30

《科技日報》二〇一六年九月二十三日第七版登載了標題為「中國送給世界的大禮」的文章，介紹了由中國科研人員研發的世界首套「最高分辨率 30 米全球地表覆蓋資料（GlobeLand30）」。中國政府將這一重要科學資料成果作為聯合國氣候峰會禮物，贈予聯合國[84]。

該系統如今已服務全球。世界各地的人們都可以在該系統資訊服務平台上，清晰地看到地球上任一地方的地表覆蓋情況以及變化。至二〇一六年九月，已有一百一十八個國家的六千多名使用者下載使用 GlobeLand30 資料。

政府部門大數據應用

大數據正在成為解決許多民生問題和社會問題不可或缺的工具，諸如：發展經濟、消除疾病、提高執政能力、維護公眾安全、抑制全球暖化等。

美國政府在《大數據研究和發展倡議》中提出，將透過收集大數據，從中獲得知識和洞見，強化美國國土安全，轉變教育和學習模式。

中國政府在《促進大數據發展行動綱要》中提出，建立「用資料說話、用資料決策、用資料管理、用資料創新」的管理機制，實現基於資料的科學決策，推動政府管理理念和社會治理模式進步。

世界各國政府以及聯合國紛紛成為大數據的應用主體。政府利用大數據分析，能夠總結經驗、發現規律、預測趨勢、輔助決策。政府可以不再依賴過時的傳統報告進行資料分析，取而代之的是分析實時資料，做出影響今天和明天的決策。實時資料分析對促進政府服務和運轉更有效率。

政府是大數據最早收集和擁有者

人們也許認為，互聯網公司是大數據先驅者。事實上，政府才是大規模資訊的原始採集者。人類社會發展史上，自從出現了政權，便開始收集各類資料。統治者需要知道自己擁有的土地、人口和勞動力，主要目的是徵稅和徵集可參加戰鬥的人員。於是土地丈量和人口統計便自然而生。古埃及曾進行過人口普查，古羅馬執政者奧古斯都也進行過人口普查。

中國歷史上很早就實施過人口統計。據《國語》〈周語上〉記載：「宣王既喪南國之師，乃料民於太原。」周宣王「料民於太原」，就是要統計可用兵員數。中國現存最早的全國性和分政區人口普查發生在西漢元始二年（西元二年），當時全國人口統計數約六千萬。

統計和稅收涉及最基本的計量公司：長度、體積和重量（所謂的度量衡）。這是生活中需要計量的最基礎參數。中國四千三百年前就有了成熟的計量體系，並統一了計量標準。《尚書》〈堯典〉提及：「協時月正日，同律度量衡。」

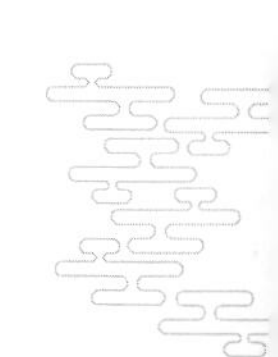

統治者除了收集人口、土地和稅收資料外，還收集其他方面的資料。中國商王朝中央政府早在三千多年前就一直持續收集和保存刻在龜甲和獸骨上的占卜資料。這些甲骨占卜資料埋藏在河南安陽殷墟地下，直到一百多年前被人們發現。迄今已經挖掘的甲骨有數十萬之多。相對於當時的技術條件，是名副其實的「大數據」！

西元前三世紀，埃及的托勒密二世收集了當時可能找到的書寫作品，建立了亞歷山大圖書館。東方的周王室特別重視文化教育和傳承，不僅設有貴族學校，還設立專門的職位負責記錄和保存國家的各種資料。中國道家始祖老子，就曾經作過周王室的「柱下史」，專門負責管理周王室圖書資料，分布於全國各地的諸侯們也都有自己的檔案收藏機構。

政府的計量和記錄一起形成了龐大的資料資料庫。

歐洲文藝復興促進了科學發展，發明了一系列新的測量工具。不僅可以更精確地測量傳統參數——時間、地點、長度、體積和重量等，甚至可以測量人們創造的虛無縹緲的東西——電流、氣壓、溫度、聲頻等。

新計量工具為政府收集資料提供了便利。政府主導的行業統計產生更大量的資料。政府可以強迫人們為其提供資訊，而不必說服或支付報酬；不僅要求個人資訊盡可能完善，還記錄個人所有的社會關係、交往和交流資訊。這些資訊用於預測人們的行為，而且準確性越來越高。

政府還向商業和個人徵集資料，完善政府資料集，以便與公眾分享新的資料成果。美國國會圖書館保存了 Twitter 上發布的所有資訊。

政府擁有大部分資料，這些資料更完整、更全面、價值密度更高。

某些政府資料一直可以使用。但在互聯網普及之前，想從儲存在政府各類機構資訊庫的非數位化資料中找到自己想要的相關資料，絕非易事。互聯網普及之後，政府經過多年努力，才將其資料數位化並向公眾開放。

美國政府向公民、商業組織、非營利機構以及一些外國政府開放政府資料。美國政府把與已經解密的資訊相關的文件和其他內容發布到網上，並將開展以下幾方面工作〔79〕：

- 與國家安全法律部門共享資料。
- 審查和解密外國情報監督資訊。
- 與利益相關方進行協商。

美國各州政府也在開放資料、與公眾和私營合作夥伴共享資料，並不同程度地使用大數據指導決策。利用先進的資料融合和分析方法，提升資料品質，注重改善內部機制和流程，提高公共服務能力和服務效率。

政府大數據應用

善用大數據，政府可以提高施政能力。應用領域包括（但不限於）智慧城市、公共服務、外交事務、國防情報等。

■ 智慧城市應用

所謂「智慧城市」，是指基於大數據、物聯網、雲端計算等資訊技術，對都市系統中的關鍵資訊進行全方位感知、挖掘、分析與整合，以促進都市各系統協調運作。大數據是智慧城市的「大腦」，物聯網是智慧城市的「血管」，雲端計算是智慧城市的「器官」。智慧城市是在全面數位化基礎上建立的可視化和可測量的智慧化都市管理和營運。智慧城市的本質是，透過綜合運用現代科學技術，整合資訊資源，統籌業務應用系統，加強都市規劃建設和管理，是一種新型都市管理與發展的「生態」系統。

大數據是智慧城市規劃、建設、運行、管理的核心資源，是實現都市智慧化的關鍵支撐。智慧城市必須具有大數據「大腦」：將交通、能源、供水等基礎設施全部資料化，將散落在都市各個角落的資料彙集整理，再透過超大規模運算和分析，對都市全局實時分析，讓都市智慧地運行。

二〇一六年十月十四日，大數據時代的「弄潮兒」馬雲宣布：為杭州安裝大數據「大腦」。這個大腦的功能之一，透過對地圖資料、拍照資料進行智慧分析，智慧地調節紅綠燈，成功地將車輛通行速度提升 11%。

建立智慧城市，還可以實時監測都市人口密度，進行預警，避免類似於二〇一四年十二月三十一日發生在上海外灘的踩踏悲劇；實時監測特殊貨物流向及儲存地，為社會治安和消防提供支撐。

■ 公共服務應用

大數據廣泛應用於醫療健康、社會保障和文化教育等公共服務領域。

（1）醫療健康大數據

其主要是指在人的生命週期中產生的，與生命健康相關的所有資料。資料採集管道應包括：構建電子健康檔案、電子病歷資料庫，建設覆蓋公共衛生、醫療服務、醫療保障、藥品供應、計畫生育和綜合管理業務的醫療健康管理和服務資料採集系統。醫療健康服務大數據對於公眾、醫院、醫療事業乃至整個國家人民整體健康程度都具有重要意義：能夠滿足公眾多樣化的醫療需求，提供個性化醫療，降低負擔；醫院和醫生借助於大數據，分析患者的病情，能夠進行更為科學有效的救治，減少醫療事故。大數據應用將帶來醫療模式的深度變革。

（2）社會保障大數據

隨著經濟社會發展，社會保障覆蓋面不斷擴大，運行機制逐步健全。社會保障資料不斷積累，呈現出大數據的特性。透過建設統一社會救助、社會福利、社會保障大數據平台，加強相關部門的資料對接和資訊共享，利用大數據技術尋找社會保障資料隱含的資訊和價值，有助於事前決策、事中控制、事後回饋，為人力資源社會保障部門政策制定和執行效果追蹤評價提供技術支撐。

（3）文化教育大數據

美國教育部發布《透過教育資料挖掘和學習分析改進教與學：問題簡介》，提出大數據在教育中的兩個應用領域：一是教育資料挖掘——對教學和學習過程中收集的資料進行挖掘分析，檢驗學習理論並引導教育實踐；二是學習分析應用——對教育管理和服務過程中收集的資料進行挖掘分析，直接影響教育實踐。中國《促進大數據發展行動綱要》提出：推動形成覆蓋全國、協同服務、全網互通的教育資源雲端服務體系；完善教育管理公共服務平台，推動教育基礎資料的伴隨式收集和全國互通共享；加強數位圖書館、檔案館、博物館、美術館和文化館等公益設施建設，構建文化傳播大數據綜合服務平台，為社會提供文化服務。

■ 國防情報應用

二〇一三年六月，愛德華 · 史諾登（Edward Snowden）在香港披露了美國國家安全局關於「稜鏡計畫」監聽專案的祕密文檔。美國及世界公眾從此知道，對於個人隱私來說，沒有什麼比無所不欲知、無所不能知的美國政府更可怕！美國政府似乎對所有資訊都感興趣，都要收集！不僅監聽可疑分子、本國公民，甚至監聽盟友國家領導人。「史諾登事件」引發了世界範圍內關於政府使用大數據技術侵犯個人隱私權的大辯論。

鑑於維護國家安全的迫切需要，美國國防部和情報機構的技術專家已經開始研究新的方法分析和使用資料。大數據技術特別適用於快速高效地檢索大量資料，用以定位暴力犯罪和恐怖活動。大數據技術有助於揭示罪犯與可能隱藏的恐怖分子之間的個人關係[79]。

「大數據＋人工智慧」推進戰爭自動化，能夠比人類更快、更精準地攻擊目標，已被美軍用於實戰。美軍海豹突擊隊獵殺賓拉登行動是一次成功應用大數據的典型案例。在海豹突擊隊擊殺賓拉登的過程中，大數據支持系統涉及 GPS 的定位和衛星影像、隱形飛機的實時影像，以及海豹突擊隊現場衛星傳播的實時圖像。白宮利用大數據支持系統一直對前方進行實時監測（見圖 9.1）。

圖 9.1　白宮利用大數據支持系統實時監測擊斃賓拉登過程

隨著大數據技術水準提高，其在國防領域中的應用方式將更加多樣化。

Global Pulse——「全球脈動」計畫

近年來，聯合國一直將大數據用於其各項任務中。

隨著大數據發展戰略得到世界各國的高度重視，聯合國祕書長執行辦公室於二〇〇九年正式啟動了「全球脈動」（Global Pulse）計畫。

■ 關於 Global Pulse

「全球脈動」計畫聚焦於利用大數據技術為不先進國家的經濟發展和人道主義援助提供實時資料分析，為決策者提供政策建議。計畫使命是：為了可持續發展和人道主義行動，加快大數據創新、開發和有序應用。計畫願景是：大數據作為一種公共產品可以安全和負責任地獲取。

「全球脈動」計畫正在努力提升人們對一系列事物的認知：大數據瞄準可持續發展和人道主義行動機會，建立「公共——私人」資料共享的夥伴關係，透過「脈動實驗室」網路生成具有高影響力的分析工具和方法，透過聯合國系統推動廣泛採納有用的創新。「全球脈動」合作者與來自於聯合國機構、各國政府、學術界和私營部門的專家一起研究、開發和推進將實時數字資料應用於二十一世紀發展挑戰的方法。目標包括：達到可實施的創新的臨界規模，降低應用和推廣的體制性障礙，加強大數據創新生態系統。

■ 「全球脈動」計畫成果應用

大數據不是完美資料，只有被正確理解和應用，才會體現其價值。

分析大量資料能幫助發現程式化事實，例如：明顯反覆出現的行為和模式。程式化事實不應該像法律一樣被認為總是真理，但它們會給出一種可能性，即某種趨勢上的偏差可能會發生。因此，它們成為異常檢測的基礎。例如，國際食物政策研究所研究人員開發了一種方法來探測食物價格的異常波動，用於確定特定國家的食品安全反應水準。類似的方法可以應用於檢測社區成員使用手機、出售家畜的異常情況。

分析實時資料能幫助拯救生命。美國地質調查局已經開發出監視微博的系統，用於收集有關地震的資訊。位置資訊被提取並傳遞給地震專家們，用來證實地震發生、定位震中並量化級別。哈佛大學和麻省理工學院的研究人員共同開展的關於二〇一〇年海地霍亂疫情可追溯分析證明，透過挖掘微博和線上新聞報導，為衛生官員提供疾病擴散指示。

經過正確分析的大數據可以透過三種方式支持全球的發展。

（1）預警：早期發現異常現象，並在危急時刻指導人們如何使用數位設備和服務快速響應。

（2）實時意識：大數據可以描繪一幅細粒度和反映當前實際的圖像，以幫助確定專案和政策的定位。

（3）實時回饋：大數據具有實時監測人口的能力，使政府了解哪些政策和專案是失敗的，並做出必要的調整。

第十章
人類預測未來的智慧

大數據時代的快速變革，正在顛覆我們的理念和認知。傳統的生產模式、社會形態及生活方式也面臨達摩克利斯之劍，不知何時會被顛覆。

管理者做決策面臨更大的不確定性。決策以資訊為依據，數千年來並無本質差異。大數據給我們獲取資訊帶來了便利，也同時提高了問題的複雜性。承載資訊的資料，包括資料的數量、資料來源、資料的獲取方式、資料呈現的方式，都發生了根本性變化。人們已經不再缺乏資料，缺乏的是正確態度、資料處理能力和準確預測未來的智慧。

預測之目的是判斷事實並產生思路清晰的決策。如果能夠準確預測未來，就更有可能做出正確決策。好的思維習慣加上科學方法，可以提高預測能力，提升決策水準。遠見卓識不是天賦異稟，而是獨特思維的產物。

準確預測取決於方法。人們可以學習掌握好的方法，提高預測能力。大數據的核心價值之一就是預測。大數據預測之目的，與上古時代占筮預測以及現代社會數學模型預測並無二致，都是為了獲得未來資訊。

大數據時代如何做好預測？如何依據準確預測做出正確決策？這正是本章要闡述的問題。本章包括以下幾部分內容：人類特殊預測智慧，數學方法建模預測，大數據分析和預測。

人類特殊預測智慧

數千年來，儘管人類社會發展取得革命性進展，但決策的本質屬性並沒有改變：針對問題，掌握資訊，進行預測，做出決策。瑪雅人用占星術預測，中國古代用龜甲占卜和蓍草占筮預測，工業社會利用數學模型和技術方法預測，資訊化社會人們利用大數據預測。所有預測之目的，都是為了獲得與設定情境的未來發展狀態相關的資訊，為決策提供依據。

預測的準確性並不完全取決於預測方法，更取決於預測者的智慧。睿智的預測者能夠洞察災難或機會。洞察力是準確預測的基本要素，這種能力無法在技術方法中體現出來。

第一部分介紹了上古時代的占卜和占筮預測。歷史上有些人（巫覡和太史）具有特殊的「先知先覺」預測能力。隨著人類社會不斷發展，追求物質享受和社會權力等世俗慾望不斷弱化「先知先覺」本能，逐漸泯滅了人類的「慧根」。中國古人很早就發現了這種趨勢，《莊子》〈大宗師〉篇就指出：「其耆欲深者，其天機淺。」後來，大多數人已經失去了這種預測未來的能力，只有極少數人仍然保留部分「特異功能」。

中國秦漢時期的許負，僅憑少量資訊及個人特殊能力就能夠準確預測政治人物的命運。大數據時代的我們擁有更多資訊、更先進的分析工具、更複雜的技術方法。然而，預測的智慧似乎並不比古人高明多少。

很多組織機構，擁有現代化的預測技術和手段，既不能進行準確預測，更不能做出高品質決策。世紀之交的美國情報機構，不僅沒能預測到「九一一」恐怖襲擊而備受指責，還因為對伊拉克大規模殺傷性武器的胡亂猜測導致美國二〇〇三年決策入侵伊拉克，陷入以阿戰爭泥淖，至今不能自拔。

這真是一個頗耐人尋味、發人深思的問題。

戰國時期神巫季咸

《莊子》〈應帝王〉篇講述了鄭國神巫季咸與列子師徒之間關於預測的寓言故事。季咸能夠準確預測人之死生、存亡、禍福、壽夭。

> 鄭有神巫曰季咸，知人之死生、存亡、禍福、壽夭，期以歲月旬日若神。鄭人見之，皆棄而走。列子見之而心醉，歸，以告壺子，曰：「始吾以夫子之道為至矣，則又有至焉者矣。」壺子曰：「吾與汝既其文，未既其實。而固得道與？眾雌而無雄，而又奚卵焉！而以道與世亢，必信，夫故使人得而相汝。嘗試與來，以予示之。」

季咸預測，驗若神靈，以至於跟著壺丘子林修道的列禦寇見了，亦心中仰羨，恍然如醉，失去定力。列子跑回去向老師詳述所見，並說：「以前我以為您的道行最為高深，今天見到了更為高深的巫術了。」壺子教訓徒弟說：「你剛學了一些修道的皮毛，還未接觸道的實質，就以為得道了？眾雌而無雄，下的卵哪能繁殖呢！你以所學道之皮毛與老巫師比修行，而且一心取信於人，故而讓人洞察底細而替你看相。你請他來，給我看看相。」

> 明日，列子與之見壺子。出而謂列子曰：「嘻！子之先生死矣！弗活矣！不以旬數矣！吾見怪焉，見溼灰焉。」列子入，泣涕沾襟以告壺子。壺子曰：「鄉吾示之以地文，萌乎不震不正，是殆見吾杜德機也。嘗又與來。」

第二天，列子果然請季咸來見壺子。季咸出來對列子說：「你的老師活不成了！壽命不到十天了！我已觀察到將死之狀，神情如灰燼浸水。」列子淚流滿襟地回來，傷心地向老師轉述。壺子說：「剛才我展示給他的是大地那樣寂然不動的心境。他無法觀察到我閉塞的生機。再請他來看看。」

> 明日，又與之見壺子。出而謂列子曰：「幸矣！子之先生遇我也，有瘳矣！全然有生矣！吾見其杜權矣！」列子入，以告壺子。壺子曰：「鄉吾示之以天壤，名實不入，而機發於踵。是殆見吾善者機也。嘗又與來。」

第三天，列子又請季咸來見壺子。季咸出來對列子說：「你的老師幸運遇到我，他有救了！我已觀察到他閉塞的生機中神氣微動。」列子回來，轉述了季咸的話。壺子說：「剛才我示之以天壤應動之容，名實不入靈府，生機從腳跟發至全身。他因此看到了生機。再請他來看看。」

> 明日，又與之見壺子。出而謂列子曰：「子之先生不齊，吾無得而相焉。試齊，且復相之。」列子入，以告壺子。壺子曰：「吾鄉示之以太沖莫勝，是殆見吾衡氣機也。鯢桓之審為淵，止水之審為淵，流水之審為淵。淵有九名，此處三焉。嘗又與來。」

第四天，列子又請季咸來見壺子。季咸出來對列子說：「你的老師心跡不定，神情恍惚，我沒法給他看相。待其心跡穩定，再來給他看吧。」列子回來，轉述了季咸的話。壺子說：「剛才我展示陰陽二氣均衡和諧的心態，他觀察到了我內氣持平之機。鯨鯢盤桓之處為深淵，止水蓄積之處為深淵，流水滯留之處亦為深淵。淵有九種，上述只是三種。再請他來看看。」

> 明日，又與之見壺子。立未定，自失而走。壺子曰：「追之！」列子追之不及。反，以報壺子曰：「已滅矣，已失矣，吾弗及已。」壺子曰：「鄉吾示之以未始出吾宗。吾與之虛而委蛇，不知其誰何，因以為頹靡，因以為波流，故逃也。」

第五天，列子又請季咸來見壺子。季咸還未站定，就轉身跑了。壺子說：「追上他！」列子沒能追上。壺子說：「起先我顯露給他看的始終未脫離我的本源。剛才我無心而隨物化，他弄不清我的究竟。既似頹廢順從，又如隨波逐流，所以他逃跑了。」

神巫季咸，具有特異功能，能夠根據外貌神態，準確預測人之未來，克定時日，靈驗不失。以至於鄭國人都躲著他走，都擔心預聞凶禍。然而，季咸遇到高人，卻無所用其術。

這則寓言故事告訴我們，不可用固定視角看待世間萬物。即使擁有強大的技術手段，也必然會有不適用的情境。客觀世界和人類社會具有太多可能、太多不確定性，技術有時而窮，即便大數據亦然。

秦漢時期的許負

如果說上述神巫季咸的預測僅屬寓言故事，那麼秦末漢初的女相師許負則是史有明載的預測大師。這裡介紹許負的神奇預測故事。

■ 薄姬當生天子

西元前一八〇年深秋的一天，在代國通向都城長安的大道上，一隊車馬正在匆匆趕路。其中一輛車上坐著大漢帝國北方諸侯代國年輕的國王劉恆——將開闢中國歷史上第一個盛世。而此時，劉恆卻心懷忐忑，不知此行是吉是凶？而劉恆的母親，留守在代國的薄太后（薄姬）卻心中安然。

代王劉恆此行之目的，要從許負關於薄姬的一個神奇預言說起。

許負生活的年代，正值秦朝滅亡、群雄爭霸的混亂時期。薄姬遇到許負時，還只是魏王豹的一位妃嬪。在群雄逐鹿的大亂局中，魏豹幾乎沒有勝出的可能。許負預言薄姬當生天子，撩起了魏豹的野心，也因此害死了這位不自量力的諸侯王！據《史記》〈外戚列傳〉記載：

> 薄太后，父吳人，姓薄氏，秦時與故魏王宗家女魏媼通，生薄姬，而薄父死山陰，因葬焉。及諸侯畔秦，魏豹立為魏王，而魏媼內其女於魏宮。媼之許負所相，相薄姬，云當生天子。是時項羽方與漢王相距滎陽，天下未有所定。豹初與漢擊楚，及聞許負言，心獨喜，因背漢而畔，中立，更與楚連和。漢使曹參等擊虜魏王豹，以其國為郡，而薄姬輸織室。豹已死，漢王入織室，見薄姬有色，詔內後宮，歲餘不得幸。
>
> 始姬少時，與管夫人、趙子兒相愛，約曰：「先貴無相忘。」已而管夫人、趙子兒先幸漢王。漢王坐河南宮成皋台，此兩美人相與笑薄姬初時約。漢王聞之，問其故，兩人具以實告漢王。漢王心慘然，憐薄姬，是日召而幸之。薄姬曰：「昨暮夜妾夢蒼龍據吾腹。」高帝曰：「此貴徵也，吾為女遂成之。」一幸生男，是為代王。其後薄姬希見高祖。
>
> 高祖崩，諸御幸姬戚夫人之屬，呂太后怒，皆幽之，不得出宮。而薄姬以希見故，得出，從子之代，為代王太后。代王立十七年，

高后崩。

魏豹死後，薄姬成為劉邦的妃嬪，生下兒子劉恆，立為代王。專權的呂后去世後，大臣們剷除呂家勢力，擁戴劉恆繼承皇位，史稱漢文帝。

這一預言的神奇在於：許負有什麼特異功能？能夠透過重重歷史迷霧，預測到後來紛繁複雜的發展脈絡？難道是許負的預言影響了朝臣決策？

我們更願意相信：是薄姬的仁善加上歷史偶然，成就了一代明君和一個盛世。劉邦有多個兒子有資格繼位，而大臣們決策時主要考慮因素是：

> 大臣議立後，疾外家呂氏強，皆稱薄氏仁善，故迎代王，立為孝文皇帝，而太后改號曰皇太后。

這正如孔子在《周易》坤卦〈文言〉中總結的規律：「積善之家，必有餘慶；積不善之家，必有餘殃。」

史書還記載了許負的其他預測。

兩晉之預測大師郭璞

許負之後，歷史上出現了多位精通《周易》、善於卜筮的神祕人物。

兩晉時期的郭璞，事蹟頗為神奇。郭璞是河東聞喜（今山西省聞喜縣）人，兩晉時期的大學者，曾為《爾雅》、《方言》、《山海經》、《穆天子傳》、《葬經》作注。《晉書》[85]〈郭璞傳〉記載郭璞精天文、歷算、五行、卜筮，擅長道家諸多奇異方術，造詣直追漢代之京房和三國之管輅。

> 璞好經術，博學有高才，而訥於言論，詞賦為中興之冠。好古文奇字，妙於陰陽算歷。有郭公者，客居河東，精於卜筮，璞從之受業。公以《青囊中書》九卷與之，由是遂洞五行、天文、卜筮之術，攘災轉禍，通致無方，雖京房、管輅不能過也。

郭璞在世官運不亨，西晉時曾為宣城太守殷祐的參軍（相當於軍分區參謀）。東晉元帝時拜為著作佐郎，後為王敦記室參軍（大軍區參謀），以卜筮「不吉」阻敦謀反，為敦所殺。死後「官職」卻越來越大，王敦叛亂平息後，晉明帝追贈郭璞為弘農太守；宋徽宗時，因郭璞在算學方面的成就，追封其

為閩喜伯；連蒙元皇帝元順帝也跟著湊熱鬧，追封其為靈應侯。

歷史慷慨地賜予郭璞很多頭銜，既是文學家、詩人，又是訓詁學家、生物學家，而後世最知名的頭銜則是易學家和「風水大師」。精通《周易》而稱「家」，必有其神妙之處。以下是兩則郭璞神奇的預測故事。

■ 怪獸之預測

據《晉書》〈郭璞傳〉記載：郭璞南渡過江，宣城太守殷祐慕名請其做參軍。當地發現一種陌生動物，大如水牛，通體灰色，獸腳很小，如大象之腳，胸尾皆白，力氣巨大，笨拙遲緩，來到城下，大家都覺得怪異。太守殷祐派人去捕捉，又讓郭璞為其占卦，得卦象《遁》（䷠）之《蠱》（䷑），如圖 10.1 所示。卜筮剛結束，捕捉之人回報：用戟刺殺怪物，刺進一尺多深，突然不見。郡中綱紀到祠中求告神靈，請神除掉這怪物。廟中巫士說：「廟神不高興這樣幹。廟神說：『這是邦亭驢山君鼠，被指派到荊山去，從我們這裏路過，不能侵害它。』」郭璞卜筮之術就是這樣精妙。

> 祐使人伏而取之，令璞作卦，遇《遁》之《蠱》，其卦曰：「《艮》體連《乾》，其物壯巨。山潛之畜，匪兕匪武。身與鬼並，精見二午。法當為禽，兩靈不許。遂被一創，還其本墅。按卦名之，是為驢鼠。」卜適了，伏者以戟刺之，深尺餘，遂去不復見。郡綱紀上祠，請殺之。巫云：「廟神不悅，曰：『此是邦亭驢山君鼠，使詣荊山，暫來過我，不須觸之。』」其精妙如此。祐遷石頭督護，璞復隨之。

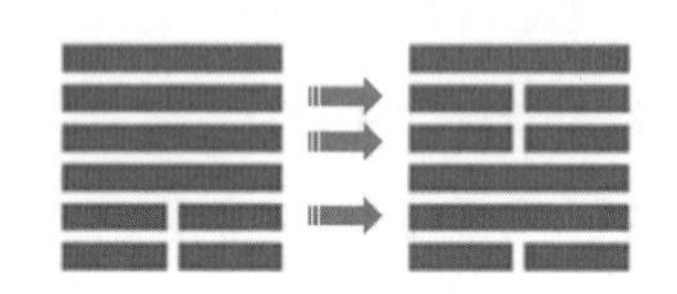

《遁》之《蠱》

圖 10.1　郭璞筮怪獸得《遁》之《蠱》（《遁》卦三個變爻）

上古奇書《山海經》記載了很多奇異動物，後來多數滅絕了，有些在郭璞生活的時代還能見到。郭璞注過《山海經》，所以能識別奇異動物。

■ 政治理念托於卜筮預測

郭璞曾上疏晉元帝，針對當時「陰陽錯繆，而刑獄繁興」，借助卜筮，提出「省刑」建議:「我聽說《春秋》旨義，重視事情的起始；所以在春分秋分、夏至冬至氣候變換時節觀察天象，能夠彰顯天道意向與人間得失、禍福凶吉徵兆。我不顧自己的淺陋，每年歲首都會為國事卜筮。」

> 臣聞《春秋》之義，貴元慎始，故分至啟閉以觀云物，所以顯天人之統，存休咎之征。臣不揆淺見，輒依歲首粗有所占，卦得《解》之《既濟》。案爻論思，方涉春木王龍德之時，而為廢水之氣來見乘，加昇陽未布，隆陰仍積，《坎》為法象，刑獄所麗，變《坎》加《離》，厥象不燭。以義推之，皆為刑獄殷繁，理有壅濫……宜發哀矜之詔，引在予之責，蕩除瑕釁，贊陽布惠，使幽斃之人應蒼生以悅育，否滯之氣隨谷風而紓散。郭璞卜筮得到的卦象是《解》(䷧)之《既濟》(䷾)，如圖 10.2 所示。由《解》卦變為《既濟》卦，除了上六之外，五爻皆變。

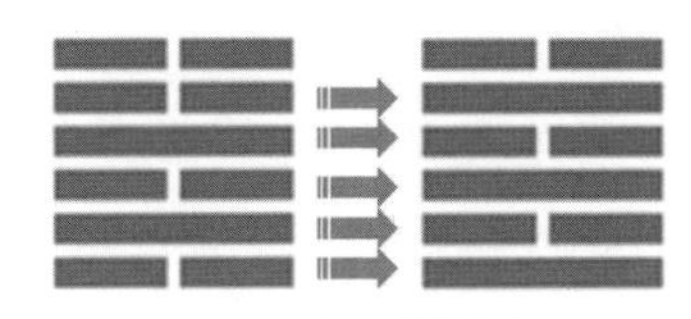

《解》之《既濟》

圖 10.2　郭璞筮國運得《解》之《既濟》

《解》卦為「坎」(☵)下「震」(☳)上，其大象傳為:「雷雨作，解；君子以赦過宥罪。」《既濟》卦為《離》(☲)下《坎》(☵)上，其大象傳為:「水在火上，既濟；君子以思患而預防之。」

郭璞借題發揮:「《坎》卦為凶險的刑法之象，是刑獄之事隱附其中，變為《坎》卦加上《離》卦，愈加不明。以爻辭推斷，都是說刑獄太繁，而處理不順當。」郭璞以此勸諫晉元帝:「應該發布哀憐百姓的詔書，公布自己的過失，清除弊端，光明正大廣布恩惠，使那些幽禁將死的人和蒼生百姓一樣得以快活地生存，讓淤積的陰邪之氣隨著春風而吹散。」

數學方法建模預測

我們應該把許多決策、預測、診斷和判斷，無論是瑣碎的還是意義重大的，都轉變為算法。

——麻省理工學院數字商業中心首席科學家安德魯・邁克菲

自古以來，具有超預測能力之人畢竟只是極少數。多數人習慣於憑藉過去的經驗進行預測並做出決策，這種模式在人類社會發展史上長期占據主導地位。即便在今天，很多管理者也依靠經驗預測並進行決策。

第一次工業革命以來，科學技術和社會生產力加速發展，生活模式和社會形態隨之快速變革。過去的經驗越來越不適用於預測未來。

於是，人們把求助的目光轉向了現代科學：建立數學模型預測未來。

數學模型與建模計算

數學不僅僅是數字，它更是藝術。在沒有被表達出來之前，大多數數學觀念不是建立在邏輯基礎上，而是直覺與美。

——挪威奧斯陸大學教授阿爾非諾・勞達爾

數學是研究宇宙中數量關係和空間形式的科學。數學的特點在於概念抽象、邏輯嚴密、結論明確、體系完整。數學被廣泛應用於現代社會各個學科領域，成為現代科學的基礎。

■ 數學模型

數學模型（Mathematical Model）是用數學符號、公式、方程等對物質世界客觀規律及人類社會本質屬性的抽象而簡潔的描述。

現代科學構建於數學模型基礎上。克卜勒行星運動定律、牛頓萬有引力定律和力學三大定律、萊布尼茲微積分、愛因斯坦相對論，都可以用數學模型簡明扼要地表述。不僅自然科學如此，人類社會的活動也逐漸習慣於用數學模型來表述。現代經濟學已經完全離不開數學模型。

隨著科學技術的迅速發展和電腦的普及，人們對問題的要求越來越精確，使得數學的應用越來越廣泛和深入。電腦技術快速發展、數學理論方法不斷擴充，使得數學模型已經成為經濟社會的重要組成部分。

數學方法無論是用於解決實際問題，還是與其他學科相結合形成交叉學科，首要的和關鍵的一步是建立研究對象的數學模型。

以人口成長模擬預測為例，通用的模型是荷蘭數學家威赫爾斯特（Verhulst）提出的邏輯模型。模型需要如下假設：

時刻 t 人口數為 N（t），隨時間連續變化，為連續可微函數；t=t0 時的人口為 N0，人口自然成長率為 k。

t 到 t+Δt 時間內人口的成長量為 $$\begin{cases} \frac{dN}{dt} = k(1 - \frac{N}{N_m})N \\ N(t_0) = N_0 \end{cases}$$

上述數學模型的解為 $$N(t) = \frac{N_m}{1 + (\frac{N_m}{N_0} - 1)\mathrm{e}^{-k(t-t_0)}}$$

以上就是傳統的邏輯人口成長模型。

實際的人口成長過程要比上述模型複雜得多。很多影響人口變化情況的因素往往不是固定的，而是動態變數，像國家人口政策、人口性別比率、年齡結構等均對人口的變化情況有著顯著影響。

■ 建模過程

當人們必須定量研究問題時，就需要分析其內在規律，掌握其屬性相關資訊，對問題進行抽象和簡化，並用數學符號和語言來描述，建立數學模型。整個過程稱為數學建模過程，是用數學語言描述實際現象的過程。

建模過程通常包括以下幾個步驟。

第一步，模型準備。了解問題本質，明確預期目標，掌握相關資訊；以數學思想概括問題，以數學思路分析問題，以數學語言描述問題。

第二步，模型假設。根據實際對象特徵和建模目的，對問題進行必要簡化，並用精確語言提出一些恰當的假設。

第三步，模型建立。在假設的基礎上，用數學工具來表達各變數及常數之間的關係，建立相應的數學結構。

第四步，模型求解。利用獲取的資料資料，對模型進行求解。

第五步，模型分析。根據建立模型的思路，對所得結果進行數學分析。

第六步，模型檢驗。將模型分析結果與實際比較，檢驗模型準確性、合理性和適用性。如果吻合較好，就要給出模型結果的實際意義。如果吻合較差，就應該修改假設，重複建模過程。

第七步，模型應用。應用方式因問題的性質和建模的目的而異。

並不是所有建模過程都要遵循以上步驟，可以根據實際情況簡化。

■ 實際應用

組織的經營管理活動涉及一系列決策。決策的關鍵環節就是要對備選方案進行評估並做出選擇。不同的備選方案會導致不同的後果。每一個備選方案未來情境預期如何？可能存在什麼風險？預期會有多大收益？對這些問題的回答，顯然已經不能僅靠直覺猜測。

管理者必須借助於數學模型和電腦技術。

科學家和工程師們為了滿足現代組織機構的管理需要，針對不同問題建立數學模型，開發出了一系列技術方法。這些基於數學模型的技術方法，為管理者進行預測並做出決策提供了極大幫助。

以決策過程中風險評估為例。國際風險管理標準 ISO/IEC 31010:2009 Risk Management 推薦了一系列風險評估技術方法，其中基於數學模擬預測的方法有：毒性評估（Toxicity Assessment, TA）、故障樹分析（Fault Tree Analysis, FTA）、事件樹分析（Event Tree Analysis, ETA）、馬可夫分析（Markov Analysis）、蒙地卡羅模擬（Monte Carlo simulation）、貝葉斯統計（Bayesian Statistics）、成本／效益分析（Cost/benefit Analysis, CBA）等。

這些技術方法將為決策者提供關於備選方案的風險預測資訊，使決策者能夠更好地了解：存在哪些可能影響組織目標實現的風險？這些風險有什麼樣的後果？風險控制措施的有效性如何？

數值模擬技術

儘管人們很早就掌握了數學模型這一強大的科學方法，並用之構建了現代科學體系，但數學模型的應用長時期局限於理論描述等少數領域。

■ 電腦技術是數值模擬的基礎

從邏輯上說，只要數學模型建模正確，就一定存在解析解。靜態模型一定存在確定解；與時間相關的動態模型，給定初始條件，就一定能夠求得未來某一時刻的狀態解。然而，除了少數性質比較簡單的模型可以用解析方法直接求出精確解外，大多數數學模型都無法直接求解。

許多實際問題都可轉化為給定條件下求解其控制方程的數學問題。大多數實際物理問題、工程問題以及人類社會活動問題，要麼幾何形狀較複雜，要麼具有非線性特徵，很少能夠獲得數學模型的解析解。只能借助電腦，利用數值計算方法，求得滿足工程要求的數值解。利用數學模型預測未來，需要進行時間維度連續模擬計算。在電腦技術取得突破以前，這種模擬預測需要的計算量是人工不可能完成的。

電腦技術的發展和適用於電腦的語言程序的開發應用，使得利用數學模型解決實際問題成為可能。於是，數學領域出現了一個新的分支：數值模擬。數值模擬成為人類解決很多問題的有效工具。

數值模擬就是要解決將數學模型轉化為電腦可以識別和處理的程序，由電腦執行運算過程並得出結果。

現在，數值模擬軟體已經商用化，大量專用軟體及通用軟體在市場上出售。也有一些專門機構提供特殊用途的軟體開發或提供模擬計算服務。

很多領域都離不開虛擬實境（Virtual Reality, VR）技術。該技術對現實的虛擬完全建立於對未來情境的數值模擬基礎上。

■ 數值模擬的基本流程

完整的數值模擬通常包含以下基本步驟。

第一步，建立反映問題本質的數學模型。

首先，要建立反映問題（工程問題、物理問題、社會問題等）各量之間的數學模型及相應的定解條件（邊界條件和初始條件）。這是數值模擬的出發點。比如：模擬牛頓型流體流動問題，其數學模型就是著名的「納維—斯托克斯方程」及其相應的定解條件。沒有正確完善的數學模型，數值模擬就無從談起。建模過程應注意以下事項。

- 抽象要合理，要符合現象的本質屬性；簡化要適度，不能偏離所要描述過程的實際意義；不適當的抽象和簡化可能導致數學模擬偏離實際過程，導致不正確的甚至錯誤的解。
- 要遵守物質世界的基本規律。以流體運動現象為例，建立的數學模擬應遵守質量守恆、動量守恆和能量守恆定律。
- 邊界條件和初始條件的設置應盡可能符合實際情況。

第二步，尋求高效率、高準確度的計算方法。

數學模型建立之後，需要將其轉化為電腦能夠處理的形式，這一任務由計算方法來完成。計算方法包括：適用於數值計算的座標系選擇（工程問題模擬常用直角座標系和圓柱座標系），數學方程的離散方法及求解方法，邊界條件和初始條件的處理等。常用的離散方法包括有限元素分析、有限差分法、邊界元素分析、離散元素法等。

第三步，編製程序並進行計算。

鑑於待求解的問題通常都比較複雜，比如很多工程流體力學問題就是三維三相非線性、非定常物理問題，數值求解方法在理論上還不夠完善，需要透過實驗進行驗證。實踐顯示，數值實驗是整個數值模擬工作的主體。

第四步，數值模擬結果的後處理。

計算工作完成後，模擬結果可以透過圖形圖像可視化顯示出來。可視化也是一項重要技術。數值模擬的水準越來越高，模擬結果的後處理技術越來越逼真，可以將模擬結果表徵的動態過程以動畫形式形象顯示。

■ 數值模擬用於預測

數值模擬的最大用途就是預測，預測在給定初始條件和邊界條件下非線性過程的發展情形。其主要應用領域包括天氣預報、油藏開發、地質勘探、核爆炸模擬、大規模傳染性疾病的傳播模擬等。

每天天氣預報都會發布未來幾天的天氣資訊以及氣象雲圖變化趨勢。這對我們每個人都很重要，我們要據此安排自己的活動。天氣預報的背後，是強大的數值模擬分析預測能力。

天氣預報涉及的數學模擬可能是目前人類能夠處理的最複雜問題之一。人體能夠感知的大氣中的物理參數包括溫度、壓力、溼度、風向與風速、陽光照射情況等，我們感知不到的還有宏觀的大氣環流相關參數、微觀的汙染物相關參數。這些參數是地球大氣這個複雜系統的基本表徵。我們知道，天氣是隨時變化的，上述這些參數都是與時間相關的。

天氣預報就是對於地球大氣這個複雜系統進行計算分析，進而預測和判斷。為了預報天氣，氣象學家將實際的地球大氣環流狀況抽象成物理模型，並用十幾個數學方程構成的數學模型來描述，再用能力強大的電腦求解這個數學模型。現代天氣預報整個過程通常包括五個組成部分。

第一，收集資料。其包括傳統方法在地面或海面上直接測量的資料，使用氣象氣球收集的高空資料，氣象衛星的資料，氣象雷達資料。

第二，資料整理。資料收集過程通常都是按照天氣預報數學模型輸入要求的格式整理和儲存的。少部分不符合格式要求的資料，在輸入天氣預報模型前，還要進行整理。整理後的資料基本上能夠反映以前某個時間點大氣的狀態，一個三維的溫度、溼度、氣壓、風速、風向的表示。

第三，資料天氣預報。整理後的氣象資料，輸入超級電腦上的天氣預報模擬軟體，按照數學模型中物理、化學、流體力學變化規律，模擬計算未來氣象變化過程，按照事先設定的頻率，將某個時間點氣象變化的模擬計算結果儲存。模擬結果是天氣預報的基礎。

第四，輸出結果處理。模擬結果的原始輸出通常要經過加工處理後才能成為天氣預報。這些處理包括使用統計學的原理來消除已知的偏差，或者參考其他模型計算結果進行調整。隨著天氣預報模型的不斷精密化，輸出結果的處理通常都由電腦軟體自動完成。

第五，向公眾展示。天氣預報的結果要展示給使用者才能體現其價值，所以這一步在整個過程中至關重要。通常使用者分為普通受眾和特殊使用者。電視天氣預報節目是提供給普通受眾的展示，還可以根據使用者的具體要求，將氣象資訊預測資訊提供給特殊使用者。

對於天氣預報這樣的複雜系統，輸入的微小偏差難以避免，這就使長期天氣預報具有不準確性，最終導致「失之毫釐，謬以千里」的情況。

數學模型的局限性

數學模型及數值模擬等數學方法廣泛應用於對未來的預測，在具有規律性的專業技術領域發揮了很好的作用，但在其他領域的應用卻不盡如人意，尤其是在人類社會活動領域[13]。

無論是簡單的數學模型還是複雜的數值模擬，都是基於對實際過程的抽象和簡化建立的數學結構。工程領域和人類社會活動領域的現象要複雜得多。每種現象都涉及太多的影響因素，不可能對所有因素及其影響進行準確描述。只能透過分析判斷，忽略次要因素，保留主要因素，形成簡化的可描述的抽象模型。再把抽象模型用數學方程描述，形成數學模型。為了得到計算資料，還要把數學模型的公式和方程進行離散，編製程序進行求解。數值模擬大都遵循上述過程。

應用數值模擬技術方法時，要有清醒的意識：在物理現象或社會活動與最終計算結果之間，每一個抽象、簡化、省略過程，都會毫無疑問地引入誤差。這些誤差逐步累積，也許會使計算結果與真實現象之間相差萬里！

氣象學中的「蝴蝶效應」描述的正是因微小因素造成難以估計的後果：巴西某地一隻蝴蝶搧動翅膀擾動了空氣，一段時間後可能會導致遙遠的德州發生一場颶風。

蝴蝶絕對沒有那麼大能量，只不過是模型中誤差累積而已！

我們要盡可能利用現代科技帶來的便利，讓電腦和一系列技術方法替我們完成海量乏味的計算工作。但要牢記，模型和方法不是萬能的！在涉及動態變化的領域，尤其是人類的社會活動，一定要小心謹慎。

所有基於數學模型的技術方法，都是對以往經驗的總結和抽象，反映的都是過去的規律和資訊。對於具有穩定運行規律或變化趨勢的過程，技術方法不僅可以「大致準確地」復現過去，也可用於預測未來。但對於隨時都會受動態因素影響、且變化趨勢不可預測的領域，用基於過去經驗和資訊的模型預測未來，幾乎是不可靠的[13]！

大數據分析及預測

我們以前熟悉的預測，通常是根據過去的經驗，結合事物的發展趨勢，有時還要考慮環境的變化，在假設的基礎上對未來的情境進行判斷。預測和決策時，已經習慣資訊不足的情況，因而需要精確。

現在，資料量越來越大，而且資料變得不那麼精確了。當資料量極為龐大時，人類的大腦已經不能勝任預測。這將迫使人們調整在預測和決策方面的傳統理念。大數據分析預測成為預測未來行為趨勢的有效選擇。

大數據分析通常可以分為以下三類：

（1）描述性資料分析，描述已經發生或正在發生的事。

（2）預測性資料分析，對未來進行預測。

（3）規範性資料分析，產生分析結果時會自動生成建議或措施。

大數據的核心價值之一就是預測。大數據預測的前提條件：首先，要有足夠大的資料量；其次，這些資料能夠被電腦系統處理。

歷史上形成的資料，絕大部分是「固化」的，不能被電腦系統處理，也就無法應用；必須透過數位化和資訊化處理，才能用於預測和決策。

資料化和資訊化是大數據預測的基礎。

資料化與資訊化

資料無處不在，並且很早就存在。人類自從發明了文字，就開始持續記錄各種資訊，形成記錄資料。這些資料很少留存下來。歷史記錄的載體包括以下幾種：雕刻在泥板和岩石上，鑄造在青銅器上，刻在竹簡上，寫在絹帛或紙上。這些資料都是固化的，很難加工處理和分析應用。

大數據代表著人類在認知世界的道路上前進了一大步。過去不可計量、分析、儲存、共享的很多事情現在都可以成為資料。這使得我們可以嘗試以前無法做到的事情。

為了更好的適應大數據時代，我們必須對歷史上形成的凝聚著人類智慧的記錄資料進行「資料化」和「資訊化」整理，造福人類社會。

■　人類的記錄歷史

人類對資料資料的追求並不是自大數據時代開始的，而是伴隨著人類文明的產生發展過程。人類很早就試圖記錄這個世界上他們所接觸到並感興趣的東西以及他們自己的經驗和思維。記錄能力是人類文明的分水嶺。

結繩記事是人類社會最早的記錄嘗試。鑑於結繩記事承載資訊的能力太弱，人們開始尋找其他更好的記錄方式。

古代美索不達米亞平原的記帳人員為了有效地追蹤記錄資料而發明了文字。一百多年前在河南安陽殷墟出土的大量甲骨文告訴我們：早在三千多年前，中國商王朝中央政府就收集了大量的資料，相對於當時的技術條件，簡直就是名副其實的「大數據」。數千年前，資料記錄在印度河流域、埃及、美索不達米亞平原也有很大發展。

伴隨文字出現的，還有人類的計量技術。社會生活和群體治理開始需要「計數」。有記載的最早的計數發生在西元前三〇〇〇年，美索不達米亞平原上的商人用黏土珠進行計數，記錄出售的商品。人類學會了記數，就開始對生活中的事物進行計量。長度、體積和重量（所謂的度量衡）是人們生活中最基礎的需要計量的參數。中國在四千三百年前就已經有了成熟的計量體系，能夠計量時間、長度、體積和重量，並統一了計量公式。

計量和記錄一起形成了龐大的資料庫，是資料最早的根基。

人類數千年前就已經開始分析資料。印度人發明的「阿拉伯數字」，開啟了算術的騰飛，為現代計量奠定了基礎。算術賦予了資料新的意義，使得資料不但可以被記錄，還可以被分析和再利用。華夏先祖伏羲八千年前發明的「八卦」，被公認為二進位的鼻祖，為機器處理資料提供了啟示。

伴隨著資料記錄的發展，人類探索世界的想法一直在膨脹，他們需要更準確地記錄時間、地點、長度、體積和重量。

科技發展和資訊爆炸，量化和大數據已經成為新時代發展的規律。資料的獲取越來越便捷，但怎麼有效量化卻是個難題。資料成為有價值的公司資產、重要的經濟投入和新型商業模式的基石。

■ 資料樣本——人類的權宜之計

是利用所有資料，還是僅僅利用其中一部分？最理想的當然是能夠得到與被處理事物相關的所有資料！

然而，有兩種情況阻止我們獲取更多的資料：一是資料採集技術無法收集到足夠多的資料；二是資料處理技術不能處理更多的資料。

在人類社會發展史上相當長時期內，受技術條件限制，只能有目的地選擇最具代表性的樣本。於是，產生了隨機抽樣與樣本分析。隨機採樣分析是資訊缺乏時代和資訊流通受限的模擬資料時代的產物。人們親身經歷部分事物，並據此做出推斷，這就是人們獲得知識的方式。

基於經驗的抽樣常常是有效的。統計學家證明，當樣本資料量超過一定數量後，採樣分析的精確性隨著採樣的隨機性增加大幅提高，而與樣本資料量關係不大。也就是說，新的個體樣本能夠提供的資訊越來越少。

透過收集隨機樣本，我們可以用較少的花費做出高精確度的事情。當收集和處理資料都比較困難時，隨機採樣就成為應對大數據量的有效辦法。隨機採樣還催生了一門新的學科——機率論。

直到十九世紀，人類進行人口普查面臨的問題及使用的技術方法還幾乎與數千年前一樣。當他們被資料淹沒的時候，已有的資料處理工具已經難以應付，他們只能採用隨機抽樣進行統計。

大數據時代，資訊技術的高度發達，使得無論是資料採集還是資料處理都不再是問題。我們可以分析更多的資料，而不再依賴於資料樣本。

■ 數字資訊採集技術

二十世紀中葉，人類發明了微處理器晶片、電腦及資料儲存技術，從此擁有了新的資料採集和處理手段。於是，人們試圖對世界上所有的資訊進行「數位化」處理。所謂「數位化」，是指把資料轉換成微處理晶片或電腦可以處理的數字資料的過程。

自然界中各種物理量的變化絕大多數是連續的，而資訊空間資料則具有離散性。從物理空間到資訊空間的資訊流動，首先必須透過不同類型的感應器將物理量轉變成模擬量，再透過模擬／數字轉換器轉換為數字量。

數位化將模擬資料轉換成電腦可以讀取的數字資料，使得儲存和處理這些資料變得既便宜又容易，從而大大提高資料管理效率。

然而，對於歷史上形成的大量文本資料而言，簡單的數位化並不能形成有效的資料和資訊。在「數位化」的早期階段，很多圖書館都將其藏書透過電子掃描或者拍照進行數位化處理，轉化為數字圖片。這一轉化只解決了儲存問題，書籍的內容並沒有轉化為可以識別的文字資訊。

今天，物聯網系統（CPS）將感應器遍布於我們生活空間的各個角落。CPS 涵蓋了小到智慧家庭網路、大到工業控制系統乃至智慧交通系統等國家級甚至世界級的應用。這種涵蓋並不僅僅是簡單地連在一起，而是要催生出眾多具有計算、通訊、控制、協同和自治性能的設備。

■ 資料化與資訊化

「資料化」是指把我們接觸到以及所思所想的一切，轉化為可描述和分析的資料記錄，甚至包括很多我們以前認為和資料毫無關聯的事情。資料化意味著人類認識世界的一次重大轉折。

資料不等於資訊，更不等於有用的價值。如前所述，簡單的數位化形成的資料並不能成為有效的可描述和分析的資訊。資料只有按照一定的規則，形成結構化可檢索可分析的資訊，才能夠為人們充分利用。資訊化代表人類認識世界的另一次根本性轉變。

我們如今可以測量太多的資訊，幾乎達到了被資訊淹沒的程度。資訊獲取越來越便捷，但如何利用這些資訊並將其轉化為有用的資料？

事實證明，大數據時代九成以上的資料都是不可用的垃圾！即便我們擁有了可用資料，也必須將之轉化為有用的資訊。這種轉化，類似於人腦的記憶過程。人類之所以有記憶，並非單純感知到實體世界的資料儲存或者具體世界鏡像的映射，而是透過篩選、儲存、關聯、融合、索引、調用等形式，將資料變為有用的資訊。這是人類思維與行為的基礎。

早在西漢末年，學者劉向、劉歆父子在長期校勘整理圖書的過程中，總結前人經驗，編製出中國具有學術水平的大型圖書分類目錄《別錄》和《七略》，開創了中國的書籍目錄學。劉氏父子的工作，實際上奠定了文字記錄資料化的基礎。但在以前很長時期內，資料化工作費時費力。

現代資訊技術使大數據成為可能。數字測量和儲存設備大大提高了資料化效率。各種感應器加上微處理晶片，可以把生活中很多事物轉化為電腦能夠處理的資訊。隨著智慧型手機的普及，對個人最重要的生活行為進行資料處理就成為易事。資料化幫助我們獲取更多關於人體運作方式的資訊。電腦也使得透過數學分析挖掘出資料更大價值成為可能。

資料化是一次革命。一百多年前，莫里透過艱辛的人工分析，最終揭示了隱藏在大量航海相關資料中的價值。今天，我們擁有了資料分析工具（統計學和算法）以及必要的設備（資訊處理器和儲存裝置），我們就可以在更多領域，更快、更大規模地進行資料處理了。我們擁有了更多的資料，世界上更多的事物被資料化了。

有了大數據幫助，我們將不會再將世界看作一連串自然或社會現象的事件，我們會意識到我們腦海裡的世界本質上是由資訊構成的。

大數據預測

大數據領域有一句名言，混亂是未被發現的序列。

大數據預測正是試圖發現混亂中的序列，正在被應用於越來越多的領域。在科學領域，大數據研究怎樣在混亂的宇宙中發現規律；在商業領域，大數據研究怎樣在看似無序的市場裡找到商機；在運動領域，大數據研究怎樣在有限的資金空間保證球隊成績最大化；在社會治理領域，大數據研究怎樣在貌似不可預測的人類行為中發現規律。隨著越來越多的資料被記錄和整理，未來預測分析必定會成為所有領域的關鍵技術。

預測帶給我們新知識，而新知識賦予我們智慧和洞見。

■ 常用大數據預測分析方法

如何處理與社會經濟現象相關的看似「雜亂無章」的資料並進行預測，科學家們早就研究了相應的方法，提前為大數據時代做好了準備。常用的方法包括：迴歸分析（Regression Analysis），時間序列分析（Time Series Analysis），相關分析（Correlation Analysis）。

迴歸分析是利用統計學原理描述隨機變數間相關關係的一種方法。建立由描述變數間相關關係的回歸方程構成的數學模型，對已有資料進行處理，找出變數間的相關方向和相關程度。迴歸分析預測，是利用迴歸分析方法，根據自變數的變動情況預測與其有相關關係的某變數的未來值。

時間序列分析是根據系統觀測得到的時間序列資料，透過曲線擬合和參數估計來建立數學模型的理論和方法。時間序列分析預測，是透過找出時間序列觀測值所反映出來的發展規律和趨勢，對這些規律或趨勢進行外推，以確定未來的預測值。

相關分析是研究現象之間是否存在某種依存關係，並對具體有依存關係的現象探討其相關方向以及相關程度，是研究隨機變數之間的相關關係的一種統計方法。相關分析預測，是透過測定現象之間相關關係的規律性，進行預測的分析方法。

■ 商業領域大數據預測

社會經濟現象通常沒有什麼「顯性」規律可循，無法像天氣預報或油藏開採等具有特定物理過程的工程問題那樣建立數學模型進行模擬預測。商業大數據之間的相關關係往往難以用確定性的函數關係來描述，大多是隨機性的，要透過統計觀察才能找出其中規律。但這並不意味著人們就束手無策。

Google 的分析團隊，透過觀察人們在網上的搜索記錄，成功預測了美國二〇〇九年 H1N1 流感。這是當今社會獨有的新型能力，以一種前所未有的方式，透過對海量資料進行分析，獲得有巨大價值的產品、服務或洞見。

美國折扣零售商目標百貨公司的分析團隊，透過分析簽署嬰兒禮物登記簿的女性的消費記錄發現：婦女會在懷孕第三個月的時候買很多無香乳液；幾個月之後，她們會買一些營養品，比如鎂、鈣、鋅。最終找出了大概二十多種與「懷孕」有關的關聯物。這些資料能夠幫助零售商比較準確地預測預產期，在孕期的每個階段寄送相應的優惠券給客戶。

■ 運動領域大數據預測

很多體育團隊開始借助於大數據技術進行分析和預測。根據對運動員所做的大數據預測分析，進行訓練並取得成功。

二〇〇三年，美國財經記者和作家麥可・路易斯（Michael Lewis）所著的《魔球》（Money Ball）出版，並於二〇一一年搬上銀幕。《魔球》講述了兩種分析和預測模式之間的矛盾衝突：一方是代表傳統思維的老牌「球探」，另一方是代表大數據思維的「統計專員」。球探們以前都專業從事棒球運動，很多人曾經是運動員，熟悉規則，富有經驗。而統計專員則是畢業於名校的資料怪才，年輕，思維活躍。兩個陣營幾乎沒有什麼交流，都覺得對方自大無知、閉目塞聽。

棒球是一項強調資料的運動。其資料包括球隊的各項勝敗指數，以及職業球員的各類成績，如防禦率、勝投數、打擊率、長打率、全壘打數、打點數等多達幾十個類別。長久以來，美國棒球界也將這些資料的記錄工作看做重中之重。然而，在奧克蘭運動家棒球隊總經理比利・比恩（Billy Beane）

看來，棒球界並沒有將這些資料用於真正提升球隊戰績。

實際上，統計學家比爾 ・ 詹姆斯（Bill James）早就認識到，棒球界傳統的統計資料解讀方式無法正確反映球員的價值，也無法準確預測其未來表現。他設計了一套統計學的公式來運算各類既有的棒球資料，將其研究成果命名為「棒球統計學」（Sabermetrics），並自費出版。比爾 ・ 詹姆斯的「紙上談兵」式的研究成果長期被棒球界的老球探們嘲諷和冷落，直到二十年後遇到了窮則思變的比利 ・ 比恩。基於「棒球統計學」，比利 ・ 比恩打破常規，開始摸索全新方法來解讀棒球資料背後的「真諦」。

在好友彼得 ・ 布蘭德（Peter Brand）的幫助下，比利 ・ 比恩將「棒球統計學」作為球隊的經營方針。盡可能將球員能力資料化，作為衡量球員能力的唯一標準，而非老球探們基於主觀經驗的判斷。以有限的預算尋找那些價值被低估的球員，強迫整個球隊摒棄傳統的成績評估標準，成功組建和塑造一支具有強大戰鬥力的棒球隊。在全新理念的指引下，運動家隊在二〇〇〇年後曾五次打入季後賽，四次獲得分區冠軍，共贏得一千零四十五場比賽。其間，甚至還創下了美國職棒聯盟百年歷史上的連勝二十場的空前紀錄。

《魔球》傳遞了一個重要理念：如何用新的方式來挖掘那些既有資料背後的價值，並在此基礎上進行準確預測。自此之後，體育場上直覺判斷已經讓位於大數據分析與預測。

■ 個人行為大數據預測

網路專家研究認為，93%的人類行為是可以預測的。人類的本性有牴觸隨機運動的一面，渴望朝向更安全、更有規律的方向發展。

美國電影《關鍵報告》（Minority Report）描述了一個可以準確預知的世界，罪犯在實施犯罪前就已經受到懲罰。罪責的判定不是因為其已經發生的行為，而是基於對其未來行為的預測——即使他們並沒有犯罪事實！

現實生活中，是否仍然存在像中國秦漢時期許負和兩晉期間的郭璞那樣的先知，我們暫且「存而不論」。而大數據技術不受限制的應用，正在導致

《關鍵報告》電影裡描述的情境。

Twitter 讓人們能夠輕易記錄以及分享他們零散的想法，從而實現人類情緒的資料化。LinkedIn 將使用者過去漫長的經歷進行了資料化處理，把資訊轉化為對將來的預測：你可以認識誰，在哪裡可以找到自己喜歡的工作。通訊公司透過處理大量來自於手機的資料，發現和預測人類行為。

Facebook 甚至利用大數據技術分析使用者發布模式和情緒，預測可能的愛情關係。FierceBigData 網站二〇一四年二月十九日的一篇文章解釋了其預測依據：透過對相關當事人在 Facebook 上發布文章數的分析發現，一段戀愛關係確定前一百天裡，當事人的文章數穩定成長，一旦戀愛關係確定，文章數就開始下降。Facebook 透過對當事人發文數的分析，能夠預測到戀愛關係的建立，甚至比當事人自己察覺的還要早。這就是所謂的「愛情預測」。實際上，「愛情預測」與人的行為模式高度相符。在求愛過程中，相互溝通的需要上升，所以發布的文章數增加；戀愛關係建立，求愛過程結束，雙方離線共處的時間增加，虛擬世界裡的互動轉變為真實世界裡的接觸。

■ 社會領域大數據預測

美國最具影響力的預測專家之一納特·西爾弗曾經於二〇〇八年建立了一個「FiveThirtyEight」網站，試圖利用大數據對美國大選結果進行預測[76]。由於美國總統選舉實行「代議制」，首先從美國各州選舉出五百三十八個選舉人，再由這些選舉人選出美國總統。所以該網站就稱為「FiveThirtyEight」。該網站對當年兩位美國總統候選人巴拉克 · 歐巴馬（Barack Obama）和約翰 · 麥肯（John McCain）在五十個州的競選情況進行了預測，結果預測對了四十九個州的選舉結果，僅在一個州預測錯誤。該網站還預測了美國參議院三十五個席次的選舉結果。

二〇一二年，「FiveThirtyEight」網站又預測了美國總統大選結果，認為歐巴馬將有九成的機率勝選，而多數專家預測歐巴馬和米特 · 羅姆尼（Mitt Romney）勝選機會各五成，共和黨組織進行的民意調查甚至預測羅姆尼勝券在握。結果證明，「FiveThirtyEight」網站對五十個州的預測全都對了。

納特·西爾弗憑藉兩次總統選舉預測，被稱為「算法之神」。算法之神正是依靠大數據技術，對眾多資料用算法進行處理，得出以機率的方式表示的預測結果，而不是所謂「優勢明顯」等模糊詞語。

大數據預測的局限性

大數據領域流行一個段子，用於諷刺「大數據萬能」的信奉者。掌握大數據及其分析處理技能的人，如同上古時代的「巫師」，具備超凡的預測能力。面對祈求幫助的凡人們，祭出大數據「法器」，向電腦鍵盤輸入「通靈」密碼，口中默念「咒語」，片刻之後，從電腦輸出「神的旨意」，於是人們歡天喜地，奉若神靈，遵旨照辦。

■ 人類的認知偏差

所謂認知偏差，是指人們根據不準確的資訊或不客觀的標準得出與事物真實情況不符的認知。如果沒有形成準確認知事物的能力，在涉及龐大數據及統計機率的情況下，就不能客觀地對事物進行分析、判斷和認知。

生活和工作中，我們經常會遇到某些人以盛氣凌人的口氣說：「讓資料說話！」資料會說話嗎？會以什麼樣的方式說話？

有些情況下，資料會說話；更多情況下，資料即使說話，也是代表人在說話。資料不是萬能的。面對人類本性中惡的一面，資料有時候會選擇沉默，更多時候會助紂為虐。預測之目的有時候不是為了看清未來，而是增加預測者或者其所代理的組織的利益。

我們必須清醒地認識到：大數據預測可能會成功，也可能會失敗。一旦我們忽視資料處理過程中存在的主觀因素，失敗的可能性就會上升。

法家巨著《韓非子〈外儲說 · 左上〉篇講了一則「郢書燕說」故事：

> 郢人有遺燕相國書者，夜書，火不明，因謂持燭者曰：「舉燭。」而誤書舉燭。舉燭，非書意也。燕相國受書而說之，曰：「舉燭者，尚明也；尚明也者，舉賢而任之。」燕相白王，王大悅，國以治。治則治矣，非書意也。

這則帶有幽默色彩的寓言故事提示我們，讓資料說話可能存在問題。

韓非之後一千八百多年，英國劇作家莎士比亞在《凱撒大帝》[86]第一幕第三場中借用劇中人物西塞羅之口寫下了西方版「郢書燕說」：

> 人們可以照著自己的意思解釋一切事物的原因，實際卻和這些事物本身的目的完全相反。

資料分析預測過程中總是存在這樣那樣的主觀因素。人們可能會以對自己有利的方式分析和解釋所擁有的資料，而很可能與這些資料所代表的客觀現實不一致。二〇一二年美國大選期間，羅姆尼代表共和黨參加總統競選。共和黨一方的民意調查和預測顯示，羅姆尼勝券在握。這一結論和另一家公司同時進行的民意調查分析完全相反，也與結果相反：在任總統民主黨人歐巴馬贏得了總統選舉，成功連任。羅姆尼的競選團隊絲毫沒有質疑偏見對民意調查和分析的影響，堅持自己的分析完全正確[79]。

錯誤的前提會導致錯誤的結論。有時候，是因為資料品質不佳，但大多數情況下，是因為人們對分析結果的誤用。現在，很多組織招聘人員時，十分重視個人履歷，特別看重所謂名校的經歷。甚至美國的科技巨擘們也把個人履歷看得比個人能力更重要！ 這種方法合理嗎？ 我們都知道，亞洲現在很多國家的教育體制，一次考試就可以決定一個人是否與名校有緣，也就決定了一個人的經歷。考試結果終生都不會改變，但是，這又能說明什麼呢？ 能夠代表能力，潛力，還是人文素養？ 它只不過是一次考試而已！ 重視履歷只能說明一個問題：負責人力資源的管理者不負責任、態度草率。因為履歷容易量化，可以測量，方便評價；而能力難以量化，不好測量，評價起來費時費力。故而，負責人力資源的管理者舍難而就易。

■ 資料並不代表世界的全部

美國某知名雜誌的主編克里斯 · 安德森曾經說過：「龐大的資料量會使人們不再需要理論，甚至不再需要科學的方法。」[79]這可能會把大數據應用導向危險的方向。

我們能夠收集和處理的資料只是客觀世界的極其微小的部分。因為我們

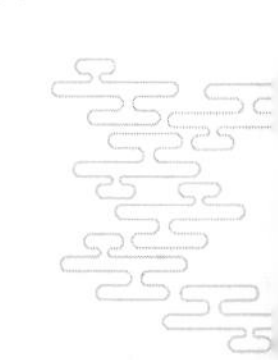

無法獲得完整的資訊，所以基於資料做出的預測本身的可靠性就是一個問題。大數據預測分析提供的不是最終答案，只能是參考答案。為我們提供暫時的幫助，以便我們有時間找到更好的答案。

資料遠遠沒有我們想像的那麼可靠。越南戰爭時的美國國防部長麥納馬拉把嚴密的數字意識用於軍事決策。美軍的策略是逼迫越共接受談判，用對方的死亡人數來衡量戰爭進度。後來的調查發現，僅僅有 2%的美國將軍們認為用死亡人數衡量戰爭成果是有意義的。有些將軍認為，麥納馬拉對資料的熱忱，導致了很多部門一層層把資料擴大化了。

卓越才華並不依賴於資料，更不依賴於履歷。史蒂芬 ‧ 賈伯斯的 iPad、iPhone 等系列創意，就是依賴個人天賦和直覺。當記者問賈伯斯，推出 iPad 之前做了多少市場調查時，他的經典回答是：「沒有，消費者沒有義務去了解自己想要什麼。」可見我們必須警惕對資料的過分依賴！

沒有什麼是上天注定的。因為，我們可以利用已經掌握的資訊制定出相應的對策。大數據預測結果也並非不可更改的事實，預測只是提供了一種可能性，只要我們願意，大數據預測的結果也可以改變。

■ 對人類行為預測的高不確定性

大數據預測可以幫助我們建立一個更安全、更高效的社會。那些嘗到大數據甜頭的組織和個人，樂於把大數據運用到其他領域，並會過分膨脹對大數據分析結果的依賴。二○○九年，Google 首席設計師道格 ‧ 鮑曼（Doug Bowman）因為受不了隨時隨地的量化，憤然辭職。

大數據使用不當，有可能否定了人類社會得以存在的基礎——自由選擇能力和行為責任自負。

大數據技術新的應用領域——預測並判斷人們的未來行為——會讓每個人毛骨悚然！ 政府已經在以預測之名應用大數據分析。有些人過安檢的時候，可能會需要額外檢查。這些，都是以前「小資料時代」改採用的畫像思維背後的指導思想。用大數據預測來判定罪行，並對其尚未實施的所謂罪行進行處罰，就可能讓我們每個人陷入危險境地。

人類與沒有智慧的動物及沒有生命的物質世界不同，人類具有動態調適自己行為的能力。這在八十幾年前美國學者梅奧建構的關於人類行為研究的「霍桑效應」中已經得到證實。關於人的預測，多數要注定失敗。兩千三百多年前《莊子》所講季咸預測壺丘子林的行為即是警示。

用大數據技術預測並懲罰罪犯存在邏輯悖論：我們永遠不會知道受懲罰的人是否會真正犯罪，因為我們已經透過預測預先阻止了其可能的犯罪行為。用懲罰性措施來預防個人不可能發生的犯罪行為，合理性在哪裡？人類不同於其他動物和物質世界，人類有認知和調適自己行為的能力。一旦獲知自己「被預測」並有可能會發生不利於自身的預防性行為，他就可能調適自己的行為，使得預測的情境根本不可能發生。

社會與政府應該合適地引導大數據技術的應用方向，將大數據分析應用於幫助我們理解現在和預見未來的風險，使得我們可以提前採取相應的措施。

人類的偉大之處正在於其靈魂和創意，感應器、電腦無法捕捉，大數據未能揭示也無法揭示。但是創新的靈感往往是資料不能顯示的，因為它並不真實存在，多大的資料都永遠無法確定或證實。

預測之所以重要，是因為它連著主觀世界和客觀現實。我們在使用大數據這個工具的時候，一定要懷有謙恭之心，戒慎之意。

第十一章
大數據時代決策智慧

決策理論經過數千年發展，不僅成為管理學科，更凝鍊為藝術。

我們相比古人，掌握先進的技術，擁有更多的資訊。有些組織（美國蘋果公司、微軟公司，Google 公司、Facebook 公司），以其睿智的洞察力和創新活力，關鍵時候能夠做出優秀決策，抓住發展機會，合理管控風險，前途一片光明。更多組織的決策水準似乎沒有提高多少。有些組織（美國柯達公司、芬蘭 Nokia 公司），安於現狀，不思進取，墨守成規，反應遲鈍；有些組織（如美國 Motorola、中國無錫尚德公司），罔顧現實，過於激進，面臨風險，舉措失當。這些組織，因為其糟糕的決策，要麼失去發展機遇，要麼慘遭時代淘汰。正如《三國演義》開篇所言:「滾滾長江東逝水，浪花淘盡英雄，是非成敗轉頭空，青山依舊在，幾度夕陽紅。」

先進技術並沒有幫助某些組織和個人提高決策智慧。這真是一個耐人尋味、發人深思的現象。

本章著重探討大數據時代如何借助先進技術並運用決策智慧提高決策品質。其包括以下內容：把握不確定性，合理控制風險；資料驅動決策，提高決策品質；運用決策智慧，助力事業成功。

把握不確定性，合理控制風險

近似正確勝於精確錯誤，風險來自於你不知道自己要做什麼。

——美國理財大師華倫・巴菲特

決策通常都帶有一定不確定性。決策的時效性使得管理者不可能等掌握了所有需要的資訊後再決策，決策時總是存在這樣那樣的不確定因素。

大數據時代為決策增添了新的不確定因素。

在不確定情況下做出決策，自古至今仍然是一個尚未完全解決的難題。不僅需要準確判斷現狀和問題，正確認知各種風險因素，周密謀劃備選方案；而且需要預測各種可能後果，詳細評估方案優劣，合理控制風險程度；更加需要果斷做出決策選擇，堅定實施決策方案，承擔可能發生的風險後果。

不確定性及其影響

這個世界上沒有什麼事情是確定的，除了死亡和稅收。

——美國政治家班傑明・富蘭克林

世界紛繁多彩，事物錯綜複雜，世事變幻難測。這個世界上，唯一不變的法則就是變化。變化孕育不確定性，不確定性給決策帶來風險。

■　不確定性的來源

所有科學都建立在近似之上，如果一個人告訴你，他精確地知道某事，那麼可以肯定，你正在和一個不精確的人說話。

——英國哲學家伯特蘭・羅素

不確定性通常是指，事先不能準確知道某個事件或某種決策的結果。只要事件或決策的可能結果不止一種，就會產生不確定性。無論是客觀物質世界還是人類社會活動，普遍存在不確定性。描述微觀物質世界的量子力學中有所謂「測不準原理」，告訴我們微觀物理量狀態的不確定性。不確定性被廣泛應用於管理學、經濟學、金融學、心理學、社會學等領域。

管理學領域通常把不確定性歸納為三種類型：狀態的不確定性，影響的不確定性，反應的不確定性。不確定性來源於客觀世界和主觀認知的諸多方面：客觀變化不確定，主觀認知不確定，衡量標準不確定，方法模型不確定，情境時間不確定。不確定性對目標的影響稱為風險。

風險是否發生？發生在哪裡？發生的時間？都具有不確定性。即便那些發生機率很大（幾乎是必然要發生）的風險，何時發生也是不確定的。

《莊子》〈胠篋〉篇講了一則「魯酒薄而邯鄲圍」的故事，闡述的就是風險的不確定性：

> 昔楚宣王朝會諸侯，魯恭公後至而酒薄。宣王怒，將辱之。恭公曰：「我周公之胤，行天子禮樂，勳在周室。今送酒已失禮，方責其薄，無乃太甚乎！」遂不辭而還。宣王怒，興兵伐魯。梁惠王恆欲伐趙，畏魯救之，今楚魯有事，梁遂伐趙而邯鄲圍。

楚宣王會見諸侯。魯恭公晚到，並且作為禮品奉獻的酒味道很淡薄。楚宣王為此感到惱怒，將要羞辱魯恭公。以禮樂文明正統傳承者自居的魯恭公不甘受辱，不辭而歸。楚宣王更加惱怒，就發兵攻打魯國。梁惠王一直想攻打趙國，擔心魯國會召集其他諸侯國救援趙國，一直未敢輕舉妄動。楚國發兵攻魯，梁惠王就借此機會放心大膽地攻打趙國並包圍了邯鄲。

戰國時期，諸侯國之間的攻伐沒有什麼「義」、「禮」可言，每個國家都面臨別國進攻的風險。但是，這種風險何時發生，因什麼事發生，卻具有高度的不確定性。故事中，「魯酒薄」成了誘發邯鄲被圍的始發事件。

弄清楚不確定性來源，可以幫助我們量化相關事物，以便最大限度減少不確定性。

■ 不確定性與機率

> 人生中最重要的問題，在絕大多數情況下，真的就只是機率問題。
>
> ——法國數學家 皮耶－西蒙·拉普拉斯

自然界存在的現象，按照其發生的可能性通常分為兩類：確定現象和隨機現象。確定現象是指在一定條件下確定會發生的現象，例如在標準大氣壓下，純水加熱到 100℃時必然會沸騰等。隨機現象是指在一定的條件下可能發生也可能不發生的現象，如丟一枚硬幣，正面可能出現也可能不出現。即使條件完全相同，某些隨機現象發生的結果也不盡相同，存在「現象的隨機性」，如變幻莫測的天氣。人們大多習慣於確定現象，而對隨機現象總是不太適應，因為隨機現象總是帶來不確定性。

隨機現象並非完全「隨機」，沒有任何規律可循。大多數隨機現象背後都受許多因素支配或制約，具有「統計規律性」。所謂統計規律性，是指大量重複試驗中隨機現象所呈現的固有規律。

為了研究隨機現象具有的統計規律性，數學家們發明了「機率」。機率是對隨機事件發生可能性的度量，通常用介於 0 到 1 之間的數值表示。較為一致的看法是，機率早在十七世紀中葉被法國數學家帕斯卡和費馬用於討論怎樣合理分配賭注問題，後來逐步發展為數學的一個分支「機率論」。機率論被廣泛應用於社會問題和工程問題，諸如，人口統計、保險、天文觀測、誤差理論、產品檢驗和品質控制等。

自從數學家創造了「機率」，人們便喜歡上了這個概念，在報告或文章中盡可能使用這個概念，以彰顯自己所從事工作的科學性、嚴謹性。現代醫學的各種檢測，沒有百分百的準確，往往用機率來表達準確程度。

在很多領域，人們還習慣於使用「範圍」而非不切實際的精確值來表示不確定性及其機率。使用機率範圍具有明顯的優勢，對不知道的事情不需要事先做任何沒有依據的假設。例如：新專案投資，其成本和收益所具有的不確定性，就可以用風險和收益的機率範圍來表達。

大數據通常用機率說話。我們不能確定最終結果時，只能使用機率。

數學家們開發了很多模型方法用於估算科學、工程和社會領域中的機率。在決策和風險管理領域，常用的數學模型方法包括貝葉斯統計、蒙地卡羅模擬、馬可夫分析、機率矩陣等。

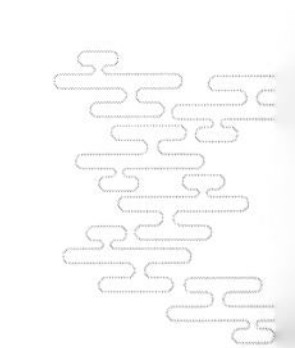

■ 貝葉斯統計

當我們遇到新資訊時，除了將其與已經知道的資訊建立聯繫之外，我們別無選擇。

——麻省理工學院教授克利福德 · 科諾爾德

貝葉斯統計學（Bayesian Statistics）是由英國數學家托瑪斯 · 貝葉斯爵士創立的理論。其前提是任何已知資訊（先驗）可以與隨後的測量（後驗）相結合以建立總機率。貝葉斯理論的通用表達式是：

$$P(A|B) = \{P(A)P(B|A)\} / \sum_i P(B|E_i)P(E_i)$$

其中，事件 A 的機率表示為 P（A）；在事件 A 發生的情況下，事件 B 的機率表示為 P（B/A）；Ei 代表第 i 個事項。

上述表達式的簡化形式為：P（A/B）={P（A）P（B/A）}/P（B）

通常把與先驗資訊相關的統計稱為「貝葉斯統計」。當人們用新資訊更新先驗資訊時，其方式基本上是貝葉斯式。一旦把事先未考慮到的先驗機率考慮進去，人們在進行新資訊和舊資訊的整合評估時，就會很有邏輯。

相對於古典機率，貝葉斯機率更易於理解。

由於貝葉斯方法是基於對機率的主觀解釋，它為決策思維和建立貝葉斯網路提供了基礎。貝葉斯網路使用圖形化模式表示一系列變數及其機率關係。網路由代表隨機變數的節點以及將母節點與子節點相連的箭頭構成。這裡母節點是一個直接影響另一個節點（子節點）的變數，如圖 11.1 所示。

貝葉斯網路已被應用於廣大領域，包括：醫學診斷、圖像模擬、基因學、語音識別、經濟學、空間探索，以及今天使用的強大的網路搜尋引擎。美國學者納特· 西爾弗將其成功用於預測美國大選[76]。貝葉斯網路可以用來學習因果關係，給出關於問題域的理解並預測干預措施的結果。

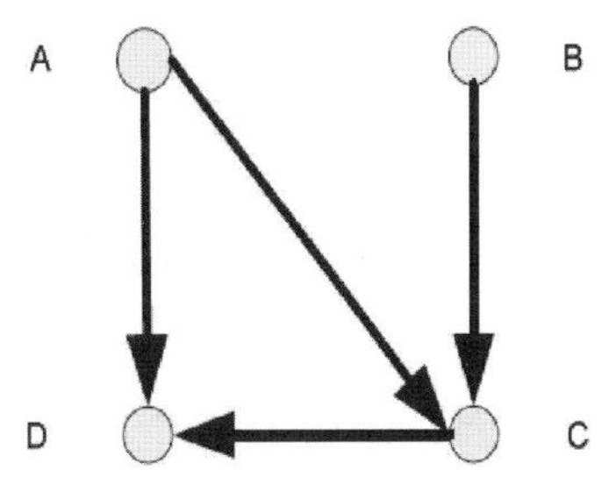

圖 11.1　貝葉斯網路示意圖

■　蒙地卡羅模擬

滿意事物本身的精度，在只能近似的情況下，不去尋求更精確的值，這是一個受過教育人的標誌。

——古希臘哲學家亞里斯多德

很多系統過於複雜，無法使用解析方法對不確定性的影響進行評估。這種情況可以使用蒙地卡羅模擬（Monte Carlo Simulation）。這種方法最早用於賭博，並因摩納哥著名賭場「蒙地卡羅」而得名。

如果我們遇到的問題是某種事件出現的機率，或者是某個隨機變數的期望值時，可以透過某種「試驗」的方法，得到這種事件出現的頻率，或者這個隨機變數的平均值。考慮輸入隨機變數，透過對輸入採樣運行 N 次模擬計算，獲得想要結果的 N 個可能輸出。人們使用蒙地卡羅模型讓電腦產生大量基於機率的情境作為輸入。對每個情境，它的每個未知量會隨機產生一個特定值，然後將這些值用於一個公式中計算該情境的輸出值。

蒙地卡羅模擬可以解決那些用解析方法很難理解和解決的複雜情況。蒙地卡羅模擬提供一種方法，評價各種情況下不確定性對系統的影響。這種方法通常用來評價可能結果的範圍以及該範圍內一個系統定量測量的相對頻率值，諸如：成本、週期、吞吐量、需求及類似的度量。蒙地卡羅模擬可用於兩種不同目的：一是傳統解析模型的不確定性傳播；二是解析方法不能解決問題時進行機率計算。蒙地卡羅模擬已經廣泛應用於物理、化學、工程、經濟學以及環境動力學中一些非常複雜的相互作用。

■ 馬可夫分析

馬可夫分析（Markov Analysis）適用於「系統的未來狀況僅取決於其現在狀況」的情況，通常用於分析存在時序關係的各類狀況的發生機率。

如果事物每次狀態的轉移只與緊鄰的前一狀態有關，而與過去狀態無關（無後效性），這種狀態轉移過程就稱為「馬可夫過程」。具備這種時間離散、狀態可數的無後效性隨機過程稱為「馬可夫鏈」。

馬可夫分析是一種定量方法，既可以是離散的（使用狀態間變化機率），也可以是連續的（使用狀態變化率），可用於生產現場危險狀態、市場變化情況等短期預測。透過引入更高階馬可夫過程，該方法可以擴展到更複雜的系統，而只會受限於模型、數學計算和假設。

馬可夫分析可以手工操作，但是該技術的本質使其更適合於軟體市場已有的電腦程序。

馬可夫分析技術以「狀態」概念（如「可用」、「故障」）為中心，考慮基於定常機率的狀態間的轉移。使用隨機轉移機率矩陣描述狀態間的轉移以便計算各種輸出結果，如圖 11.2 所示。

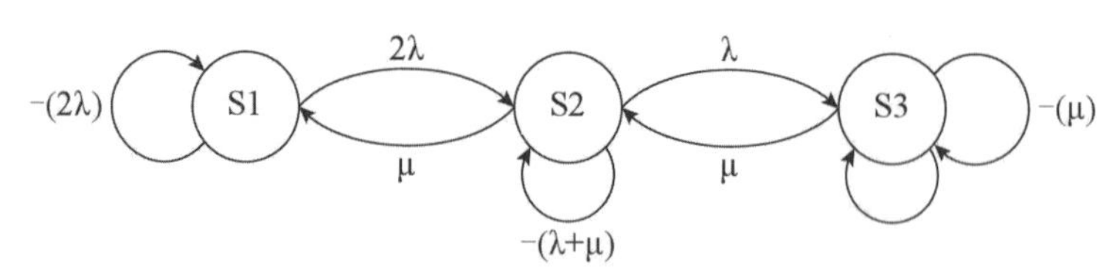

圖 11.2　馬可夫分析系統狀態轉移圖示例

■ 不確定性對決策的影響

> 使我們陷入麻煩的通常不是那些我們不知道的事情，而是那些我們知道的不確切的事情。
>
> ——美國作家阿地莫斯・沃德

在決策管理領域，不確定性是指資訊缺乏的狀態。這些資訊事關對事件、其後果及可能性的理解。不確定性影響到個人或組織目標的實現，就成為風險。有些風險是可以預知的，只要做好相應準備，就可以防範或規避。還有一些風險，你根本不知道是什麼、什麼時候、在哪裡發生。

管理者做決策時，面臨著各種各樣的不確定性。正如中國諺語所云「天有不測風雲，人有旦夕禍福」。我們能夠事先確定什麼事情會在什麼時間、什麼地點發生嗎？即便已經掌握資訊技術，擁有了越來越大的「大數據」，但目前還不能準確預測較遠的未來。很多事情仍然存在不確定性。

不確定性對決策的影響，取決於待決策問題所具有的不確定性的本質和程度，涉及相關備選方案資訊的品質、數量和完整性。不確定性可能來源於糟糕的資料品質，或者缺乏必要及可靠的資料。不確定性也可能是組織的外部和內部環境狀況所固有的。

不確定性的影響有大有小，有正面也有負面，不能事先預測。正是由於其不可預測性，人們對不確定性普遍存在畏懼心態。美國理財大師索羅斯曾經說：「我什麼都不怕，只怕不確定性。」然而，也正是這種不確定性，才使得我們生存的世界更加精彩！如果一切都是確定的，那世界也太沉悶、單調了，大多數人都能理財贏利了，索羅斯也就沒有機會成為大師了。

如果決策者不能正確認知不確定性及其帶來的風險，就可能給自己的身體健康、家庭財富及組織利益帶來損失。

認知決策風險

由資訊技術引領的變革浪潮，疊加不斷加深的經濟全球化進程，帶給個人生活和組織經營發展日益複雜和不確定的外部環境，面臨各種各樣的風險。在這樣的環境中保護個人財富和組織價值並謀求進一步發展，就像在波濤洶湧的大海中駕駛一艘小船，任何疏忽都可能導致傾覆。

生活中無數事實告訴我們，在充滿不確定性的大數據時代，僅僅擁有知識是遠遠不夠的，能夠正確地認知風險並採取適當的應對措施，才是我們生存下來並謀求更好發展的基本能力。

很多人不具備風險認知和防範意識，甚至部分組織的管理者也不能正確地認知風險並採取適當的管理措施。他們可能知識淵博，也許能力超群，在順利的境況下，他們會很出色、很成功；一旦遇到不可預測的風險以及由此產生的危機，他們便會不知所措，動輒得咎，甚至會被危機吞噬。

我們必須學會認知風險，掌握必要的風險管理技能，採取適當的措施將風險控制在可接受水平。

■ 已知風險與未知風險〔13〕

有些風險屬於已知風險，可以用定量或定性方法衡量。

能夠定量衡量的風險，通常可以估算出風險後果及其發生的機率。比如：我們購買批量化生產的產品，買到不合格產品的風險就屬於已知風險。不合格品的機率，取決於其生產工藝、品質控制體系，有成熟的計算方法。

另外一些定量資料的理解則不那麼簡單。比如：天氣預報的「降雨機率」。這種讓人捉摸不定的「降雨機率」式天氣預報，是美國人一九六六年最先使用的。中國一九九五年起在北京和上海試用，後來逐步推廣。如果你正在成都出差，與朋友相約晚上去春熙路一家餐館聚餐。上網查看天氣預報：降雨機率 30%。你如何理解這個資料？ 又將做何準備？

大眾對降雨機率的理解五花八門。降雨機率 30%，有人認為是 30%的時間在下雨，有人認為是 30%的地方會下雨。而氣象學中準確意義是：在指定的時間和區域裡，具備某種氣象條件下，歷史記錄中，有 30%的情況在下雨。

對於降雨機率的理解失誤不會導致嚴重後果，大不了承受被雨淋的風險，或者攜帶雨具而無用。在某些方面對風險機率的理解失誤，有可能帶來災難，如森林火災、山崩、土石流等發生機率，就要謹慎對待了。

有些已知風險無法定量評估，通常只能採用重要性程度（諸如高、中、低）來定性描述。比如：被天上掉下來的隕石砸中的風險，個人一生幾乎不可能；被大型動物傷害的風險，可能性也極低（但在社會無序化的今天，一切皆有可能，如二〇一六年三月八日，一隻老虎出現在卡達首都多哈的公路上，引發民眾的擔憂）；在交通事故中受傷害的風險也不能忽視。

還有一些風險，純粹是偶然且不可預知的，既沒有跡象可查，也沒有規律可循，屬於未知風險。只能根據實際情況，隨機處置。據《春秋左氏傳》〈文公六年〉記載，魯國正卿季文子就有很強的防範未知風險的意識：

> 秋，季文子將聘於晉，使求遭喪之禮以行。其人曰：「將焉用之？」文子曰：「備豫不虞，古之善教也。求而無之，實難。過求，何害？」八月乙亥，晉襄公卒。

季文子在去晉國之前，熟悉了遭遇喪事的禮儀。在晉國期間，剛好碰上晉襄公去世。「遭喪之禮」還真派上了用場。今天的管理者，有必要把兩千六百年前季文子「備預不虞」的風險防範觀念銘之金石、置之座右。

在動盪不安的國際政治經濟環境中，那些因為偶然風險而倒閉的組織管理者，是否領悟了季文子「備預不虞」精神？

■ 絕對風險與相對風險〔13〕

所謂絕對風險，就是用機率衡量的風險的實際值。

所謂相對風險，是指一種風險與同類或類似風險的比較值。

使用相對風險還是絕對風險，會導致巨大的認知偏差。以相對風險描述事物狀態可能激發大眾的強烈反應，而以絕對風險描述則能夠使公眾更理性地認知真實風險。換言之，相對風險往往扭曲了資料本身的含義。

有位朋友膽固醇較高，在某雜誌讀到一篇關於膽固醇的文章，主要結論是膽固醇比較高的人罹患心臟病的風險比一般人高出50%。這位朋友非常焦慮地上網諮詢這個問題。我建議他再詳細查一查資料，搞清楚一般人罹患心臟病的絕對風險是多少，膽固醇比較高的人罹患心臟病的絕對風險是多少，然後再討論「高出50%」傳遞的是什麼資訊。

這位朋友查完之後告訴我：根據醫療機構統計資料，年齡五十歲左右膽固醇正常的人，在接下來的十年裡，每一百人中有四個人會罹患心臟病，也就是4%；相同年齡段膽固醇高的人，則有六個人會罹患心臟病，也就是6%。所謂的「高出50%」，也就是6%和4%的差別。這一事例中，用絕對風險衡量，增加2%，多數人都會忽略這個數值；而用相對風險衡量，竟然高出50%，很可能會引起膽固醇高者的心理恐慌！

利用相對風險突出要論證的主題，是某些從事研究工作的人常耍的花招。利用衡量風險的不同方式，引起人們的關注。

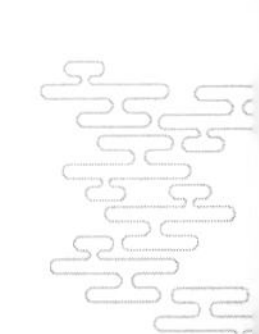

一九七〇、八〇年代，英國曾經發生過一場避孕藥風波。英國藥物安全委員會向醫師、藥劑師、公共衛生負責人發出警告稱「相比第二代避孕藥，第三代避孕藥會使女性罹患腦血栓的風險增加一倍」，並將這一警告發送給媒體。這一警告很快引起英國女性的恐慌，導致意外懷孕和墮胎率驟增！那麼，「罹患腦血栓的風險增加一倍」的真實情況如何？統計資料顯示：每七千位服用第二代避孕藥的女性中，大約有一位會因此而罹患腦血栓。若改用第三代避孕藥，每七千位中大約會有兩位因此而罹患腦血栓。絕對風險增加了 1/7000，而相對風險則增加了 100％！如果英國女性接受的是絕對風險資訊，則幾乎沒人會在意，更不可能引起大眾恐慌！英國藥物安全委員會通報中使用相對風險，不僅使英國女性身心健康造成傷害，還重創了英國國民醫療保健體系和製藥企業！

利用相對風險引起大眾緊張，誘導他們做出購買決策，更是某些商家慣用伎倆。大眾接收類似資訊，一定要了解是絕對風險還是相對風險！如果是相對風險，就要追問其絕對風險，冷靜思考數字到底在說什麼。

■ 非線性系統的「蝴蝶效應」

> 數學命題只要和現實有關，它們就是不確定的；只要它們是確定的，那麼就和現實無關。
>
> ——阿爾伯特 • 愛因斯坦

古語云「失之毫釐，謬以千里」，是說一件事情開始時，如果輸入條件有些微差異，最終的結果可能大相逕庭。《韓詩外傳》講了一個叫「嬰」的魯國女孩從別人「毫釐之失」中聯想到自己家庭可能面臨大災禍：

> 魯監門之女嬰相從績，中夜而泣涕。其偶曰：「何謂而泣也？」嬰曰：「吾聞衛世子不肖，所以泣也。」其偶曰：「衛世子不肖，諸侯之憂也。子曷為泣也？」嬰曰：「吾聞之，異乎子之言也。昔者宋之桓司馬得罪於宋君，出於魯，其馬佚而蹍吾園，而食吾園之葵。是歲，吾聞園人亡利之半。越王勾踐起兵而攻吳，諸侯畏其威。魯往獻女，吾姊與焉。兄往視之，道畏而死。越兵威者，吳也；兄死者，我也。由是觀之，禍與福相及也。今衛世子甚不肖，好兵，

吾男弟三人，能無憂乎？」

氣象學中的「蝴蝶效應」[87]，正是「失之毫釐，謬以千里」。一九六一年的一天，美國麻省理工學院氣象學家洛倫茲（E.Lorenz）正在利用電腦進行天氣預報計算。由於計算時間較長，在重啟電腦時，他沒有從頭開始，而是把上次計算的中間輸出作為本次計算的初值。啟動電腦後，他就離開去喝咖啡了。一小時後他發現了令人驚訝現象：本次模擬結果與上次結果逐漸偏離，最後相似性完全消失！ 兩次計算唯一的差異是中間模擬結果輸出時的截斷誤差。隨後的反覆計算表明，輸入的細微差異很快導致輸出的巨大差別！ 這種現象被稱為對初始條件的敏感依賴性。勞倫茲將其發現的這種現象總結為：「複雜系統對初始值具有極端不穩定性。」一九七九年十二月二十九日在華盛頓召開的美國科學促進會上演講時，他第一次使用了「蝴蝶效應」：「一隻蝴蝶在巴西搧動翅膀，會在德州引起龍捲風嗎？」

「蝴蝶效應」啟示我們：對於複雜系統，初始條件的微小偏差可能帶動整個系統長期、巨大的連鎖反應。決策領域更要重視「蝴蝶效應」。人類社會的行為具有高度不確定性。社會經濟系統是一個遠比大氣環流更為複雜的系統，一個壞的輸入，即便很微小，也會帶來非常大的風險。

突尼西亞攤販自焚引起的「阿拉伯之春」顏色革命，就是人類社會的「蝴蝶效應」。二〇一〇年十二月十七日，突尼西亞城市西迪布濟德，一個青年小販受到警察羞辱，到市政大廳申訴卻無人理睬，絕望中自焚抗議。青年小販的自焚，作為突尼西亞社會不穩定非線性系統的「輸入」，激起民眾抗議浪潮，導致政府倒台，統治者阿里總統流亡。抗議浪潮隨後席捲了阿拉伯社會，從埃及到利比亞、敘利亞，從約旦到科威特、巴林。導致在位三十年的埃及總統穆巴拉克被趕下台，利比亞統治者格達費被打死，敘利亞爆發內戰。中東北非數十萬人死於戰火，數百萬人淪為難民。這場風暴最後席捲了全球，許多國家紛紛出現暴動和反政府示威遊行。

管控決策風險

建立在工業革命基礎上的市場經濟，經歷了幾百年的發展過程，已經成為世界經濟的主流形態。其特徵之一：用契約和法律規定交易規則，開展市場競爭。在共同遵守的遊戲規則下進行博弈，博弈過程及其結果都是不確定的。這種不確定性注定了市場經濟的風險特徵。

在高度不確定環境中，管控好決策風險，組織就能夠發展壯大；管控不好風險，即使興盛一時，最終也難逃灰飛煙滅的下場。殼牌石油公司對一九七〇年《財富》五百強企業進行了長期追蹤調查，截至一九八三年，約有三分之一的企業銷聲匿跡。在大批企業如曇花一現般興起和消亡的同時，也有企業歷經百年仍然基業長青。根本區別在於風險是否得到了有效管理。

無論是組織還是個人，都要理性認知風險，謹慎對待風險，合理管控風險。透過風險管理，放大收益，降低損失。

如何管控決策風險？ 國際上已經建立了較為完整的流程。管理者可以參照國際風險管理流程，結合組織的實際情況，實施針對性的風險管控。

■ 建立風險管控體系

健全的風險管理組織體系是實現風險管理目標的組織保障。設立專門的風險管理機構對於加強風險管理、降低風險損失、促進企業內部風險管理的資訊溝通具有重要的意義。

現代企業的通行做法是，在董事會下設置風險管理委員會，並設立獨立於業務部門的風險管理機構，專門負責企業風險管理相關事宜。

不同企業所處的內外部環境不同，風險管理組織也不應千篇一律。應當從自身實際出發，建立有效的風險管理組織。

全面風險管理組織體系建設，通常包括以下內容：

（1）在董事會中設立風險管理委員會；

（2）成立全面風險管理體系建設領導小組；

（3）設立領導小組辦公室；

（4）建立全面風險管理專業工作組。

■ 制定風險管理框架

風險管理框架是組織對風險管理的總體安排，是風險管控體系的運行基礎。風險管理成功與否取決於風險管理框架的有效性。組織應構建與組織規模、治理結構和管理目標相適應的風險管理框架。

風險管理框架的首要功能就是將風險管理嵌入整個組織的所有層次。管理框架確保從風險管理過程導出的資訊被充分地報告，並被用於決策的基礎和組織相關的責任基礎。

風險管理框架包括：管理層的指令和承諾，風險管理框架設計，實施風險管理，風險管理監測和評審，風險管理框架持續改進，如圖 11.3 所示。

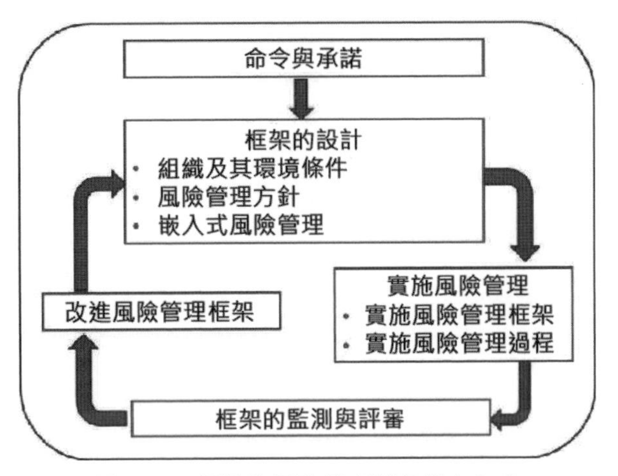

圖 11.3　組織的風險管理框架基本內容

■ 實施全面風險管理

實施企業風險管理（Enterprise Risk Management, ERM）是一個持續過程，涉及四個部分共十個步驟[88]。

第一部分，計劃與設計，包括三個步驟：

- 確定實施 ERM 的預期效益並獲得董事會的授權；
- 確定實施 ERM 的範圍並開發通用的風險語言；
- 制定風險管理戰略，建立風險管理框架，明確風險管理角色、職責和

責任。

第二部分，執行和對標，包括三個步驟：

- 採用適當的風險評估程序和利益相關方認可的風險分類體系；
- 建立風險顯著性基準並進行風險評估；
- 確定風險偏好和風險承受力，並評價現有的風險控制措施。

第三部分，測量和監測，包括三個步驟：

- 確保現有控制措施的成本效益，並不斷改善；
- 嵌入風險意識文化，將風險管理融入其他管理；
- 監測和審查風險績效指標以衡量 ERM 的貢獻。

第四部分，學習和報告。

- 報告符合法律及其他風險績效，並監督改進。

■ 慎大慎微慎始

不同個人、組織對風險的不同認知，決定其風險管理理念和管理態度。漢代班超，放棄了讀書做官的平安仕途，「投筆從戎」，主動追求高風險的軍人職業，留下了「不入虎穴，焉得虎子」的千古豪言！班超為國家民族做出了不可磨滅的貢獻，個人也因功被封為「定遠侯」。

巴菲特認為「風險來自於你不知道自己在做什麼」，索羅斯的觀點是「承擔風險，這無可指責，但同時記住千萬不能孤注一擲」；他們之所以能夠成為世界頂級理財大師，與其所持的風險理念及對待風險的態度密不可分。

《呂氏春秋》〈慎大覽〉提出了管理風險的大原則：

> 故賢主於安思危，於達思窮，於得思喪。《周書》曰：「若臨深淵，若履薄冰。」以言慎事也。

首先要考慮重大宏觀風險，其次才是如何做好風險管理。也就是說，首先要「做對的事情」，然後「把事情做對」。

《呂氏春秋》〈有始覽 · 諭大〉篇用比喻來闡述這個道理：

> 燕雀爭善處於一室之下，子母相哺也，姁姁焉相樂也，自以為

安矣。灶突決則火上焚棟，燕雀顏色不變，是何也？乃不知禍之將及己也！

有些重大風險具有突發性，所謂「天有不測風雲，人有旦夕禍福」。對於突發性風險，要在現代風險管理組織體系和管理框架下，進行系統化的識別、評價，事先制定好風險應對預案。當風險發生時，根據預案進行風險處理。如果沒有風險應對預案，當風險真正發生時，就只能聽天由命了！

在慎重對待和管控重大風險的同時，還要謹慎甄別和管控微小風險，尤其是那些看似後果很小、但卻具有累積效應和誘發效應的風險。即便是重大風險，也都有細微先兆。《淮南子》〈人間訓〉就闡述了上述道理：

千里之堤，以螻蟻之穴漏；百尋之屋，以突隙之煙焚。《堯戒》曰：「戰顫慄栗，日慎一日。人莫蹪於山，而蹪於垤。」是故人皆輕小害、易微事以多悔。

現實生活和工作中，由於風險的普遍性和客觀性，組織和個人都應具備一定的預見性和前瞻性，提高風險管控水準。

《呂氏春秋》〈恃君覽 • 觀表〉篇提出「審徵表以先知」的觀念：

聖人之所以過人以先知，先知必審徵表。無徵表而欲先知，堯、舜與眾人同等。徵雖易，表雖難，聖人則不可以飄矣。眾人則無道至焉。無道至則以為神，以為幸。非神非幸，其數不得不然。

如果能夠做到「審徵表以先知」，就可以提高風險的預見性和前瞻性，為組織或個人避免損失、提高收益。

資料驅動決策，提高決策品質

如果能夠把問題清晰地表達出來，我們就已經解決了一半。

——美國發明家查爾斯 • 富蘭克林

組織的最佳管理狀態是：目標明確，決策正確，措施有效，執行到位。在高度資訊化的社會環境中，達成上述最佳管理狀態的唯一途徑就是「量化管理」（Quantitative Management）。大數據時代，量化管理進一步發展為「資

料化管理」。資料化管理對提升組織的核心競爭力至關重要。

資料化管理以目標為導向。目標必須資料化，將目標科學分解，形成目標體系；每一層、每一個子目標都應該量化，形成可衡量並可考核的資料。資料化管理從目標出發，以資料為基礎，使用科學的量化手段，將基本狀況用詳實的資料直觀地展現；透過適當分析，明確決策要素；為管理者提供準確的決策依據，促進管理層進行有效決策。

管理工作最重要的就是決策。正確決策依賴充足資訊和準確判斷。資訊的載體是資料，優秀組織的管理應該具備完善的營運資料分析體系。組織的管理活動，最終都以資料為參考，達到一定的資料指標。

資料化管理是一種全新的管理思維，其實質是讓資料驅動決策。資料驅動決策的內涵是：組織在做每一個決策前，都要分析相關資料，用這些分析結論指導決策，提升決策品質和效率，引領組織發展方向。

大數據分析技術使資料驅動決策成為可能。為了實現資料驅動決策，首先要對決策要素進行量化，轉化為資料。

量化決策要素

人們永遠無法管理不能量化的東西。

——彼得・杜拉克

大數據代表著人類在尋求量化和認知世界的道路上前進了一大步。過去不可計量、分析、儲存、共享的很多事情，現在都可以資料化了。

隨著大數據時代的來臨，基於資料的定性和定量結合的研究越來越多，在管理中發揮的作用也越來越大。決策管理領域尤其如此。

每一位政府官員及組織管理者都必須適應資料化管理。

資料驅動決策要求我們對決策涉及的因素進行量化。量化是資料驅動決策的前提和基礎。

■ 為什麼需要量化

我們生活在大數據時代，社會充滿複雜性、多樣性、不確定性。這給我們獲取和把握可靠資料、真實資訊並做出高品質決策帶來了新的困難。

不確定性的存在以及減少風險的願望是決策者進行量化工作的動機。

如果決策者得不到充足資訊，而是憑空想和猜測做決策，那麼做出錯誤決策的可能性就會增加，就可能會不合理地配置有限的資源，錯失優秀方案，被草率方案迷惑。如果決策者是醫生，就可能會致患者於危險境地；如果決策者是政治家，就是在拿國家發展及其個人政治生命開玩笑；如果決策者是個人，那他就是在拿自己的財富或身體健康去賭博！

為了做出正確決策，必須對決策涉及的所有要素進行量化。

沒有資料，價值就無法評估。沒有量化思路，我們就無法駕馭資料。因此，我們需要把各種各樣的現實轉化為資料。

資料化代表著人類認識的又一次根本性轉變。有了大數據的幫助，我們將不會再把世界看作一連串自然或社會現象的事件，而會意識到世界本質上是由資訊構成的。把世界看作資訊，看作可以理解的資料海洋，為我們提供了一個從未有過的審視世界的視野。我們需要量化這個世界！

量化之目的是為決策提供幫助。幾乎所有決策都是在某種不確定性下做出的，如果不確定性很大，決策就會面臨較大風險。減少不確定性就是減少決策風險。量化是減少不確定性、優化決策的有效手段。決策者如果認識到任何事物都可以量化，肯定會受益無窮。

量化不可能完全消除不確定性。如果決策問題有較高的不確定性，決策錯誤就會導致嚴重後果，減少不確定性的量化工作就具有很高的價值。當你能夠量化某事物，並且能用資料描述它時，你就會對該事物有更深入的了解。科研人員都會把量化看成從數量上減少不確定性的觀測結果。

科學管理早期聚焦於優化勞動過程，並繼續發展為優化資源配置。現在需要優化用於決策的量化方法。

■ 量化什麼

原則上，與決策相關的所有要素都需要量化。這些要素不僅包括有形事物，也應包括無形的抽象概念，諸如：環境、空氣汙染對健康的影響，政府政策對公共衛生的影響，資訊的價值，公眾形象等。實際上，與決策相關的任何要素都可以進行量化分析[89]。

對要量化的究竟是什麼做出明確定義，是量化工作的關鍵所在。某些事物看起來完全是無影無形，只是因為你沒有給它下定義。

普遍存在一種固化但不正確的觀念：某些事物不可量化。所有重要決策，都需要人們對無形因素有更多的了解。如果決策者相信某些事情不可量化，那他根本不會考慮試著去量化。

人們在決策要素量化中常見的錯誤觀念主要表現如下：

- 習慣於量化他們以為容易量化或知道如何量化的事物；
- 更願意量化那些更有可能提供好消息的事物；
- 不知道量化中所獲資訊的商業價值。

管理者一旦清楚了要量化什麼以及被量化事物的重要程度，就會發現事物呈現出更多可量化的特徵。

量化不確定性、風險和資訊價值，是我們做任何其他量化工作前需要理解的三種基本要素。量化不確定性是風險量化的關鍵所在。風險評估本身就是量化，風險還是其他量化的基礎。減少風險是計算量化價值的基礎，也是選擇量化什麼及如何量化的基礎。

在輔助決策領域，量化方法必須滿足該領域的需要。即使一項量化工作不能提供資訊幫助給具體決策，也仍然會對組織的其他決策有所幫助。

■ 如何量化

隨著科技發展和資訊海量化，量化和大數據已經成為新時代發展的規律。資料的獲取越來越便捷，但怎麼有效量化卻是個難題。

量化過程不需要無限精確。數字可以迷惑那些缺乏基本數字技能的人。很多情況無法知道準確結果，我們只能使用機率。實際上，幾乎所有的活動都在承受一定程度的風險，而風險只能用機率來表述。

關於資訊的量化。克勞德·夏農（Claude Shannon）和他的同事於一九四八年發表《通訊的數學原理》[90]，將信號中不確定性的減少量作為資訊的數學定義。資訊接收者已經知道了一些資訊，但還存在很多不確定性；新的資訊只是減少了接收者的「一些」而不是所有不確定性。接收者以前的知識或不確定性，可以用來計算諸如在一個信號中傳遞的資訊量的上限、消除噪音需要的最少信號量、資料可能達到的最大壓縮程度等。

並非所有的量化都需要一個傳統的量值，也可以用「範圍」，諸如為定性風險程度賦值：高（＞70%）、中（30%～70%）、低（＜30%）。

我們對事物的哪部分不確定？分解不確定的事物，使其可以用其他確定的事物計算。該事物或其分解部分，應如何量化？怎樣把已經確定為可觀測的事物一步步導向量化？量化這一問題，我們需要什麼，閾值和資訊價值？誤差的來源是什麼？應該選擇什麼設備？

對不確定性、風險及資訊價值的回答，本身就是有用的量化。

做出決策前，如果你知道某個變數的值，就會減少錯誤決策的機率。對於一個變數，你知道其不確定性的當前狀態，如果達到了某個值，你就會改變決策。實際上，我們可以把主觀反映和客觀量化建立起聯繫。

就其本質來說，估值就是主觀判斷。對於不能用其他任何方法估值的事物，可以使用支付意願。對於「無價」的藝術品估值，如果你知道市場上人們對該藝術品的支付意願是多少，就會認為是該藝術品的價值。

關於如何量化的詳細情況，請參見美國管理學家道格拉斯・哈伯德（Douglas Hubbard）的《資料化決策》[89]。

預測未來情境

決策以資訊為基礎。不僅需要過去和現在的資料資訊，更需要備選方案未來情境的預測性資訊。預測就是量化未來的可能結果。沒有預測資訊，我們就無法對備選方案進行比較和權衡，也將無法做出選擇。

人們曾經以為，隨著知識的增加，預測未來將更容易。當今人類掌握了更多的知識，擁有更強的技術能力，但對完美預測的信心卻越來越小。可預

測性取決於三個方面：預測的內容、預測的時間段、預測的情境。

預測是資料驅動決策的關鍵環節。

■ 專家判斷進行預測

人類社會發展史上，預測從來都離不開各類專家，包括遠古時代的巫師，中世紀的占星者，現代各領域的學者和「預測大師」。

人類大腦是天生的測量儀器。和機械電子測量設備相比，具有某些明顯優勢。在評估複雜和模糊的局面時，其他測量設備會失效，只能依靠人的獨特能力。儘管人工智慧技術正在快速學習人類的智力，但人工智慧究竟會走到哪一步？ 我們現在尚不得而知！

人類大腦並不是完全理性的電腦，而是一個綜合系統，會透過一系列規則，理解並適應環境，而所有這些規則都更傾向於簡單化，有些規則還可能是互相矛盾的。這種工作模式對預測的可靠性具有明顯影響。

人類通常存在以下認知偏差[89]：

- 錨定（Anchoring）。所謂錨定就是，如果事先告訴人們一個完全無關的數值，這個數值卻會對其後的估值產生影響。
- 光環／喇叭效應（Halo/Homs Effect）。如果人們事先看到一個喜歡或者厭惡的事物，就會傾向於以支持他們結論的方式解釋更多的後續資訊，而不管後續資訊是什麼。譬如：你事先對一個人有正面印象，就更容易以正面角度解釋這個人的後續資訊。
- 從眾效應（BandWagon Bias）。如果人們評估某一事物時，詢問一群人與詢問一個人，結果差異會非常大。
- 先入為主（Emerging Preferences）。一旦人們開始喜歡某一方案或見解，就會改變對後續資訊的偏好，傾向於支持他們先前的決定。

在決策分析過程中，人們的偏好確實會發生變化。因此，決策更傾向於支持在此過程中形成的偏見。即使人們一開始並不支持某個決定，但當他們決定之後，也會哄騙自己相信這個決定。

即便存在上述偏差，我們有時候還是要依賴專家。對於非結構化決策問題，決策過程複雜，決策方法沒有固定規律，也沒有通用模型可以使用。目前大部分人普遍認為，只有專家才有可能解決這樣的問題。

實際上，事實早已證明，專家的判斷有時是正確的，有時卻是錯誤的。他們記住的通常是他們表現不錯的事情，而選擇性地忘掉判斷錯誤的事情。這是人們普遍過於自信的原因之一。專家的自信來自於「他們認為」對事物的判斷必然會隨著時間和經驗的不斷積累而變得更為準確。

專家們會將他們的過分自信延伸到預測分析中。他們對分析後做出的決策感覺良好，即使他們的分析方法一點也不能提高決策水準。

有兩種途徑用來觀測專家們的偏好：一是他們說什麼；二是他們做什麼。臺灣目前出現了一股「反核」（反對建設核能發電廠）暗流，他們對於建設核能發電廠「義憤填膺」。但如果你問他們願不願意放棄使用高電力以及基於高電力的現代化生活，並忍受火力發電帶來的一切空汙時，他們的行為則和他們清高的言論不符。

如果我們希望發揮出人類大腦作為測量儀器的作用，就需要找到發揮其強大功能同時減少其偏見的途徑。

■ 使用模型進行預測

數學模型及數值模擬等數學方法廣泛應用於對未來情境的預測，在具有已知規律性的專業技術領域發揮了很好的作用。

利用數學模型進行預測有一個天然優勢，模型提供的都是資料化結果。可以直接應用於資料驅動決策。

但數學模型的適用性有限。對於具有穩定運行規律或變化趨勢的過程，數學模型可以「大致準確地」復現過去，也可以預測未來。但對於隨時都會受動態因素影響，並且變化趨勢不可預測的領域，用基於過去經驗和資訊的模型預測未來，幾乎是不可靠的[13]！

上一章我們詳細闡述了如何利用模型進行預測，此處不再贅述。

■ 大數據分析預測

如前所述，專家預測存在判斷誤區。《魔球》電影中，老球探們似乎經過了理智討論，其實是在沒有實際標準的情況下做出的預測判斷。類似的事情在社會上普遍存在，從企事業公司的決策、專家會議論證，到政府的決策、曼哈頓的會議室，空泛的推理論證到處盛行。

專業技能就像精確性一樣，只適用於小資料時代。在那個時代，經驗是先決的，因為只有透過這種無法從書本或別人口中得到的、埋藏在潛意識裡的知識積累，我們才能做出更明智的決策。

使用模型預測也存在固有的局限性〔13〕。

大數據技術為我們提供了一個嶄新的預測分析工具。大數據的核心價值之一就是預測。上一章介紹了大數據預測在幾個領域的具體應用。

現代資訊技術使大數據預測成為可能。電腦的出現，同時帶來了數字測量和儲存設備，大大提高了資料化效率。建立在相關關係分析基礎上的大數據預測正在得到廣泛傳播，影響力日漸擴大。

人類開始依靠資料做決策。這是大數據做出的最大貢獻之一。行業專家和技術專家的光芒都會因為統計學家和資料分析家的出現而暗淡，後者不受舊觀念的影響，能夠聆聽資料發出的聲音。大數據預測不會被行業內的爭論所限制，不會被自己所支持一方的觀點所影響而產生偏見。

建立在現有理論體系中的大數據分析模式是實現大數據預測能力的重要因素。事實上，正是因為不受限於傳統的思維模式和特定領域裡隱含的固有偏見，大數據才能為我們提供新的洞見。

現在，決策越來越受預測性分析和大數據分析的支配。CEO 們憑藉自己的直覺進行預測並做出決策的模式將會逐漸減少。

儘管大數據為我們預測未來提供了一個強有力的工具，但大數據不是萬能的。大數據不能成為魔術師手中預測未來的「魔法水晶球」。任何預測方法都假定其發展路徑，如果實際發展受到外部干擾而明顯改變了其發展路徑，之前的預測分析將不再適用。對此，我們必須有清醒的認識。

資料驅動決策

有些組織習慣於基於個人直覺、未經證實的假設、無法驗證的認知偏見做出決策，更多的組織則主動實施資料驅動決策。使用資料驅動決策的方法，能夠判斷趨勢，幫助發現問題，採取有效行動，推動創新發展。

■ 資料驅動決策的意義

世界領先的研究所、機構和媒體，從世界經濟論壇到麥肯錫研究所再到《紐約時報》，正在共同推進資料驅動決策〔75〕。區別於傳統的基於有限資料和事先假設並依靠經驗、直覺、模型的方式進行判斷，未來將會日益基於海量資料的分析做出決策。在績效評估方面，如果不是基於資料，而是基於領導者的主觀判斷，將很難做到客觀公正，難免會挫傷管理者和員工的積極性。資料驅動決策可以為整個組織樹立標準，促使每位管理者和員工將工作和取得的成效聯繫起來，不斷改進提高。績效評估建立在可衡量並可考核的標準及客觀資料基礎上，管理者就可以準確把握整個組織的狀態，了解優勢和劣勢所在，提出進一步改進措施。

資料驅動決策已經初步展示其價值。麻省理工學院艾瑞克 · 布倫喬爾森（Erik Brynjolfsson）教授及其同事完成了一項研究，他們發現：在其他條件相同的情況下，資料驅動決策的公司，生產力比一般公司要高出 4%，利潤率高 6%。可以預見，無論是科學領域、產業領域、商業領域，還是政府機構，所有領域都將面臨資料驅動的決策。

以資料驅動的決策勢在必行。組織必須提高資料分析處理能力，挖掘資料潛在的相關關係，基於分析結果做出決策，為組織創造新的價值。只有這樣才能適應快速變革的大數據時代，保持競爭優勢。

資料驅動決策的過程並不代表資料分析會代替組織或個人做出決策。資料分析可以幫助組織或個人更快地獲得高品質資訊，為決策提供參考。大數據分析的最終目的是，利用這些結果做出決策，然後按照決策行事。

■ 制定大數據策略

傳統組織中，大多數人還不習慣於利用資料進行決策。多數情況下，組織機構的工作默認以常規的方式進行。每個人都在盡職盡責，以同樣的方式完成同類事務。大量資料處於閒置狀態，沒有人能夠弄清楚組織到底有哪些資料，也沒有人思考這些資料除了目前用途之外究竟還可以做什麼。

在這樣的組織中，很少有人意識到透過資料分析可以找到解決問題的辦法，甚至可以解決大部分問題。遇到問題，很少有人首先求助於資料分析。即便極少人具有大數據思維，意識到需要利用資料驅動決策，但他們往往既不擁有決策權力，也不能支配資源，無法將想法付諸實踐〔79〕。

必須有人勇於擔當，針對組織的因循現狀，確定哪裡需要改變、如何改變，並提出改變的措施；預期這些改變將如何影響組織的業務模式和營運方式，如何影響組織中其他相關人員，並提出相關的策略建議。

組織應該認識到改變的必要性，並賦予勇於改變者以相應的職權。

在決策領域，我們到底可以用大數據做什麼？如何將大數據應用於管理實踐，進行輔助決策？

組織需要制定一個成功的大數據策略，運用資料分析提高決策品質，改變組織不能令人滿意的現狀，真正將大數據轉化為組織的價值。如果缺乏有效的大數據策略，即便擁有大量的資料以及各種大數據工具，也無法幫助組織將大數據應用於驅動決策，提高核心競爭力，為組織創造價值。

沒有策略，無論是「大數據」還是「小數據」，基本上毫無價值。制定大數據策略的同時會產生很多解決問題的思路和方法。

如何制定大數據策略？最關鍵的步驟是，尋找開拓型人才，組建大數據團隊。其他的問題，交給這個團隊去處理。意圖改變現狀、進行創新的組織，必須先找到勇於創新也能夠創新的人，發揮其作用。鼓勵他們分享想法，向同事介紹資料分析中獲得的額外效益。當這樣的人積極尋找新方法使用大數據時，組織才會看到資料驅動決策的美好設想變為現實。

大數據應用不會自然而然發生、逐步在組織內部發展。組織必須有意識地去主動發現並任用具有大數據思維的創新型人才。幾乎每一個組織機構中總會有那麼一些求知慾旺盛、分析和批判性思維能力強、勇於改變現狀的人，正是這些人才能夠將大數據用於創新，用於驅動決策。

大數據分析工作如同其他管理工作一樣，總是要依靠團隊。組織要想利用大數據實現任何突破性發展和富有想像力的創新，就必須組建由熟悉自己各自業務、具有多方面技能的人員構成的團隊。這樣的團隊成員既能夠找到專業之間的差距，又能夠找到專業交叉點。他們可以帶來創造性思維，產生創新理念，從而打造組織的核心競爭優勢。

大數據團隊應根據組織的發展戰略，分析存在的問題，並從分析中找到可行方案；有效使用大數據分析結果，預測未來發展，制定有吸引力的整體方案，明確創新的方向、管道、時機。

大數據策略應側重不斷尋找方法，根據實際發展，動態調整策略，實施協同分析；提高決策品質，實現價值創造。

■ 資料驅動決策的步驟〔91〕

管理者應充分運用自己的智慧，制定措施，駕馭資料驅動決策。

第一步，獲取盡可能多的資料。實施資料驅動決策，首先要有資料。資料可以來源於組織內部，也可以從組織外部獲得。外部資料可以免費收集，也可以透過資料交易市場購買。

第二步，制定可衡量的目標。這些目標不僅能幫助組織評估經營績效，還可以讓員工了解自己對組織的貢獻。衡量目標的客觀依據是資料，管理者所做的每件事都應該有可測量的成果。資料幫助管理者分析為什麼沒能達到這個目標，發現哪些變數影響了哪些業務環節。

第三步，確保每個人都能使用資料。組織收集並儲存資料，應確保每位員工都能使用這些資料。資料不應該局限於資料專家或 IT 部門。為了培養資料驅動決策的文化，每個部門都應有使用資料的權力。這就需要任命一位「資料官」負責組織的資料策略。這個人要帶領組織推動資料驅動決策，透過自上而下的命令和指導，推動組織文化轉變。

第四步，僱用資料專家。組織應該將資料融入每一個角落，應該要求員工了解並使用資料，但不能指望每個人都掌握資料算法和挖掘技術。應該僱用一些資料專家，他們非常懂業務，又十分了解資料科學、資料洞察、資料行銷和策略。資料專家不僅能夠將非結構化資料轉換為結構化資料並進行定量分析，還能夠幫助組織決定：要對哪些資料源進行分析？客戶真正需要什麼樣的資料和分析需求？如何把基於資料的產品和服務轉變成行之有效的商業模式？

第五步，挑選合適的資料分析工具。組織應該搭建一個完整的資料分析平台，選擇適用的資料分析工具。基於這些工具再進行客製化開發，打造出最滿足自己分析需求的資料平台。

第六步，讓資料變成優先級。培育資料驅動決策文化的最好方法就是使資料成為組織的優先級任務。從最高管理層開始，組織的每個人都需要了解資料驅動的方法，培養資料驅動決策的文化。

有遠見的組織已經把資料驅動決策納入組織的經營戰略。組織幾乎所有重要決策的核心依據都是資料。組織的決策過程允許質疑，這些質疑必須基於資料分析之上。這才是真正的資料驅動型組織。資料專家預言，還沒有開始構建資料化營運體系的組織，很可能失去核心競爭力。

■ 適應經濟社會變革

組織在制定整體大數據策略時，還應結合實際業務，制定具有針對性的專案資料策略。大數據催生管理思想變革，促進技術發展轉折，推動產業行業融合。而變革和轉折總是首先發生在具體領域。

大數據策略必須能夠適應經濟社會變革。目前及今後一段時期，世界經濟和社會多數領域正在面臨巨變。國際金融危機的衝擊和深層次影響仍在延續，世界經濟處於深度調整過程中。全球新一輪科技革命和產業變革初露端倪，對經濟發展和社會形態影響程度日益加深。資訊網路、人工智慧、生物技術、清潔能源、先進材料、先進製造等領域呈現群體躍進態勢，協同創新、跨界創新方興未艾，顛覆性技術將不斷湧現，催生新經濟、新產業、新業態、新模式，將對我們熟悉的生產方式、生活方式乃至思維方式產生前所未有的深刻影響。

面對全球經濟結構失衡、可持續成長乏力、氣候變化加劇等人類共同挑戰，科技創新將發揮日益重要的作用，成為競爭新優勢的核心。

經濟發展進入結構性變化、結構優化和動力轉換的新常態。面臨產業轉型升級和資源環境約束趨緊雙重壓力。「創新、協調、綠色、開放、共享」發展理念，需要清潔、高效、安全的能源支撐，對能源技術創新的需求也更加迫切。科技創新將加快能源領域生產和消費革命，推進低碳清潔能源、高效智慧能源和分布式能源的發展。

技術快速發展進一步增加了決策難度。目前太陽能面板發電效率在兩成。由於太陽能發電、風力發電週期性、間歇性等目前人類不可控的因素，中國存在大規模棄風、棄光現象。目前大規模燃煤發電，甚至核能發電，無論是從道德上還是從經濟性考慮，已經飽受詬病！今天花費巨資建設的電站，也許二十年後就成為需要處理的廢物！如果熱核融合技術取得突破，核分裂發電技術是否還有存在的必要？

面對這些不確定性，我們今天如何決策？

大數據促進技術進步和社會變革，技術進步和社會變革進一步強化大數據的時代特徵。這一趨勢將把人類社會推向何方？這也是決策者使用資料驅動決策時必須考慮的嚴肅話題。

當技術領域面臨革命性突破，我們如何運用大數據驅動決策？

正確的大數據策略能夠幫助我們成功度過迫在眉睫的巨變。

大數據策略應根據社會環境的實際情況和組織的需求不斷進行調整，使其適應於組織的發展戰略和經營策略。

■ 善用決策工具，減少不確定性

要取得知識的進步，沒有比模棱兩可的話是更大的障礙了。

——蘇格蘭哲學家托瑪斯・里德

資料驅動決策之目的是減少不確定性，提高決策品質。透過更好地定義問題和使用簡單的量化方法，就可以減少不確定性。這種方法尤其適用於不確定性較大的情況，並不需要很多資料就可以大幅減少不確定性。

量化不需要也不可能澈底消除不確定性。只要花費遠少於帶來的收益（投資報酬率高），量化就是值得的。

美國管理學家哈伯德在《資料化決策》中提出將量化方法用於提高決策品質的「五步法」，可供我們借鑑。

第一步：定義需要決策的問題和相關的不確定因素。

第二步：確定你現在知道了什麼。

第三步：計算附加資訊的價值。

第四步：首先將量化方法用於高價值的量化中。

第五步：做出決策並採取行動。

最後，返回第一步，追蹤每次決策結果，在下次決策中回饋調整。

實際上，我們可以獲得的資料比我們想像中要多得多。我們通常都不太注意組織中日常記錄和追蹤的資料。我們需要的資料比想像中要少得多。到底需要多少資料就可以將不確定性減少到足以評估問題的程度？

決策的協同優化。認知層會透過智慧優化算法，找到系統最佳的匹配和決策。這樣，就可以改變以往各個部門由於對彼此職能和目標理解的不清晰造成的決策偏向性，從各個環節的獨立決策或會商性決策，轉變為協同決策機制，實現從局部優化到全局優化的目標。

大數據技術大大縮短了資訊在整個決策鏈上的傳送時間，決策鏈各個環節能夠幾乎無時差地獲取決策相關的資訊，提高決策的速度和效率。

運用決策智慧，助力事業成功

大數據分析預測給我們提供了新的決策工具。然而，大數據不是萬能的，我們對其局限性要有清晰的認識。

第一，大數據知其然而不知其所以然。大數據分析預測能夠給我們結論，但無法給我們解釋。

第二，大數據沒有「靈性」，無法識別情境。不同的情境會影響人的情緒和心理，進而影響決策。

第三，大數據分析預測不能給出決策建議。決策行動還是要由人透過權衡和判斷來完成。

第四，大數據無法為分析對象賦予價值。對於物體、資訊、方案的相對價值，人的大腦憑直覺就可以判斷，大數據無法做到。

大數據時代，管理者不僅要善於利用先進技術方法針對具體問題做出高品質決策，更要充分發揮人的主觀能動作用，運用自己的智慧，在技術失靈的領域做出有效決策，為組織創造價值，助力事業成功。

發揮能動作用

大多數情況下，遠見卓識不是天賦異稟，而是獨特思維的產物。好的思維習慣，可以提高預測能力，更好地預見未來，進而提升決策水平。

充分發揮人的主觀能動作用，是決策管理必須把握的基本原則。

■　提高綜合素養

決策品質和效率在相當程度上取決於決策者的綜合素質。綜合素養涵蓋政治素養、知識素養、民主素養、創新精神等。

（1）政治素養

政治素養是指基本的政治立場、政治態度、政治品德以及政治敏銳性。管理者應盡可能正確地認知政治環境，決策必須「政治正確」，符合國家法律法規、社會基本道德倫理和組織規章制度。決策時如果忽略或觸碰敏感的政治問題，必將陷入困境，最終損害組織的利益。

（2）知識素養

在大數據時代，互聯網與傳統產業加速融合，技術變革日新月異，管理者必須具備足夠的知識素養。知識素養包括兩個方面。

一方面，知識面要廣。不僅應具備管理知識，還應具備自然科學知識、社會科學知識以及人文歷史知識。

另一方面，要具備一定程度的專業技術知識。如果對專業技術知識一無所知，面對很多問題就會束手無策。專業技術知識需要長期積累，個人不可能也不需要掌握所有業務領域的專業知識。但應遵循以下原則：

- 如果自己不懂，應該知道誰懂；
- 如果自己懂得一點，應該知道誰更精通；
- 讓真正的專家為決策提供專業知識，而不是「師心自用」。

（3）民主素養

優秀的管理者應具備一定的民主素養。決策團隊中充分發揚民主，成員應各抒己見，甚至允許爭論。建設性爭論增多，就能夠碰觸出智慧的火花。管理者集思廣益，提高決策品質。

漢代楊雄在《法言》[92]〈重黎〉卷中對楚漢相爭勝負原因總結為：

> 漢屈群策，群策屈群力；楚憞群策而自屈其力；屈人者克，自屈者負。

（4）創新精神

管理者必須具有創新精神，不能墨守成規。針對錯綜複雜的問題，能夠做出創造性決策，提升組織核心競爭力。創造性決策包括：

- 提出多個可能的解決方案；
- 設想與正常思維不同的想法和解決方案；
- 思考一些看似「不可思議」的問題；
- 衝破思想壁壘和傳統阻礙。

優秀的管理者應該培養創造性決策習慣。

■　減少認知偏見

> 如果我們唯一的工具是鎚子，就會把所有問題都看成釘子。
>
> ——美國管理學家亞伯拉罕・馬斯洛

中國諺語「蘿蔔青菜，各有所愛」，西方類似諺語「One's meat is another's poison」都是強調人的認知差異。

組織行為學認為，個體行為以其對現實的認知為基礎。客觀世界透過人的認知視窗，被過濾和加工，成為主觀認知。哲學上將這種現象概括為「認識局限性」。主體和客體之間，存在以下幾種組合[13]：

- 我們知道「我們了解」（know Knowns）；
- 我們知道「我們不了解」（know Unknowns）；
- 我們不知道「我們不了解」（unknow Unknowns）。

關於上述認知組合，美國前國防部長唐納德·倫斯斐有段「名言」。他在回答記者對美軍以大規模殺傷性武器為由入侵伊拉克的質疑時說：

> 我一向對尚未發生的事情的有關報導感興趣，因為就像我們都知道的那樣，有一些眾所周知的事情；我們知道一些我們知道的事情（know knowns），我們還知道一些明顯的未知事情，即我們知道有些事情我們不知道（know unknowns）；但也有我們不知道的未知事情（unknow unknowns）。

人們通常覺得自己是對的。而事實上，可能已經逐漸偏離了真實。管理者應該學會區分「感覺很好」與「真的很好」。「真的很好」應該由長時間的記錄和量化的證據證明：預測和決策水準真的提高了。

影響決策的一個重要因素，是對風險承受能力的估計。個人或組織能夠承受多大風險？這取決於風險偏好。人們的風險「偏好」並不是天生的，受很多因素影響。風險偏好也會在決策過程中不斷變化。無人可以為你計算「風險偏好」，但你可以想辦法量化。風險評估方法無法處理偏見問題。事實證明，多數管理者過於自信，傾向於低估不確定性和風險。

■ 認知資訊價值

決策過程中，如果我們能夠正確認知資訊的價值並對其進行量化，或許就會做出完全不同的決策。資訊的價值通常體現在以下三個方面[89]：

- 資訊可以減少不確定性；
- 資訊會影響他人的行為，也會產生經濟效益；
- 資訊是有市場價值的。

資訊價值是不對稱的。從對人的行為影響方面而言，資訊的價值等同於人們因是否擁有資訊而表現出不同行為所創造價值的差距。《國語》〈魯語上〉講述了一則準確認知並充分利用資訊價值的故事：

> 晉文公解曹地以分諸侯。僖公使臧文仲往，宿於重館，重館人告曰：「晉始伯而欲固諸侯，故解有罪之地以分諸侯。諸侯莫不望分而欲親晉，皆將爭先；晉不以固班，亦必親先者，吾子不可以不速行。魯之班長而又先，諸侯其誰望之？若少安，恐無及也。」從之，獲地於諸侯為多。反，既覆命，為之請曰：「地之多也，重館人之力也。臣聞之曰：『善有章，雖賤賞也；惡有釁，雖貴罰也。』今一言而辟境，其章大矣，請賞之。」乃出而爵之。

西元前六三二年，晉國攻占了與楚國結盟的曹國，晉文公準備削減曹國土地分給與晉國友好的諸侯國。魯僖公派臧文仲前往晉國接受土地，途中宿在重邑的館舍。館舍看守人對臧文仲說：「晉國為了稱霸而欲加固諸侯國對它的信服，所以削減曹國土地分給諸侯國。晉國未必按照原來周天子規定的諸侯等級次序來分配，一定會厚待先到者，您最好快點趕路。倘若您稍稍歇息，恐怕就失去機會了。」臧文仲從館舍看守人得到資訊並聽從建議，果然分得的土地最多。回到魯國覆命後，臧文仲為看守人請功。魯僖公於是把這個看守人從僕隸中提拔出來，賜給他大夫爵位。

高風險領域的決策，尤其要重視資訊價值，其值等同於風險減少帶來的價值。管理者通常習慣於將資源配置於自己熟悉但價值並不高的事項，卻忽略影響決策品質的風險因素。掌握投資風險和收益的相關資訊，在此基礎上做出決策，就有可能將風險降低到最小。

熟諳決策藝術

大數據時代，決策已經不僅僅是管理學科，更需要智慧和藝術。

■ 把握要事優先

管理者待決策的事項紛繁複雜、五花八門，重要性和急迫程度差異很大。管理者的職責要求必須完成所有決策，可用時間就那麼多！這就迫使管理者必須集中時間和精力，逐一做出決策，以提高決策品質和效率。

決策品質和效率與管理者擁有的才智、知識和想像力並沒有必然聯繫。將才智、知識和想像力轉化為決策品質和效率，需要一些特殊的技能和方法。有效方法之一就是「要事優先」。

要事優先是人類進化形成的本能。狩獵和採集的原始人，聽到大型猛獸的吼聲，即時的反應就是判斷聲音來自何方，然後必然會向相反的方向逃跑。這個時候，逃生是其第一要務！

大數據時代的特徵將進一步強化要事優先原則。如果不能養成「要事優先」決策習慣，必然會被海量資訊淹沒和眾多事物壓垮。遵循要事優先的決策原則，首先要判斷決策事項的重要程度，確定優先次序。關於優先次序，杜拉克在《杜拉克談高效能的五個習慣》一書中提出了如下建議：

- 重視將來，而不能糾結於過去；
- 重視機會，而不能只看到困難；
- 堅持原則，而不盲從；
- 目標要高，要有新意，而不能只求穩妥。

確定決策優先次序之後，管理者就要制定決策工作計畫：重要的事先做，次要的事後做。針對重要決策，要識別影響決策的關鍵要素。

為了養成要事優先的決策習慣，管理者應該經常問自己下述問題：

- 哪些決策是必須要做的？
- 是否對需要決策的問題進行梳理、分析和排序？
- 是否優先去做緊急事項的決策？
- 是否認真思考重要事項的決策？

還應經常審視自己，是否已經總結出有效措施？如何選擇決策所需要的資訊？這些資訊又是如何影響你的思考？

■ 駕馭「錯綜複雜」

很多問題不僅複雜，而且具有多樣性，使得決策者難以判斷。讀者大都

熟悉「盲人摸象」的寓言故事。我們對複雜事物的認識，如同摸象的盲人，只是摸到了「大象」的局部。如果僅憑局部認知做決策，結果可想而知！鑑於可支配的時間和資源限制，進行多角度審視並非易事。

今天，大數據技術為我們提供了綜合認識事物的新視角。大數據彙集了眾多「盲人」對「大象」的認知資料，我們根據資料之間的內在關係進行整合，就可以得出基本上與真實「大象」一致的結果。

實際上，中國上古奇書《周易》在數千年前就已經為我們提供了這樣的思維方法。《周易》占筮預測與大數據預測在方法論上有相似之處。占筮預測以陰陽二元論為基礎，依據卦象與世間事物的相似性、關聯性和全息性，結合歷史事件的經驗積累，對事物的未來狀況進行預測。其合理性已被現代科學所證實。大數據預測是透過對樣本資料輸入值和輸出值關聯性的學習，得到預測模型，再利用該模型對未來的輸入值進行輸出值預測。

人們常用的成語「錯綜複雜」就來源於《周易》。《周易》六十四個卦象，每卦由六爻構成，其中每一爻發生變化，就會使卦象變化，通常稱為「變卦」。「錯綜複雜」就是卦象的四種變化方式。我們以《謙》卦為例，簡要說明其「錯」、「綜」、「複」、「雜」的變化[93]，如圖 11.4 所示。

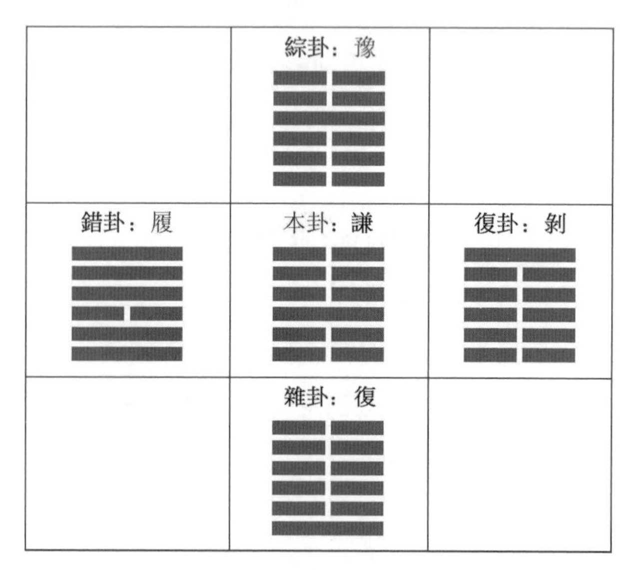

圖 11.4　《周易》卦象之錯綜複雜

本卦《謙》。卦象：內艮（☶），象徵山；外坤（☷），象徵地。

錯卦《履》。卦象：內兌（☱），象徵澤；外乾（☰），象徵天。將本卦《謙》的陰陽爻互錯，形成「錯卦」《履》，代表「禍兮福之所倚，福兮禍之所伏」的哲辨思想。看問題的立場不同，結果也不同，啟示我們從順利中看到不利因素，從不利中發現有利因素。綜卦《豫》。卦象：內坤（☷），象徵地；外震（☳），象徵雷。綜卦又叫覆卦。將本卦《謙》的卦象平放在桌子上，從對面看過來就是《豫》，相當於整體覆過來看。就像阿拉伯數字「6」，從另一端看是「9」。看問題的角度不同，結果也不同。從不同的角度觀察同一個事物，可以獲得完全不同的資訊。

復卦《剝》。卦象：內坤（☷），象徵地；外艮（☶），象徵山。對復卦的理解有多種，其中之一是本卦《謙》的內外卦互換。當人們處於不同位置時，考慮問題的出發點也不同，結果自然不同，啟示我們要學會換位思考。

雜卦《復》。卦象：內震（☳），象徵雷；外坤（☷），象徵地。雜卦有多種解釋，其中之一是復卦的綜卦，即本卦《謙》的復卦《剝》整體倒過來，啟示我們不僅要換位思考，還要從不同角度思考。

關於《周易》卦象「錯綜複雜」的解釋，其他學者也有不同看法。詳見郭彧《河洛精蘊注引》[94]。

無論對《周易》卦象「錯綜複雜」做何具體解釋，總而言之，《周易》的辯證思維啟示我們：不要先入為主或者固執地認為已經知道問題所在，應該嘗試從不同位置、不同角度來分析和界定問題，要有挑戰自己的勇氣。學會用「錯綜複雜」的思維方式來考慮資訊及決策方案，一定能夠提高決策品質。

《周易》「錯綜複雜」的哲辨思維，有助於培養創造性思維。

■ 善於通權達變

世界上多數事物往往不能以「對與錯」、「黑與白」來區分，而是帶有模糊性，處於「對與錯」「黑與白」之間的模糊區域。管理領域更是如此。

技術快速發展，社會結構複雜化，使得人們的認知因果鏈過長、資訊量過大，事實不清、溝通不暢、價值觀不一致，導致模糊性成為常態。如何處理管理中的模糊性？有學者提出了「灰色理論」，但還遠未達到實際應用的程度。到目前為止，仍然只能靠個人的適應能力來判斷和權衡。

通權達變的能力是決策者必不可少的素質。要求決策者不僅要堅持原則，還要根據實際情況而靈活變通。這種能力對管理者相當重要。一個人熟悉和慣用的方法不可能放之四海而皆準，要在過程中不斷學習，使自己能夠在不同的情境中恰當地調整行為。什麼時候應該堅持原則？什麼時候可以靈活變通？關鍵要把握好度。我們在「引言」講了劉伯溫《郁離子》〈捕鼠〉篇關於趙人捕鼠的故事，趙國睿智的老人就體現了通權達變的智慧。

管理者必須能夠根據具體情況做出針對性決策。《資治通鑑》〈漢紀二〉引述東漢荀悅關於決策中「形、勢、情」的論述：

> 荀悅論曰：「夫立策決勝之術，其要有三：一曰形，二曰勢，三曰情。形者，言其大體得失之數也；勢者，言其臨時之宜、進退之機也；情者，言其心志可否之實也。故策同、事等而功殊者，三術不同也。」

制定決策獲得成功的方法，關鍵要把握好三方面因素：一是形，二是勢，三是情。所謂形，是準確判斷得與失的整體趨向；所謂勢，是指根據不斷變化的情況而採取靈活的措施；所謂情，是指認知能力及實施決策措施的意志是否堅定不移。即使採用相同的策略處理同樣的事情，取得的功效也會不同，是由於上述三方面因素把握不同的緣故。

大數據時代，要求管理者不僅知己知彼，更要知「變」。不僅要熟悉自己的組織、自身能力、競爭對手情況以及外部環境，更要敏銳感知環境的變化趨勢，準確判斷未來發展方向。外部環境對決策的影響，真正重要的不是趨勢，而是趨勢的變化。趨勢是顯而易見的，通常已經納入考慮範疇；而趨勢的變化將決定未來方向，影響決策的最終效果。這種變化就是《周易》提出的「幾者動之微，吉凶之先見者也」。

趨勢的變化，多數是無法計算、無法界定、無法分類的。管理者——尤其是掌握組織命運的高級管理者，必須以其敏銳的洞察力，捕捉趨勢變化的細微訊號，「見幾而作，不俟終日」。

通權達變的領導者通常能夠保持靈活的思維，善於捕捉意外的成功。我們在引言引述的「不龜手之藥」故事就是很好的案例。保持通權達變的思維習慣，當機會意外地降臨時能夠抓住並利用，所謂「機遇只光顧有準備的人」。

決策以人為本

為什麼宇宙如此廣袤？因為我們在這裡。

——物理學家約翰・惠勒

無論技術如何進步，決策中最終發揮作用的還是人類自己。大數據也只不過是人類創造的又一項技術而已，只有人類才是這個星球的萬物之靈。決策之最終目的也是為了人類能夠更好地生活。決策必須以人為本。

■ 兼聽不同意見

有效的決策總是在不同意見討論的基礎上做出的一種判斷，它絕不會是「大家意見一致」的產物。

——彼得・杜拉克

古人云：「兼聽則明，偏信則暗。」

在經濟全球化浪潮中，市場環境越來越複雜。大數據時代，影響決策的因素越來越具有不確定性。個人獨斷式決策缺乏風險防範機制，一次重大決策失誤將會給組織帶來滅頂之災。

不同觀點和意見是高品質決策必不可少的。決策者要兼聽不同意見，平衡不同觀點，做出優化決策。不同意見的碰撞、交融才能帶來新思路，催生創新想法。杜拉克在其《杜拉克談高效能的五個習慣》一書中提出：

好的決策，應以互相衝突的意見為基礎，從不同觀點和不同判斷中選擇。除非有不同意見，否則就不可能有決策。

不僅如此，管理者還要有「察納雅言」的器量，慎重對待反面意見。杜拉克在《杜拉克談高效能的五個習慣》中要求決策者要善於聽取反面意見。

■ 積累信譽資本

大數據時代，成功不再取決於精美的包裝和嚴格控制的資訊。當人們能夠透過網路「看到」你在做什麼時，最重要的價值就是透明和誠信！

信任已經成為一個嚴肅而具有戰略意義的問題。眾多組織出現道德錯誤，導致公眾不再相信他們的言行[65]。信任缺失，將導致社會或組織陷入所謂的「塔西佗陷阱」——無論做什麼事，社會都會給以負面評價。

表徵個人和組織財富的，除了實物及貨幣資本，還有「社會資本」——個體或組織利用自己所擁有的社會影響力獲得成功的能力。社會資本的主要構成要素是所謂的「信譽資產」。中國古代特別重視個人或組織的信譽，歷史人物有很多誠信的表率。孔子的弟子季路就以講信用著稱，其個人信用頂得上國家的盟誓。據《春秋左氏傳》〈哀公十四年〉記載：

> 小邾射以句繹來奔，曰：「使季路要我，吾無盟矣。」使子路，子路辭。季康子使冉有謂之曰：「千乘之國，不信其盟，而信子之言，子何辱焉？」對曰：「魯有事於小邾，不敢問故，死其城下可也。彼不臣，而濟其言，是義之也，由弗能。」

擁有較高信譽資產者，更有機會取得成功。《後漢書》[95]〈光武帝紀〉記述了劉秀「推心置腹」的故事：

> 積月餘日，賊食盡，夜遁去，追至館陶，大破之。受降未盡，而高湖、重連從東南來，與銅馬餘眾合，光武復與大戰於蒲陽，悉破降之，封其渠帥為列侯。降者猶不自安，光武知其意，敕令各歸營勒兵，乃自乘輕騎按行部陳。降者更相語曰：「蕭王推赤心置人腹中，安得不投死乎！」由是皆服。

劉秀以自己的親身行動，贏得了投降農民軍的信任。這支團隊成為其掃平群雄、建立東漢王朝的基礎力量。

在誠信社會中，一旦欺騙行為暴露，損失將遠遠大於欺騙所得。當今社會誠信缺失，個人生活、社會運行、國家治理付出了太多的代價！

在大數據時代，現代資訊技術、互聯網技術無形中為社會構建了一套信譽追蹤機制。我們的言行，都在悄然積累我們在社會上的信譽。如果認真追蹤一個人的言行，就會得出此人是否值得信任的結論。按規則行事，努力幫助他人，展示自己的才能，無形中就會提升自己的信譽資產。

■ 善用有能力、敢擔當的創新人才

良弓難張，然可以及高入深；良馬難乘，然可以任重致遠；良才難令，然可以致君見尊。

——《墨子》〈親士〉

人類作為萬物之靈，不能滿足於庸庸碌碌地活著，總應該對社會有所貢獻。多數人通常習慣於跟隨時代潮流。而真正的創新者憑藉其遠見卓識，改變潮流，引領潮流。蘋果公司曾經開除賈伯斯，導致企業瀕臨破產；最後又請回賈伯斯，創造了蘋果的輝煌業績！

前面已經論及，個體智慧與群體智慧是兩種不同類型的智慧。個體的優勢在於縱向維度的思維能力，而群體的優勢在於橫向維度的經驗覆蓋。相比電腦而言，雖然人的大腦的處理速度很慢，但大腦有其特殊的工作模式。很多模式是預先設定的，因為大腦已經估算了很多概念的價值，並儲存起來。一旦需要，就會直接「調用」，可以不經計算就得出結論。

創新者的大腦工作模式更是與眾不同，具有敏銳的觀察力、高度概括和凝鍊能力、綜合分析能力和深邃的洞察力。創新者的大腦，不僅僅是裝滿知識的「儲存裝置」，更是一個高級「反應器」，輸入「原材料」，經過精密複雜的融合反應，輸出高價值含量的決策智慧。這種能力不僅大數據無法比擬，在可預見的未來，人工智慧也無法企及。

作為社會有機組成部分的各類組織，不應該只是苟且地存在著，總應該有所創新和創造。缺乏創新——技術創新、管理創新、商業模式創新或者其他創新，通常都會導致組織逐漸衰敗、最終滅亡。勇於創新才有希望。

在充滿不確定性的大數據時代，組織應善於識別和任用有能力、敢擔當的創新型人才。創造條件，激發其主角精神、使命感和內在驅動力。創新型人才比安於現狀的平庸者更有可能戰勝突如其來的挑戰，引領組織的航船駛

向成功的彼岸。華為公司「以奮鬥者為本」的人才戰略取得了極大成功，現在很多組織都在學習。組織必須建立科學評價體系，鑑別真正的「奮鬥者」——創新型人才，摒棄「折騰型人才」。沒有科學的人才評價體系，所謂的「奮鬥者」只不過是隨領導調子起舞的「折騰者」!

「人是要有點精神的」，管理者必須要有超出常人的境界和情懷。春秋時期的貴族尚且具有「苟利社稷，死生以之」情懷，封建時代菁英們也具有「窮則獨善其身，達則兼濟天下」的境界。

參考文獻

〔1〕〔漢〕劉向，戰國策〔M〕，上海：上海古籍出版社，2007

〔2〕Mayer-Schönberger, V., K. Cukier. Big Data: A Revolution that will transform how we live, work, and think [M]. Boston: Houghton Mifflin Harcourt, 2012

〔3〕〔美〕切斯特 · 巴納德著，王永貴譯，經理人員的職能〔M〕，北京:中國社會科學出版社，1997

〔4〕〔美〕彼得 · 杜拉克著，齊若蘭譯，管理的實踐〔M〕，北京：機械工業出版社，2009

〔5〕Simon, H. Administrative Behaviour: A Study of Decision-Making Progresses in Administrative Organization, 4th Ed[M]. New York: Free Press, 1997

〔6〕許維遹，呂氏春秋集釋〔M〕，北京：中華書局，2009

〔7〕支偉成，孫子兵法史證〔M〕，北京：中國書店，1988

〔8〕許維遹，韓詩外傳集釋〔M〕，北京：中華書局，2005

〔9〕〔晉〕郭象注，〔唐〕成玄英疏，南華真經註疏〔M〕，北京：中華書局，1998

〔10〕〔明〕劉基撰、魏建猷、蕭善薌點校，郁離子〔M〕，鄭州：中州古籍出版社，2008

〔11〕〔加〕亨利 · 明茲伯格著，方海萍譯，管理工作的本質〔M〕，北京：中國人民大學出版社，2012

〔12〕Philip Tetlock, Dan Gardner. Superforecasting: The Art and Science of Prediction [M]. New York: Random House Books, 2015

〔13〕朱書堂，治之道：穿越時空的管理智慧〔M〕，北京：知識產權出版社，2016

〔14〕〔美〕約翰 · 奈斯比著，魏平譯，世界大趨勢〔M〕，北京：中信出版社，2009

〔15〕〔美〕李傑著，邱伯華等譯，工業大數據〔M〕，北京：機械工業出版社，2015

〔16〕彭定求，全唐詩〔M〕，上海：上海古籍出版社，1986

〔17〕Yuval Harari. Sapiens A Brief History of Humankind[M]. New York: Harper Collins, 2015

〔18〕徐元誥，國語集解〔M〕，北京：中華書局，2002

〔19〕〔漢〕許慎，說文解字〔M〕，北京：中華書局，2005

〔20〕魯迅，漢文學史綱要〔M〕，上海：上海古籍出版社，2005

〔21〕〔漢〕鄭玄注，[唐]賈公彥疏，周禮註疏〔M〕，上海：上海古籍出版社，2010

〔22〕〔清〕張志聰集注，黃帝內經集注〔M〕，北京：中醫古籍出版社，2015

〔23〕〔宋〕朱熹，四書章句集注〔M〕，北京：中華書局，1983

〔24〕尚秉和，周易尚氏學〔M〕，北京：中華書局，1980

〔25〕〔唐〕李延壽，北史〔M〕，北京：中華書局，1974

〔26〕王繼洪，漢字文化學概論〔M〕，北京：學林出版社，2006

〔27〕牟作武，中國古文字的起源〔M〕，上海：上海人民出版社，2000

〔28〕唐冶澤，甲骨文字趣釋〔M〕，重慶：重慶出版社，2002

〔29〕〔清〕孫星衍，尚書今古文註疏〔M〕，北京：中華書局，1986

〔30〕何寧·淮南子集釋〔M〕·北京：中華書局，1998

〔31〕陳文敏，漢字起源與原理〔M〕，上海：上海古籍出版社，2007

〔32〕投醫無悔，巫與醫的淵源和解析（網路文章）·http://www.360doc.com/content/13/0330/00/3091271_274802732.shtml

〔33〕何新，龍：神話與真相〔M〕，北京：時事出版社，2002

〔34〕〔漢〕司馬遷，史記〔M〕，北京：中華書局，1959

〔35〕張耘點校，山海經 · 穆天子傳〔M〕，長沙：岳麓書社，2006

〔36〕王先慎，韓非子集解〔M〕，北京：中華書局，1998

〔37〕〔清〕孫希旦，禮記集解〔M〕，北京：中華書局，1989

〔38〕楊伯峻，春秋左傳注〔M〕，北京：中華書局，1990

〔39〕程俊英譯註，詩經〔M〕，上海：上海古籍出版社，2006

〔40〕郭沫若主編，甲骨文合集〔M〕，北京：中華書局，1982

〔41〕〔宋〕司馬光，資治通鑑〔M〕，北京：中華書局，2007

〔42〕〔瑞士〕榮格，[德]衛禮賢著，鄧小松譯，金花的祕密〔M〕，北京：中央編譯出版社，2016

〔43〕許富宏，鬼谷子集校集注〔M〕，北京：中華書局，2010

〔44〕謝金良，論中國古代易學及相關術數學的政治決策作用[J]，周易研究，2003（3）

〔45〕〔唐〕趙蕤，長短經〔M〕，鄭州：中州古籍出版社，2007

〔46〕〔漢〕王充，論衡〔M〕，上海：上海古籍出版社，2010

〔47〕董楚平，楚辭譯註〔M〕，上海：上海古籍出版社，2006

〔48〕〔晉〕陳壽撰，[宋]裴松之注，三國志〔M〕，北京：中華書局，2006

〔49〕〔美〕赫伯特 · 賽門著，管理決策新科學〔M〕，北京：中國社會科學出版社，1982
〔50〕〔美〕腓德烈· 泰勒著，馬風才譯，科學管理原理〔M〕，北京：機械工業出版社，2013
〔51〕〔意〕帕累托著，劉北成譯，菁英的興衰〔M〕，上海：上海人民出版社，2003
〔52〕Guston, D.H. Between Politics and Science: Assuring the Integrity and Productivity of Research [M]. London: Canbridge University Press, 2000
〔53〕羅黨、王潔方，灰色決策理論與方法〔M〕，北京：科學出版社，2012
〔54〕廖䢖江，「備戰、備荒、為人民」口號的由來和歷史演變 [J]，黨史文苑，2006（7）
〔55〕Hammond, J.S. et al. Smart Choices: A Practical Guide To Making Better Decisions [M]. Canbridge: Harvard Business School Press, 1998
〔56〕〔美〕彼得 · 杜拉克著，許仕祥譯，杜拉克談高效能的五個習慣〔M〕，北京：機械工業出版社，2009
〔57〕席酉民、張曉軍，未來經理們的四大挑戰 [J]，管理學家，2014（4）
〔58〕〔美〕哈佛商學院出版公司，段秀偉譯，決策：五步制勝法〔M〕，北京：商務印書館，2007
〔59〕樓宇烈，老子道德經注校釋〔M〕，北京：中華書局，2008
〔60〕〔美〕法蘭克 · 耶茲著，燕清聯合組織譯，企業決策管理〔M〕，北京：中國勞動社會保障出版社，2004
〔61〕程偉，通往卓越之路〔M〕，北京：中信出版社，2013
〔62〕〔美〕埃德加 · 沙因著，馬紅宇，王斌等譯 · 組織文化與領導力〔M〕，北京：中國人民大學出版社，2011
〔63〕Robins, S.P., T.A. Judge. Organizational Behavior, 12th Edition [M]. New Jersey: Prentice Hall, 2007
〔64〕Raghavan. A., K. Kranhold, A. Barrionuevo. Full Speed Ahead: HowEnron Bosses Created A Culture of Pushing Limits [J]. Wall Street Journal, August 26, 2002
〔65〕〔美〕羅伯特 · 米特爾施泰特著，俞利軍、閻斌譯，關鍵決策〔M〕，北京：中國人民大學出版社，2007
〔66〕黎翔鳳撰，梁運華整理，管子校注〔M〕，北京：中華書局，2004
〔67〕〔法〕布萊茲 · 帕斯卡著，何兆武譯，思想錄：論宗教和其他主題的思想〔M〕，北京：商務印書館，1985
〔68〕Likert, R. New Patterns of Management [M]. New York: McGraw-Hill Inc., 1961
〔69〕Hertz, N. Eyes Wide Open: How to Make Smart Decisions in a Confusing World [M]. London: Harper Collins UK, 2013

〔70〕朱書堂，視窗裡的世界[J]，科技日報，2015，11

〔71〕毛澤東，毛澤東選集（第二卷）〔M〕，北京：人民出版社，1991

〔72〕Hao Xin. High-Priced Recruiting of Talent Abroad Raises Hackles [J]. Science, 2011（331）: 834～835

〔73〕〔漢〕班固，漢書〔M〕，北京：中華書局，2007

〔74〕〔美〕彼得 · 杜拉克著，王永貴譯，管理：使命，責任，實務（使命篇）〔M〕，北京：機械工業出版社，2009

〔75〕United Nations Global Pulse. Big Data for Development: Challenges & Opportunities [R]. http://www.unglobalpulse.org/sites/default/files/BigDataforDevelopment-UNGlobalPulseJune2012.pdf

〔76〕Silver, N. The Signal and the Noise [M]. London: The Penguin Press HC, 2012

〔77〕劉勰，文心雕龍（校注）〔M〕，北京：中華書局，2012

〔78〕聞人軍譯註，考工記〔M〕，上海：上海古籍出版社，2008

〔79〕Baker, P., B. Gourley. Data Divination: Big Data Strategies [M]. Boston: Cengage Learning PTR, 2014

〔80〕郝曉明，工業智慧製造大數據服務平台落戶瀋陽[J]，科技日報，2016，9（8）

〔81〕研發圈，歐盟攻關聯網駕駛新興技術[J]，科技日報，2016，9（6）

〔82〕孫藝新，能源領域大數據應用前景分析[J]，能源觀察網，http://www.chinaero.com.cn/zxdt/djxx/ycwz/2015/04/147577.shtml

〔83〕操秀英，大數據時代，如何規範互聯網地圖服務[J]，科技日報，2016，9（8）

〔84〕操秀英，中國送給世界的大禮[J]，科技日報，2016，9（7）

〔85〕〔唐〕房玄齡，晉書〔M〕，北京：中華書局，1974

〔86〕〔英〕莎士比亞著，朱生豪等譯，莎士比亞全集〔M〕，北京：人民文學出版社，1994

〔87〕盧侃、孫建華，混沌學傳奇〔M〕，上海：上海翻譯出版公司，1991

〔88〕AIRMIC. A Structured Approach to Enterprise Risk Management (ERM) and the Requirements of ISO 31000

〔89〕〔英〕道格拉斯 · 哈伯德著，鄧洪濤譯，資料化決策〔M〕，廣州：世界圖書出版廣東有限公司，2013

〔90〕Shannon, C.E.，W. Weaver. The Mathematical Theory of Communication [M]. Urbana: The University of Illinois Press, 1949

〔91〕如何成為一家資料驅動型公司？ http://www.36dsj.com/archives/66552

〔92〕汪榮寶，法言義疏〔M〕，北京：中華書局，1987

〔93〕南懷瑾，易經雜說〔M〕，上海：復旦大學出版社，2002

〔94〕郭彧，河洛精蘊注引〔M〕，北京：華夏出版社，2006

〔95〕范曄，後漢書〔M〕，北京：中華書局，2005

大數據與 AI 的決策革命：

決策的演化——從卜筮到大數據，預測與決策的智慧

作　　者：朱書堂
發 行 人：黃振庭
出 版 者：沐燁文化事業有限公司
發 行 者：沐燁文化事業有限公司
E-mail：sonbookservice@gmail.com
粉 絲 頁：https://www.facebook.com/sonbookss/
網　　址：https://sonbook.net/
地　　址：台北市中正區重慶南路一段六十一號八樓 815 室
Rm. 815, 8F., No.61, Sec. 1, Chongqing S. Rd., Zhongzheng Dist., Taipei City 100, Taiwan
電　　話：(02)2370-3310
傳　　真：(02)2388-1990
印　　刷：京峯數位服務有限公司
律師顧問：廣華律師事務所 張珮琦律師

定　　價：420 元
發行日期：2023 年 08 月第一版
◎本書以 POD 印製

國家圖書館出版品預行編目資料

大數據與 AI 的決策革命：決策的演化——從卜筮到大數據，預測與決策的智慧 / 朱書堂著，-- 第一版 . -- 臺北市：沐燁文化事業有限公司，2023.08
面；　公分
POD 版
ISBN 978-626-97531-9-2(平裝)
1.CST: 決策管理 2.CST: 大數據
494.1　　112012523

電子書購買

臉書